"双一流"建设精品出版工程

"十三五"国家重点出版物出版规划项目

先进制造理论研究与工程技术系列

机械精度设计与检测基础

DESIGN OF MECHEMICAL PRECISION AND FOUNDATION OF GEOMETRICAL CAPACITY SURVEY

（第11版）

张也晗　刘永猛　刘　品　主　编

马惠萍　李媛媛　副主编

刘丽华　张文生　主　审

哈尔滨工业大学出版社
HARBIN INSTITUTE OF TECHNOLOGY PRESS

内 容 简 介

"机械精度设计与检测基础"课程即"互换性与测量技术基础"课程。

本书是为适应高等工科院校对 21 世纪新的教学改革需要而编写的。在本次修订中,进一步修改和更新了第 10 版的内容,力求按教学规律阐述机械精度设计与检测技术的基本知识、各种典型机械零件精度设计的基本原理和方法,以及有关新的国家公差标准在设计中的应用。书中各章设有思考题、作业题以及解题所用的公差表格,以配合教学的需要,也便于读者自学。

本书内容为:绪论,测量技术基础,尺寸精度设计与检测,几何精度设计与检测,表面粗糙度轮廓设计与检测,滚动轴承与孔、轴结合的精度设计,圆锥结合的精度设计与检测,键和花键结合的精度设计与检测,螺纹结合的精度设计与检测,圆柱齿轮精度设计与检测,尺寸链的精度设计基础和典型的机械零件的精度设计共 12 章。本次修订对本书的电子课件也进行了纠错、补漏和完善,并增加了一些应用实例,以配合教学的需要。

本书是根据全国高校"互换性与测量技术基础"教学大纲编写的,可供高等工科院校机械类各专业(含机械制造、机械设计和机械电子方向)以及仪器仪表类专业教学使用,也可作为高等职业技术院校机械类各专业的教材,以及供从事机械设计、制造、标准化和计量测试等工作的工程技术人员参考。

图书在版编目(CIP)数据

机械精度设计与检测基础/张也晗,刘永猛,刘品主编. —11 版. —哈尔滨:哈尔滨工业大学出版社,2021.2(2024.7 重印)

ISBN 978-7-5603-9362-9

Ⅰ.①机… Ⅱ.①张… ②刘… ③刘… Ⅲ.①机械-精度-设计-高等学校-教材 ②机械元件-检测-高等学校-教材 Ⅳ.①TH122 ②TG801

中国版本图书馆 CIP 数据核字(2021)第 021914 号

策划编辑 杨明蕾 刘 瑶
责任编辑 杨明蕾 刘 瑶
封面设计 屈 佳
出版发行 哈尔滨工业大学出版社
社　　址 哈尔滨市南岗区复华四道街 10 号 邮编 150006
传　　真 0451-86414749
网　　址 http://hitpress.hit.edu.cn
印　　刷 哈尔滨市石桥印务有限公司
开　　本 787mm×1092mm 1/16 印张 17.5 字数 436 千字
版　　次 2003 年 1 月第 1 版 2021 年 2 月第 11 版
　　　　　2024 年 7 月第 4 次印刷
书　　号 ISBN 978-7-5603-9362-9
定　　价 45.80 元(赠课件)

第 11 版前言

"机械精度设计与检测基础"课程即"互换性与测量技术基础"课程,是高等工科院校本科、专科机械设计制造及其自动化、机械工艺技术、工业设计、工业工程、热能与动力工程、材料成形及控制工程、焊接技术与工程、精密仪器、光电技术与光电仪器和计算机集成制造技术等各专业的一门应用性很强的技术基础课。

本教材是根据全国高校"互换性与测量技术基础"课程教学大纲要求,按照教学改革需要,通过编者多年教学实践并与一些兄弟院校同行专家反复研讨编写而成的。经过多年的教学实践,随着科学技术和本学科的发展,为了更进一步地适应教学需要,与时俱进,我们对 2019 年出版的第 10 版教材的内容进行了修订,在编排上也做了改进。全书突出体现了以下几点:

(1)紧密结合教学大纲,精简内容,加强基础,反映国内外最新成就,尽量做到少而精,便于自学。

(2)为适应教学改革的需要,以培养学生的综合设计能力为主线,大篇幅地增加了应用性内容。

(3)全部采用 2021 年之前的国家标准。

(4)为了做到理论联系实际,学以致用,本书增加了一些结合工程实际应用的实例和习题。

(5)适用面广,既适用于多学时讲授,也适用于少学时讲授。由于各章内容独立,可根据不同专业的要求选用。

(6)修改了书中有关文字、图表和图样标注中的错误和遗漏。

本书第 11 版由哈尔滨工业大学张也晗、刘永猛、刘品担任主编,哈尔滨工业大学马惠萍、黑龙江东方学院李媛媛担任副主编。哈尔滨工业大学刘丽华、周海、王晓明,北京交通大学刘岚岚,黑龙江科技大学张文生,黑龙江东方学院解伟参与了本书编写工作。

刘品负责全书统稿。本书第 11 版的作者分工如下:第 1、9 章张也晗,第 2 章解伟,第 3、8 章刘永猛,第 4、11 章刘岚岚,第 5 章李媛媛,第 6 章刘丽华,第 7 章周海,第 10 章马惠萍、王晓明,第 12 章张文生。

本书第 11 版由刘丽华、张文生主审。参加审读的还有哈尔滨工业大学高延新和田克华、哈尔滨理工大学杨守成、东北农业大学王金武、黑龙江工程学院袁正友。

为了满足读者的要求和适应现代化先进教学手段的需要,编者对第 10 版的电子课件根据第 11 版教材内容也进行了更新和完善,并进行了纠错及补漏,对编排的形式做了较大的改进。图、表都按标准绘制,并增加了较多的机械精度设计工程中应用实例和 8 套模拟试题及试题答案,供读者参考。

本书的电子课件各章均有应用示例,解答详细,每次课都有课堂练习题,课后有思考题和作业题,并有习题答案以供参考。

本书的电子课件各章之间有所联系,但在内容上保持相对的独立性和系统性,各章中的必讲内容和选讲内容都分章节编制,以满足不同专业的教学需要。

哈尔滨工业大学出版社于 2017 年出版的《机械精度设计与检测基础实验指导书与课程大作业》(第 5 版),其内容为:轴、孔测量,形状误差测量,方向、位置和跳动误差测量,表面粗糙度轮廓测量,圆柱螺纹测量,圆柱齿轮测量,几何量测量的综合实验和课程大作业,以及实验报告和课程大作业图样。该书由刘永猛、周海等编写。

哈尔滨工业大学出版社于 2016 年出版的《〈互换性与测量技术基础〉同步辅导与习题精讲》,其内容为:绪论,尺寸精度设计,几何精度设计,表面粗糙度设计,滚动轴承结合的精度设计,平键、花键结合的精度设计,螺纹结合的精度设计,渐开线圆柱齿轮精度设计,尺寸链精度设计和哈尔滨工业大学考研、期末试题与答案。该书由刘永猛、马惠萍等编写。

本书(基本教材)与上述两本书配套使用。

本书编写过程中,得到很多兄弟院校有关教师的热情支持和帮助,在此谨表谢意。

由于编者水平有限,书中难免存在缺点和疏漏,欢迎广大读者批评指正。

编 者
2020 年 12 月

目　　录

第4章　几何精度设计与检测

第 5 章　表面粗糙度轮廓设计与检测

第 6 章　滚动轴承与孔、轴结合的精度设计

第 7 章　圆锥结合的精度设计与检测

第8章　键和花键结合的精度设计与检测

第9章　螺纹结合的精度设计与检测

第10章　圆柱齿轮精度设计与检测

第11章 尺寸链的精度设计基础

第12章 典型的机械零件的精度设计

第 *1* 章

绪　　论

"机械精度设计与检测基础"课程主要包括两方面内容:机械精度设计和检测技术基础。机械设计通常可分为机械的运动设计、机械的结构设计、机械的强度和刚度设计以及机械的精度设计。前三项设计是其他课程研究的内容,本课程只研究机械精度设计。机械精度设计是根据机械的功能要求,正确地对机械零件的尺寸精度,形状、方向和位置精度以及表面微观轮廓精度要求进行设计,并将设计的精度要求正确地标注在零件图上,对设备装配的精度要求标注在装配图上。检测基础是讲授几何量检测的基本知识和检测原理以及常用的检测方法。在机械零件加工的过程中必须进行检测,使之符合机械精度设计要求。

为了能够学好本门课程,首先在绪论中学习和掌握以下有关的基本概念。

1.1　互换性与公差的概念

1.1.1　互换性

互换性是指在同一规格的一批零件或部件中任取一件,装配时,不需经过任何选择、修配或调整,就能装配在整机上,并能满足使用性能要求的特性。

互换性的概念在日常生活中到处都能遇到。例如,机械或仪器上掉了一个螺钉,换上一个同规格的新螺钉就行了;灯泡坏了,买一个装上即可;汽车、拖拉机,乃至家庭用的自行车、洗衣机、手表中某个机件磨损了,换上一个新的,便能继续使用。互换性是重要的生产原则和有效技术措施,在日用工业品、机床、汽车、电子产品、军工产品等各生产部门都广泛采用。

显然,互换性应该同时具备两个条件:第一,不需经过任何选择、修配或调整便能装配(当然也应包括维修更换);第二,装配(或更换)后的整机能满足其相同的使用要求。

互换性是许多工业部门产品设计和制造中应遵循的一个重要原则,在提高产品质量和可靠性、提高经济效益等方面都具有重大意义。

1.1.2　公差

公差是指允许零件几何参数的变动量。

在加工过程中,由于各种因素的影响,零件各部分的尺寸、形状、方向和位置及表面粗糙度、轮廓等几何量难以(不可能)达到完全一致,总是存在或大或小的误差。但从使用功能上看,也不必要求零件的几何参数制造得绝对准确,只要求同一规格零、部件的几何参数保持在某一规定的范围内,就能达到互换性的要求。

由此可见,设计时要规定公差,制造时会产生误差,因此,要使零件具有互换性,就应把完工后零件的误差控制在公差范围内,即互换性要由公差来保证。显然,在满足功能要求的条件下,公差尽量设计得大些,以获得最佳的经济效益。

1.1.3　互换性的种类和互换性在机械制造中的作用

1. 互换性的种类

在生产中,互换性按互换性的程度可分为完全互换(绝对互换)与不完全互换(有限互换)。

若零件在装配或更换时,不需选择、修配,则其互换性为完全互换性(绝对互换性),简称互换性。当装配精度要求较高时,采用完全互换将使零件制造公差很小,加工困难,成本很高,甚至无法加工。这时,可以采用其他技术手段(如允许附加的选择和调整)来满足装配要求,例如分组装配法,就是将零件的制造公差适当地放大,使之便于加工,而在零件完工后装配前,用测量器将零件按实际尺寸的大小分为若干组,使每组零件间实际尺寸的差别减小,装配时按相应组进行装配(即大孔与大轴相配,小孔与小轴相配)。这样,既可保证装配精度和使用要求,又能减小加工难度、降低成本。此时,仅组内零件可以互换,组与组之间的零件不可互换,故这种互换性称为不完全互换性(有限互换性)。

对标准部件或机构来说,互换性又可分为外互换与内互换。

外互换是指部件或机构与其相配件间的互换性,例如滚动轴承内圈内径与轴的配合,外圈外径与轴承座孔的配合。内互换是指部件或机构内部组成零件间的互换性,如滚动轴承内、外圈滚道直径与滚珠(滚柱)直径的装配。

为装配方便,滚动轴承的外互换采用完全互换性,而其内互换则因其组成零件的精度要求高,加工困难,故采用分组装配,为不完全互换性。通常,不完全互换性只用于部件或机构的制造厂内部的装配;至于厂外协作件,即使批量不大,往往也要求完全互换性。究竟是采用完全互换,还是不完全互换,或者部分地采用修配调整,要由产品精度要求与其复杂程度、产量大小(生产规模)、生产设备、技术水平等因素决定。

应该指出,机械制造中的互换性,不仅仅取决于它们几何参数的一致性,还取决于它们的物理性能、化学性能、机械性能等参数的一致性。因此,互换性可分为几何参数互换性和功能互换性。本课程只研究几何参数的互换性。

2. 互换性在机械制造中的作用

从使用方面看,如果一台机器的某零件具有互换性,则当该零件损坏后,可以很快地用一备件来替换,从而使机器维修方便,保证了机器工作的连续性和持久性,延长了机器的使用寿命,提高了机器的使用价值。在某些情况下,互换性所起的作用是难以用价值来衡量的。例如,发电厂要迅速排除发电设备的故障,保证继续供电;在战场上要很快排除武器装备的故障,保证继续战斗。在这些场合,实现零部件的互换是极为重要的。

从制造方面看,互换性是提高生产水平和进行文明生产的有力手段。装配时,由于零件(部件)具有互换性,不需要辅助加工和修配,可以减轻装配工的劳动量,因而缩短了装配周期;而且,还可使装配工作按流水作业方式进行,以至实现自动化装配,这就使装配生产效率显著提高。加工时,由于按标准规定公差加工,同一部机器上的各个零件可以分别由各专业厂同时制造。各专业厂由于产品单一,产量大,分工细,既可采用高效率的专用设备,乃至采用计算机进行辅助加工,从而使产量和质量明显提高,成本也会显著降低。

从设计方面看,由于产品中采用了具有互换性的零部件,尤其是采用了较多的标准零件和部件(螺钉、销钉、滚动轴承等),这就使许多零部件不必重新设计,从而大大减轻了计算与绘图的工作量,简化了设计程序,缩短了设计周期。尤其是还可以应用计算机进行辅助设计(CAD),这对发展系列产品和促进产品结构、性能的不断改善,都有很大作用。

综上所述,在机械制造中组织互换性生产,应用具有互换性的零部件,不仅能够显著提高劳动生产率,而且在有效地保证产品质量和提高可靠性、降低成本等方面都具有重大的意义。所以,使零部件具有互换性是机械制造中应普遍遵守的原则和有效的技术措施。

1.2　新一代 GPS 的概念

以几何学为基础的传统的几何产品技术规范,包括尺寸精度,形状、方向和位置精度,表面粗糙度以及它们的测量方法和检测仪器等技术标准及规范称为第一代(传统)GPS(Geometrical Product Specifications and Verification)。随着信息技术和制造业的发展,第一代 GPS 已经越来越不能适应现代先进制造业的发展和需求。第一代 GPS 的主要问题是产品的功能和几何规范没有建立起应有的联系;缺乏表达各种功能和控制要求的标准规定;在设计过程中也没有确定的标准和规范给出相应的测量方法与评定准则,因而导致产品合格的评定缺乏唯一性,造成测量评估失控。为了解决这些问题,国际标准化组织(ISO)研究和建立了一个基于信息技术,以计量数学为基础的,适应 CAD/CAM(计算机辅助制造)/CAT(计算机辅助公差设计)/CAE(计算机辅助工程实验)等技术发展的新一代 GPS。

新一代 GPS 把规范(设计)过程与认证(计量)过程联系起来,并用不确定度的传递关系将产品的功能、规范、制造、测量和认证等环节集成一体,从而解决了第一代 GPS 存在的问题。

1.2.1　新一代 GPS 的组成

新一代 GPS 国际标准体系由基础 GPS 标准、通用 GPS 标准、补充 GPS 标准和综合 GPS标准组成。

1. 基础 GPS 标准

基础 GPS 标准是建立新一代 GPS 标准体系的基础和总体规划的依据。

2. 通用 GPS 标准

通用 GPS 标准是新一代 GPS 的主体,它是确定零件不同几何要素在图样上表示的规则、定义和检验原则等标准。通用 GPS 标准矩阵见表 1.1。

表中行是零件几何要素的特征;列是有关几何要素特征在图样上表示的一系列标准,这些标准包括几何特征在图样上表达的规则、公差的定义、测量和认证的规则以及计量器具的要求等标准。

3. 补充 GPS 标准

补充 GPS 标准是对通用 GPS 标准在要素特定范畴的补充规定的标准。例如一些与加工类型有关的标准,如切削加工、铸造、焊接等;还有一些与几何特征有关的标准,如螺纹、键、齿轮等。

表 1.1 通用 GPS 标准矩阵

通用 GPS 标准链 几何要素特征	1 产品图样表达	2 公差定义	3 实际要素特征定义	4 工件误差评判	5 实际要素特征检验	6 计量设备要求	7 计量设备标定
1 尺寸							
2 距离							
3 半径							
4 角度							
5 与基准无关的线的形状							
6 与基准有关的线的形状							
7 与基准无关的面的形状							
8 与基准有关的面的形状							
9 方向							
10 位置							
11 圆跳动							
12 全跳动							
13 基准							
14 轮廓粗糙度							
15 轮廓波纹度							
16 基本轮廓							
17 表面缺陷							
18 棱边							

4. 综合 GPS 标准

综合 GPS 标准是通用原则和定义的标准。如测量的基准温度、几何特征、尺寸、公差、通过计量学名词术语与定义,测量不确定度的评估等。它直接或间接地影响通用 GPS 和补充 GPS 标准。

1.2.2 新一代 GPS 的不确定度

新一代 GPS 标准使用不确定度的传递关系将产品的功能、规范、制造、测量及认证等集成一体,以此对不同层次和不同精度要求的产品规范、制造和检验等资源进行合理高效地分配。

新一代 GPS 的不确定度分为相关不确定度和依从不确定度。依从不确定度分为规范不确定度和测量不确定度。测量不确定度又分为方法不确定度和执行不确定度。而相关不确定度和依从不确定度组成总体不确定度。新一代 GPS 不确定度之间的关系如图 1.1 所示。

图 1.1　新一代 GPS 不确定度之间的关系

　　例如,为了保证产品的某项功能,要进行规范设计,但是这个规范设计不能完全保证产品的功能,这就产生了规范和功能的差异,用相关不确定度来表示这个差异的程度。

　　又如,用某种方法得到一个测量结果,但是这个测量结果不是被测量的真实值,因为测量都是有误差的,那么就用测量不确定度来表示这个测量结果和真实结果的差异程度。

　　新一代 GPS 标准体系是基于信息化,以计量数学为基础的几何产品技术规范,因此它的理论框架应适应数字化的要求。它的主要内容包括表面模型、几何要素、要素的操作及规范与认证操作等。

　　新一代 GPS 标准体系与传统的几何技术规范是继承、发展和创新的关系,而在理论基础与体系结构上则发生了根本性的变化,它标志着标准和计量进入了全新阶段。

1.3　标准化与优先数系

1.3.1　标准化

　　标准化是组织现代化生产的重要手段之一,是实现专业化协作生产的必要前提,是科学管理的重要组成部分。标准化的作用很多、很广泛,在人类活动很多方面都起着不可忽视的作用。标准化可以简化多余的产品品种,促进科学技术转化为生产力,确保互换性,确保安全和健康,保护消费者的利益,消除贸易壁垒。此外,标准化可以在节约原材料、减少浪费、信息交流、提高产品可靠性等方面发挥作用。在现代工业社会化的生产中,标准化是实现互换性的基础。

　　世界各国的经济发展过程表明,标准化是实现现代化的一个重要手段,也是反映现代化水平的一个重要标志。现代化的程度越高,对标准化的要求也越高。

　　什么是标准化? 根据《标准化工作指南　第 1 部分:标准化和相关活动的通用术语》(GB/T 20000.1—2014) 的规定,标准化定义为:“为在一定的范围内获得最佳秩序,对现实问题或潜在问题制定共同使用和重复使用的条款的活动。”由标准化的定义可以认识到,标准化不是一个孤立的概念,而是一个活动过程,这个过程包括制定、贯彻、修订标准,循环往复,不断提高;制定、修订、贯彻标准是标准化活动的主要任务;在标准化的全部活动中,贯彻标准是核心环节。同时还应注意,标准化在深度上是没有止境的,无论是一个标准,还是整个标准系统,都在向更深的层次发展,不断提高,不断完善;另外,标准化的领域,尽管可以说在一切有人类智慧活动的地方都能展开,但目前大多数国家和地区都把标准化活动的领域重点放在工业生产上。

什么是标准?根据国家标准规定的定义为:"为在一定的范围内获得最佳秩序,经协商一致制定,并由公认机构批准,共同使用和重复使用的一种规范性文件。"标准应以科学、技术和经验综合成果为基础,以促进最佳社会效益为目的。由此可见,标准的制订与当前科学技术水平和生产实践相关,它通过一段时间的执行,要根据实际使用情况,对现行标准加以修订和更新。所以在执行各项标准时,应以最新颁布的标准为准则。

按一般习惯可把标准分为技术标准、管理标准和工作标准;按作用范围将其分为国际标准、区域标准、国家标准、专业标准、地方标准和企业标准;按标准在标准系统中的地位、作用将其分为基础标准和一般标准;按标准的法律属性将其分为强制性标准和推荐性标准。按我国《标准化法》(2017 年)的规定:"国家标准、行业标准分为强制性标准和推荐性标准。保障人体健康,人身、财产安全的标准和法律、行政法规规定强制执行的标准是强制性标准,其他标准是推荐性标准。"强制性标准发布后,凡从事科研、生产、经营的单位和个人,都必须严格执行。不符合强制性标准要求的产品,严禁生产、销售和进口。推荐性标准不具有法律的约束力,但当推荐性标准一经被采用,或在合同中被引用,则被采用或被引用的那部分内容,就应该严格执行,受合同法或有关经济法的约束。过去,我国为适应计划经济的需要,实行单一的强制性标准。随着社会主义商品经济的发展,已实行强制性和推荐性两种标准,这是标准化工作中的一项重要改革。它既可将该管的标准管住、管好、管严,又可使不该管的标准放开、搞活,这就促进了商品经济的不断发展。

近年来,我国对标准化的指导思想是:各行各业中积极采用国际标准和国外先进标准,在我国加入 WTO 后,为加强和扩大我国与国际先进工业国家的技术交流及国际贸易,更应加快采用国际标准的步伐。

国际标准化机构有三个:国际标准化组织(ISO),它制定的标准用符号 ISO 表示;国际电工委员会(IEC),它制定的标准用符号 IEC 表示;国际电信联盟(ITU),它制定的标准用符号 ITU 表示。我国国家标准分国标(GB)和国军标(GJB),分别用符号 GB 和 GJB 表示。国标分为两类:强制执行的标准(记为 GB)和推荐执行的标准(记为 GB/T)。本课程主要涉及的 30 多个技术标准,多属于国家标准(GB)和国家推荐性技术基础标准(GB/T)。

为全面保证零部件的互换性,不仅要合理地确定零件制造公差,还必须对影响生产质量的各个环节、阶段及有关方面实现标准化。诸如技术参数及数值系列(如尺寸公差)的标准化(优先数系);几何公差及表面质量参数的标准化;原材料及热处理方法的标准化;工艺装备及工艺规程的标准化;计量单位及检测规定等的标准化。可见,在机械制造业中,任何零部件要使其具有互换性,都必须实现标准化,没有标准化,就没有互换性。

1.3.2   优先数系和优先数

为了保证互换性,必须合理地确定零件公差,公差数值标准化的理论基础,即为优先数系和优先数。

1. 优先数系

在生产中,当选定一个数值作为某种产品的参数指标后,这个数值就会按照一定规律向一切相关的制品、材料等有关参数指标传播扩散。例如动力机械的功率和转速值确定后,不仅会传播到有关机器的相应参数上,而且必然会传播到其本身的轴、轴承、键、齿轮、联轴节等一整套零部件的尺寸和材料特性参数上,并进而传播到加工和检验这些零部件用的刀具、量具、夹具及机床等的相应参数上。这种技术参数的传播性,在生产实际中是极为普遍的现象,并且跨越行业和部门的界限。工程技术上的参数数值,即使只有很小的差别,经过反复传播后,也会造成尺寸规格的繁多杂乱,以致给组织生产、协作配套及使用维修等带来很大困难。因此,对于各种技术参数,必须从全局出发,加以协调。

优先数系和优先数就是对各种技术参数的数值进行协调、简化、统一的一种科学的数值标准。

什么是优先数系? 根据工程技术上的要求,优先数系是一种十进制几何级数。《优先数和优先数系》(GB/T 321—2005) 规定,优先数系是由公比为 $\sqrt[5]{10}$、$\sqrt[10]{10}$、$\sqrt[20]{10}$、$\sqrt[40]{10}$ 和 $\sqrt[80]{10}$,且项值中含有 10 的整数幂的理论等比数列导出的一组近似等比的数列。各数列分别用符号 R5、R10、R20、R40 和 R80 表示,称为 R5 系列、R10 系列、R20 系列、R40 系列和 R80 系列。

由上述可知,优先数系的五个系列的公比都是无理数,在工程技术上不能直接应用,而实际应用的是理论公比经过化整后的近似值,各系列的公比规定如下:

$$R5:公比\ q_5 = \sqrt[5]{10} \approx 1.584\ 9 \approx 1.60$$

$$R10:公比\ q_{10} = \sqrt[10]{10} \approx 1.258\ 9 \approx 1.25$$

$$R20:公比\ q_{20} = \sqrt[20]{10} \approx 1.122\ 0 \approx 1.12$$

$$R40:公比\ q_{40} = \sqrt[40]{10} \approx 1.059\ 3 \approx 1.06$$

$$R80:公比\ q_{80} = \sqrt[80]{10} \approx 1.029\ 4 \approx 1.03$$

(1) 基本系列

R5、R10、R20 和 R40 四个系列,是优先数系中的常用系列,称为基本系列,该系列各项数值见表 1.2。其代号为:

① 系列无限定范围时,用 R5、R10、R20、R40 表示。

② 系列有限定范围时,应注明界限值。例如,R10(1.25…) 表示以 1.25 为下限的 R10 系列;R20(…45) 表示以 45 为上限的 R20 系列;R40(75…300) 表示以 75 为下限和 300 为上限的 R40 系列。

表 1.2 优先数系的基本系列(常用值) (摘自 GB/T 321—2005)

R5	1.00		1.60		2.50		4.00		6.30		10.0
R10	1.00	1.25	1.60	2.00	2.50	3.15	4.00	5.00	6.30	8.00	10.0
R20	1.00	1.12	1.25	1.40	1.60	1.80	2.00	2.24	2.50	2.80	3.15
	3.55	4.00	4.50	5.00	5.60	6.30	7.10	8.00	9.00	10.00	
R40	1.00	1.06	1.12	1.18	1.25	1.32	1.40	1.50	1.60	1.70	1.80
	1.90	2.00	2.12	2.24	2.36	2.50	2.65	2.80	3.00	3.15	3.35
	3.55	3.75	4.00	4.25	4.50	4.75	5.00	5.30	5.60	6.00	6.30
	6.70	7.10	7.50	8.00	8.50	9.00	9.50	10.0			

（2）补充系列

R80 系列为补充系列，其代号表示方法同基本系列。

（3）派生系列

派生系列是指从基本系列或补充系列 Rr 中（其中 $r = 5, 10, 20, 40, 80$），每隔 p 项取一个项值导出的系列，即从每相邻的连续 p 项中取一项形成的等比系列。派生系列的代号表示方法如下：

① 派生系列无限定范围时，应指明系列中含有的一个项值，但是如果系列中含有项值1，可简写为 Rr/p。例如，R10/3（…80.0…）表示含有项值80.0并向两端无限延伸的派生系列。再如，R10/3 表示系列为 …，1.00，2.00，4.00，8.00，16.0，…。

② 派生系列有限定范围时，应注明界限值，例如，R20/4（112…）表示以112为下限的派生系列；R40/5（…60.0）表示以60.0为上限的派生系列；R5/2（1.00…10 000）表示以1.00为下限和10 000为上限的派生系列。

派生系列的公比为

$$q_{r/p} = q_r^p = (\sqrt[r]{10})^p = 10^{p/r}$$

例如，派生系列 R10/3 的公比 $q_{10/3} = 10^{3/10} \approx 2$，可形成三个不同项值的系列：ⓐ1.00，2.00，4.00，8.00，…；ⓑ1.25，2.50，5.00，10.0，…；ⓒ1.60，3.15，6.30，12.5，…。

由此可见，比值 r/p 相等的派生系列具有相同的公比，但其项值彼此不同。

2. 优先数

优先数系的五个系列（R5、R10、R20、R40 和 R80）中任意一个项值均称为优先数，根据其取值的精确程度不同，数值可分为以下四种。

（1）优先数的理论值

理论值即理论等比数列的项值。如 R5 理论等比数列的项值有 1、$\sqrt[5]{10}$、$(\sqrt[5]{10})^2$、$(\sqrt[5]{10})^3$、$(\sqrt[5]{10})^4$、10 等。理论值一般是无理数，不便于实际应用。

（2）优先数的计算值

计算值是对理论值取五位有效数字的近似值，同理论值相比，其相对误差小于 $1/(2 \times 10^4)$，供精确计算用。例如，1.60 的计算值为 1.584 9。

（3）优先数的常用值

常用值即通常所称的优先数，取三位有效数字进行圆整后规定的数值，是经常使用的值，见表1.2。

（4）优先数的化整值

化整值是对基本系列中的常用数值做进一步圆整后所得的值，一般取两位有效数字，供特殊情况用。例如，1.12 的化整值为 1.1，6.3 的化整值为 6.0 等。

3. 优先数系的应用

（1）在一切标准化领域中应尽可能采用优先数系

优先数系不仅应用于标准的制定，且在技术改造设计、工艺、实验、老产品整顿简化等方面都应加以推广，尤其在新产品设计中要遵循优先数系。即使现有的旧标准、旧图样和旧产品，也应结合标准的修订或技术整顿，逐步地向优先数系过渡。此外，还应注意，优先数系不仅用于产品设计，也用于零部件设计，在积木式组合设计和相似设计中，更应使用优先数系；另外有些优先数系，如 R5 系列还可用于简单的优选法。

（2）区别对待各个参数采用优先数系的要求

基本参数、重要参数及在数值传播上最原始或涉及面最广的参数,应尽可能采用优先数。对其他各种参数,除非由于运算上的原因或其他特殊原因,不能为优先数(如两个优先数的和或差不再为优先数)以外,原则上都宜于采用优先数。

对于有函数关系的参数,如 $y = f(x)$,自变量 x 参数系列应尽可能采用优先数系的基本系列。若函数关系为组合特性的多项式,因变量 y 一般不再为优先数,当条件允许时,可圆整为与它最接近的优先数。当待定参数互为自变量时,尤其当函数式为组合特性的多项式时,应注意仔细分析选取哪些参数为自变量更符合技术经济利益。一般而言,当各种尺寸参数有矛盾,不能都为优先数时,应优先使互换性尺寸或连接尺寸为优先数;当尺寸参数与性能参数有矛盾,不能都为优先数时,宜优先使尺寸参数为优先数。这样便于配套维修,使材料、半成品和工具等简化统一。

（3）按"先疏后密"的顺序选用优先数系

对自变量参数尽可能选用基本系列,选择的优先顺序是 R5、R10、R20、R40。只有在基本系列不能满足要求时,才采用补充系列 R80 和由几段公比不同组成的复合系列;如果基本系列中没有合适的公比,也可用派生系列,并尽可能选用包含有项值 1 的派生系列。对于复合系列和派生系列,也应按"先疏后密"的顺序选用。

1.4 检测技术的发展

为了实现互换性生产,检测(检验和测量)技术是保证机械零、部件精度的重要手段,也是贯彻执行几何量公差标准的技术保证。检测技术的水平在一定程度上反映了机械加工精度水平。从机械发展历史来看,几何量检测技术的发展和机械加工精度的提高是相互依存、相互促进的。根据国际计量大会的统计,机械零件加工精度大约每十年提高一个数量级,这都是检测技术不断发展的缘故。例如,1940 年由于有了机械式比较仪,使机械加工精度从过去的 3 μm 提高到 1.5 μm;到了 1950 年,有了光学比较仪,使加工精度提高到 0.2 μm;到了 1960 年,有了圆度仪,使加工精度提高到 0.1 μm;到了 1969 年,由于出现了激光干涉仪,使加工精度提高到 0.01 μm 水平。

新中国成立前,我国是半殖民地半封建社会,生产落后,科学技术未能得到发展,检测技术和计量器具都处于落后状态。新中国成立后,随着社会主义建设事业的不断发展,建起了各种机械制造工业。1955 年成立了国家计量局,1959 年国务院发布了《关于计量制度的命令》,统一了全国计量制度,之后还颁布了多个几何量公差标准。1977 年国务院发布了《中华人民共和国计量管理条例》,1984 年国务院发布了《关于在我国统一实行法定计量单位的命令》,2017 年 12 月 27 日全国人大常委会通过并由国家主席颁布了《中华人民共和国计量法》第四次修正,使我国国家计量单位的统一有了更好的保证,使量值更加准确可靠,从而促进了我国社会主义现代化建设和科学技术的发展。

随着现代化工业生产的发展,在建立和加强计量制度的同时,我国的检测仪器也有了较大的发展,现在已拥有一批骨干检测仪器制造厂,生产了许多品种的精密仪器,如万能工具显微镜、万能渐开线检查仪、半自动齿距检查仪等。此外,还研制出一些达到世界先进水平的量仪,如坐标测量机、激光光电比较仪、光栅式齿轮整体误差测量仪等。目前机械加工精度已达到纳米级,而相应的检测技术也已向纳米级不断发展。

1.5 本书的特点和任务

1.5.1 本书的特点和学习方法

"机械精度设计"课程是高等工科院校机械类和相关各专业的一门重要的技术基础课,是联系设计课程和工艺课程的纽带,是从基础课学习过渡到专业课学习的桥梁。机械精度设计是本课程的基本内容,它和标准化关系十分密切;检测基础属于计量学的范畴。前者内容主要通过课堂教学和课外作业来完成,后者内容主要通过实验课来完成。

因为本课程术语定义多,符号、代号多,标准规定多,经验解法多,所以,刚学完系统性较强的理论基础课的学生,往往感到概念难记,内容繁多。而且,从标准规定上看,原则性强;从工程应用上看,灵活性大,这对初学者来说较难掌握。但是,正像任何东西都离不开主体,任何事物都有它的主要矛盾一样,本课程尽管概念很多、涉及面广,但各部分都是围绕着保证互换性为主的精度设计问题,介绍各种典型零件几何精度的概念,分析各种零件几何精度的设计方法,论述各种零件的检测规定等。所以,在学习中应注意及时总结归纳,找出它们之间的关系和联系。学生要认真按时完成作业,认真做实验和写实验报告,实验课是本课程验证基本知识、训练基本技能、理论联系实际的重要环节。

1.5.2 本书的任务

学生在学习本课程时,应具有一定的理论知识和生产实践知识,即能读图、制图,了解机械加工的一般知识和常用机构的原理。学生在学完本课程后应达到下列要求:

① 掌握标准化、互换性和公差的基本概念以及与精度设计有关的基本术语和定义。

② 基本掌握本课程中机械精度设计的主要内容、特点和应用原则。

③ 初步学会根据机器或仪器零件的使用要求,正确设计几何量公差并正确地标注在图样上。

④ 熟悉各种典型的几何量检测方法和初步学会使用常用的计量器具。

总之,本课程的任务是使学生获得机械工程师必须掌握的机械精度设计和检测方面的基本知识与基本技能。此外,在后续课程中,如机械零件设计、工艺设计及毕业设计等,学生都应正确、完整地把本课程中学到的知识应用到上述课程设计中去。

习　题　一

一、思考题

1.什么叫互换性? 它在机械制造中有何作用? 互换性是否只适用于大批量生产?

2.生产中常用的互换性有几种? 采用不完全互换的条件和意义是什么?

3.什么叫公差? 公差与互换性之间有什么关系?

4.第一代(传统)GPS 和新一代 GPS 主要有什么区别?

5.何谓标准化? 它和互换性有何关系? 标准应如何分类?

6.试举出互换性在日常生活中应用的实例(举五例)。

7.何谓优先数系？基本系列有哪些？公比如何？变形系列有几种？派生系列是怎样形成的？

8.本门课程的研究对象是什么？对机械零件要规定哪几项精度要求？

二、作业题

1.按优先数的基本系列确定优先数：

（1）第一个数为 10，按 R5 系列确定后五项优先数。

（2）第一个数为 100，按 R10/3 系列确定后三项优先数。

2.试写出 R10 优先数系从 1 ～ 100 的全部优先数（常用值）。

3.普通螺纹公差自 3 级精度开始，其公差等级系数为 0.50、0.63、0.80、1.00、1.25、1.60、2.00。试判断它们属于优先数系中的哪一种？其公比是多少？

第 2 章

测量技术基础

2.1　测量的基本概念

2.1.1　测量、检验和检定

1. 测量的定义

机器或仪器的零部件加工后是否符合设计图样的技术要求,需要经过测量来判定。所谓测量是确定被测对象的量值而进行的实验过程。即测量是将被测量与测量单位或标准量在数值上进行比较,从而确定两者比值的过程。若以 x 表示被测量,以 E 表示测量单位或标准量,以 q 表示测量值,则有

$$q = x/E \tag{2.1}$$

显然,被测量的量值 x 等于测量单位 E 与测量值 q 的乘积,即 $x = qE$。

2. 测量的四个要素

本书研究的是几何量的测量,一个完整的几何量测量过程应包括以下四个要素:

(1) 被测对象

被测对象是几何量,包括长度、角度、几何误差、表面粗糙度轮廓以及单键和花键、螺纹和齿轮等典型零件的几何参数的测量。

(2) 计量单位

在我国规定的法定计量单位中,长度的基本单位为米(m),平面角的角度单位为弧度(rad)及度(°)、分(′)、秒(″)。

在机械制造中,常用的长度单位为毫米(mm);常用的角度单位为弧度(rad)、微弧度(μrad)及度(°)、分(′)、秒(″)。在几何量精密及超精密测量中,常用的长度单位为微米(μm)和纳米(nm)。

长度及角度单位的换算关系为:

$1\ \text{nm} = 10^{-6}\ \text{mm},1\ \mu\text{m} = 10^{-3}\ \text{mm};1\ \mu\text{rad} = 10^{-6}\ \text{rad};$

$1° = 0.017\ 453\ 3\ \text{rad},1° = 60′,1′ = 60″。$

(3) 测量方法

测量方法是指测量时所采用的测量原理、计量器具和测量条件的综合,即获得测量结果的方式。例如,用千分尺测量轴径是直接测量法,用正弦尺测量圆锥体的圆锥角是间接

测量法。

在测量过程中,应根据被测对象的特点和精度要求拟定测量方案、选择计量器具和规定测量条件。

(4) 测量精度

测量精度用来表示测量结果的可靠程度。测量精度的高低用测量极限误差或测量不确定度表示。完整的测量结果应该包括测量值和测量的极限误差,不知测量精度的测量结果是没有意义的测量。

3. 检验和检定

在测量技术领域和技术监督工作中,还经常用到检验和检定两个术语。

所谓检验是判断被检对象是否合格。可以用通用计量器具进行测量,将测量值与给定值进行比较,并做出合格与否的结论,也可以用量规、样板等专用定值量具来判断被检对象的合格性。

所谓检定是指为评定计量器具的精度指标是否符合该计量器具的检定规程的全部过程。例如,用量块来检定千分尺的精度指标等。

2.1.2　测量基准和尺寸传递系统

1. 长度尺寸基准和传递系统

目前,世界各国所使用的长度单位有米制(公制)和英制两种。在我国法定计量单位制中,长度的基本计量单位是米(m)。按 1983 年第十七届国际计量大会的决议,规定米的定义为:1 m 是光在真空中,在 1/299 792 458 秒(s)的时间间隔内的行程的长度。国际计量大会推荐用稳频激光辐射来复现它,1985 年 3 月起,我国用碘吸收稳频的 0.633 μm 氦氖激光辐射波长作为国家长度基准,其频率稳定度为 1×10^{-9},国际上少数国家已将频率稳定度提高到 10^{-14},我国于 20 世纪 90 年代初采用单粒子存储技术,已将辐射频率稳定度提高到 10^{-17} 的水平。

在实际生产和科学研究中,不可能按照上述米的定义来测量零件尺寸,而是用各种计量器具进行测量。为了保证零件在国内、国际上具有互换性,必须保证量值的统一,因而需要建立一套从长度的最高基准到被测零件的严密的尺寸传递系统,如图 2.1 所示。

主基准(副基准) → 工作基准 → 工作器具 → 被测对象

图 2.1　尺寸传递系统

主基准 —— 在一定范围内具有最高计量特性的基准。它又可分为由国际上承认的国际基准和由国家批准的国家基准。

副基准 —— 为了复现"米",需建立副基准。它是通过直接或间接与国家基准对比而确定其量值并经过国家批准的基准。

工作基准 —— 经过与国家基准或副基准对比,用来检定较低准确度基准或检定工作器具用的计量器具。例如,量块、标准线纹尺等。

工作器具 —— 测量零件所用的计量器具。例如,各种千分尺、比较仪、测长仪等。

图 2.2 为长度量值传递系统简图。

2. 角度尺寸基准和传递系统

角度计量也属于长度计量范畴,弧度可用长度比值求得,一个圆周角定义为 360°,因

图 2.2   长度量值传递系统

此角度不必再建立一个自然基准。但在实际应用中,为了稳定和测量需要,仍然必须建立角度量值基准以及角度量值的传递系统。以往,常以角度量块做基准,并以它进行角度的量值传递。近年来,随着角度计量要求的不断提高,出现了高精度的测角仪和多面棱体(如图 2.5 所示为正八面棱体)。角度量值传递系统如图 2.3 所示。

图 2.3   角度量值传递系统

2.1.3   定值长度和定值角度的基准

1. 量块

量块是一种无刻度的标准端面量具。其制造材料为特殊合金钢,形状为长方六面体结构,六个平面中有两个相互平行的极为光滑平整的测量面,两测量面之间具有精确的工作尺寸。量块主要用作尺寸传递系统中的中间标准量具,或在相对法测量时作为标准件调整仪器的零位,也可以用它直接测量零件。

量块按一定的尺寸系列成套生产,国标量块标准中共规定了 17 种成套的量块系列,表 2.1 为从《几何量技术规范(GPS)　长度标准　量块》(GB/T 6093—2001)中摘录的四套(2、3、5 和 6)量块的尺寸系列。

表 2.1　成套量块的尺寸(摘自 GB/T 6093—2001)

套　别	总块数	级　别	尺　寸　系　列 /mm	间　隔 /mm	块　数
2	83	0,1,2	0.5	—	1
			1	—	1
			1.005	—	1
			1.01,1.02,…,1.49	0.01	49
			1.5,1.6,…,1.9	0.1	5
			2.0,2.5,…,9.5	0.5	16
			10,20,…,100	10	10
3	46	0,1,2	1	—	1
			1.001,1.002,…,1.009	0.001	9
			1.01,1.02,…,1.09	0.01	9
			1.1,1.2,…,1.9	0.1	9
			2,3,…,9	1	8
			10,20,…,100	10	10
5	10	0,1	0.991,0.992,…,1	0.001	10
6	10	0,1	1,1.001,…,1.009	0.001	10

在组合量块尺寸时,为获得较高尺寸精度,应力求以最少的块数组成所需的尺寸,一般不超过四块。例如,需组成的尺寸为 51.995 mm,若使用 83 块一套的量块,参考表 2.1,可按如下步骤选择量块尺寸(图 2.4 (d)):

$$
\begin{array}{ll}
51.995 & \text{需要的量块尺寸} \\
\underline{-\ 1.005} & \text{第一块量块尺寸} \\
50.99 & \\
\underline{-\ 1.49} & \text{第二块量块尺寸} \\
49.5 & \\
\underline{-\ 9.5} & \text{第三块量块尺寸} \\
40 & \text{第四块量块尺寸}
\end{array}
$$

(1) 有关量块精度的术语

参看图 2.4(a),量块的一个测量面研合在辅助平板的表面上,图 2.4(a)、(b)、(c)所标各种符号为与量块有关的长度、偏差和误差的符号。

① 量块长度。量块长度 l 是指量块一个测量面上的任意点到与其相对的另一测量面相研合的辅助平板表面之间的垂直距离。辅助平板的材料和表面质量应与量块相同。

② 量块的中心长度。量块的中心长度 l_c 是指对应于量块未研合测量面中心点的量块长度。

③ 量块的标称长度。量块的标称长度 l_n 是指标记在量块上,用以表明其与主单位(m)之间关系的量值,也称量块长度的示值。

④ 量块长度偏差。任意点的量块长度偏差 e 是指任意点的量块长度与标称长度的代

图 2.4   量块

数差,即 $e = l - l_n$。图 2.4(b)中的"$+t_e$"和"$-t_e$"为量块长度极限偏差。

合格条件:$+t_e \geqslant e \geqslant -t_e$。

⑤ 量块长度变动量。量块的长度变动量 v 是指量块测量面上任意点中的最大长度 l_{max} 与最小长度 l_{min} 之差,即 $v = l_{max} - l_{min}$。量块长度最大允许值为 t_v。合格条件:$v \leqslant t_v$。

⑥ 量块测量面的平面度。量块测量面的平面度误差 f_d 是指包容量块测量面且距离为最小的两个相互平行平面之间的距离。其公差为 t_d。合格条件:$f_d \leqslant t_d$。

(2)量块的精度等级

为了满足不同应用场合的需要,国家标准对量块规定了五个精度等级。

① 量块的分级。按照《量块检定规程》(JJG 146—2011)的规定,按量块的制造精度分为五级:K、0、1、2、3级,其中K级精度最高,精度依次降低,3级最低。量块分"级"的主要依据是量块长度极限偏差 $\pm t_e$、量块长度变动量 v 的最大允许值 t_v(表2.2)和量块测量面的平面度最大允许值 t_d(表2.3)。

表2.2   量块测量面上任意点的长度 l 极限偏差 t_e 和长度 l 变动量最大允许值 t_v(摘自 JJG 146—2011)

μm

标称长度 l_n/mm	K 级		0 级		1 级		2 级		3 级	
	t_e	t_v	t_e	t_v	t_e	t_v	t_e	t_v	t_e	t_v
$l_n \leqslant 10$	± 0.20	0.05	± 0.12	0.10	± 0.20	0.16	± 0.45	0.30	± 1.0	0.50
$10 < l_n \leqslant 25$	± 0.30	0.05	± 0.14	0.10	± 0.30	0.16	± 0.60	0.30	± 1.2	0.50
$25 < l_n \leqslant 50$	± 0.40	0.06	± 0.20	0.10	± 0.40	0.18	± 0.80	0.30	± 1.6	0.55
$50 < l_n \leqslant 75$	± 0.50	0.06	± 0.25	0.12	± 0.50	0.18	± 1.00	0.35	± 2.0	0.55
$75 < l_n \leqslant 100$	± 0.60	0.07	± 0.30	0.12	± 0.60	0.20	± 1.20	0.35	± 2.5	0.60
$100 < l_n \leqslant 150$	± 0.80	0.08	± 0.40	0.14	± 0.80	0.20	± 1.60	0.40	± 3.0	0.65
$150 < l_n \leqslant 200$	± 1.00	0.09	± 0.50	0.16	± 1.00	0.25	± 2.0	0.40	± 4.0	0.70
$200 < l_n \leqslant 250$	± 1.20	0.10	± 0.60	0.16	± 1.20	0.25	± 2.4	0.45	± 5.0	0.75

注:距离量块测量面边缘 0.8 mm 范围内不计。

② 量块的分等。按照 JJG 146—2011 的规定,量块的检定精度分为五等,即1、2、3、4、5 等,其中1等精度最高,其次依次降低,5等最低。量块分"等"的主要依据是量块长度 l 的测量不确定度、长度变动量最大允许值 t_v(表2.4)和量块测量面的平面度最大允许值

t_d(表 2.3)。

表 2.3　量块测量面的平面度最大允许值（摘自 JJG 146—2011）　μm

标称长度 l_n/mm	等	级	等	级	等	级	等	级
	1	K	2	0	3、4	1	5	2、3
$0.5 \leqslant l_n \leqslant 150$	0.05		0.10		0.15		0.25	
$150 < l_n \leqslant 500$	0.10		0.15		0.18		0.25	

注：① 距离测量面边缘 0.8 mm 范围内不计。

　　② 距离测量面边缘 0.8 mm 范围内,表面不得高于测量面的平面。

表 2.4　各等量块长度测量不确定度和长度变动量最大允许值（摘自 JJG 146—2011）　μm

标称长度 l_n/mm	1 等		2 等		3 等		4 等		5 等	
	测量不确定度	长度变动量	测量不确定度	长度变动量	测量不确定度	长度变动量	测量不确定度	长度变动量	测量不确定度	长度变动量
$l_n \leqslant 10$	0.022	0.05	0.06	0.10	0.11	0.16	0.22	0.30	0.6	0.50
$10 < l_n \leqslant 25$	0.025	0.05	0.07	0.10	0.12	0.16	0.25	0.30	0.6	0.50
$25 < l_n \leqslant 50$	0.030	0.06	0.08	0.10	0.15	0.18	0.30	0.30	0.8	0.55
$50 < l_n \leqslant 75$	0.035	0.06	0.09	0.12	0.18	0.18	0.35	0.35	0.9	0.55
$75 < l_n \leqslant 100$	0.040	0.07	0.10	0.12	0.20	0.20	0.40	0.35	1.0	0.60
$100 < l_n \leqslant 150$	0.05	0.08	0.12	0.14	0.25	0.20	0.50	0.40	1.2	0.65
$150 < l_n \leqslant 200$	0.06	0.09	0.14	0.14	0.30	0.20	0.6	0.40	1.5	0.70
$200 < l_n \leqslant 250$	0.07	0.10	0.18	0.16	0.35	0.25	0.7	0.45	1.8	0.75

注：① 距离测量面边缘 0.8 mm 范围内不计。

　　② 表内测量不确定度置信概率为 0.99。

（3）量块的使用和检验

量块的使用方法可分为按"级"使用和按"等"使用。

量块按"级"使用时,是以量块的标称长度 l_n 为工作尺寸,即不计量块的制造误差和磨损误差,但它们将被引入测量结果(即包含量块的制造误差和容损误差)中,因此测量精度不高,但不需加修正值,因此使用方便。

量块按"等"使用时,不是以标称尺寸为工作尺寸,而是用量块经检定后所给出的实际中心长度尺寸 l_c 作为工作尺寸。例如,某一标称长度为 10 mm 的量块,经检定其实际中心长度与标称长度之差为 -0.5 μm,则其中心长度为 9.999 5 mm。这样就消除了量块的制造误差的影响,提高了测量精度。但是,在检定量块时,不可避免地存在一定的测量方法误差,它将作为测量误差而被引入测量结果中。

因此,量块按"等"使用的测量精度比量块按"级"使用的测量精度高。

2. 多面棱体

多面棱体是用特殊合金钢或石英玻璃经精细加工制成的多面棱体。常见的有 4、6、8、12、24、36、72 面棱体等。图 2.5 所示为正八面棱体,在任意轴切面上,相邻两面法线间的夹角为 45°,它可以作为基准角用来测量任意 $n \times 45°$ 的角度($n = 1,2,3,\cdots$),或用它来检定测角仪或分度头的精度。

图 2.5　正八面棱体

2.2　计量器具和测量方法

2.2.1　计量器具

1.计量器具的分类

测量仪器和测量工具统称为计量器具,按其测量原理、结构特点及用途可分为以下四种。

（1）基准量具

用来校对或调整计量器具,或者作为标准尺寸进行相对测量的量具称为基准量具。它又可分为：

① 定值基准量具,如量块、角度块等。

② 变值基准量具,如标准线纹刻线尺等。

（2）通用计量器具

将被测量转换成可直接观测的指示值或等效信息的测量工具,称通用计量器具。按其工作原理可分为：

① 游标类量具,如游标卡尺、游标高度尺和游标量角器等。

② 微动螺旋类量具,如千分尺、公法线千分尺等。

③ 机械比较仪。它是用机械传动方法实现信息转换的量仪,如齿轮杠杆比较仪、扭簧比较仪等。

④ 光学量仪。它是用光学方法实现信息转换的仪器,如光学计、光学测角仪、光栅测长仪、激光干涉仪等。

⑤ 电动量仪。它是将原始信号转换为电学参数的量仪,如电感比较仪、电动轮廓仪、容栅测位仪等。

⑥ 气动量仪。它是通过气动系统的流量或压力变化实现原始信号转换的仪器,如水柱式气动量仪、浮标式气动量仪等。

⑦ 微机化量仪。它是在微机系统控制下,可实现测量数据的自动采集、处理、显示和打印的机电一体化量仪,如微机控制的数显万能测长仪、表面粗糙度测量仪和三坐标测量机等。

（3）极限量规类

一种没有刻度（线）的用于检验被测量是否处于给定的极限偏差之内的专用量具称为极限量规,如光滑极限量规、螺纹量规、功能量规等。

（4）检验夹具

检验夹具是一种专用的检验工具,它在和相应的计量器具配套使用时,可方便地检验出被测件的各项参数。如检验滚动轴承用的各种检验夹具,可同时测出轴承套圈的尺寸和径向或端面跳动等。

2.计量器具的度量指标

为了便于设计、检定、使用测量器具,统一概念,保证测量精确度,通常对测量器具规定如下度量指标。

（1）分度值（i）

计量器具刻尺或分度盘上相邻两刻线所代表的量值之差（即每一刻度间距所代表的

量值)称为分度值。例如,千分尺微分筒上的分度值 $i = 0.01$ mm。分度值是计量器具能指示出被测件量值的最小单位。

对于数字显示仪器的分度值称为分辨力,它是指仪器所能显示的最末一位数字所代表的量值。例如 JDG – S1 数字式立式光学计的分辨力为 0.1 μm。

一般说来,计量器具的分度值越小,其精度越高。

(2)刻度间距(a)

计量器具刻度尺或度盘上相邻两刻线中心之间的距离或圆弧长度为刻度间距 a,通常 a 是等距离刻线,为了适于人眼观察和读数,a 值取 0.75 ~ 2.5 mm。

(3)示值范围

计量器具所能指示或显示的被测几何量最小值到最大值的范围称为示值范围。例如,机械比较仪的示值范围为 ±100 μm。

(4)测量范围

在允许误差限内,计量器具所能测出的被测几何量的下限值到上限值的范围称为测量范围。例如,某一千分尺的测量范围为 25 ~ 50 mm,量程为 25 mm。

(5)灵敏度(k)

计量器具示数装置对被测量变化的反应能力称为灵敏度。灵敏度也称放大比或放大倍数。它与分度值 i、刻度间距 a 的关系为

$$k = \frac{a}{i} \tag{2.2}$$

一般来说,分度值 i 越小,则计量器具的灵敏度就越高。

(6)灵敏限(灵敏阈)

能引起计量器具示值可觉察变化的被测几何量的最小变化值称为灵敏限。越精密的仪器,其灵敏限越小。

(7)测量力

测量时,计量器具与被测表面之间的接触力称为测量力。在接触测量中,希望测量力是一定量的恒定值。测量力太大会使零件产生变形,测量力不恒定会使示值不稳定。

(8)示值误差

计量器具示值与被测量真值之间的代数差称为示值误差。计量器具的示值误差允许值可从其使用说明书或检定规程中查得,也可用标准件检定出来。

(9)示值变动性

在测量条件不变的情况下,对同一被测量进行多次重复测量读数时(一般 5 ~ 10 次),其读数的最大变动量,称为示值变动性。

(10)回程误差(滞后误差)

在相同测量条件下,对同一被测量进行往返两个方向测量时,测量仪的示值变化称为回程误差。

(11)修正值

为消除计量器具的系统误差,用代数法加到测量结果上的数值称为修正值。测量仪某一刻度上的修正值,等于该刻度的示值误差的反号。例如,已知某千分尺的零位示值误差为 + 0.01 mm,则其零位的修正值为 – 0.01 mm。若测量时千分尺读数为 20.04 mm,则该零件测量结果为

$$20.04 + (-0.01) = 20.03 （mm）$$

（12）不确定度

在规定条件下测量时，由于测量误差的存在，对测量值不能肯定的程度称为不确定度。计量器具的不确定度是一项综合精度指标，它受测量仪的示值误差、示值变动性、回程误差、灵敏限以及调整时用的标准件误差等综合影响，不确定度用误差界限表示。例如，分度值为 0.01 mm 的外径千分尺，在车间条件下测量一个尺寸为 0 ~ 50 mm 的零件时，其不确定度为 ± 0.004 mm，这说明测量结果与被测量真值之间的差值最大不会大于 0.004 mm，最小不会小于 0.004 mm。

2.2.2　三坐标测量

三坐标测量是获得空间某点三维坐标值的测量方法，通常用三坐标测量机（简称测量机）进行测量。它是 20 世纪 60 年代发展起来的一种高精度、高效率的精密测量仪器，是以精密机械为基础，综合运用计算机、电子、光栅和激光等先进技术为原理进行测量。它借助高性能的计算机软件，可以进行箱体、导轨、齿轮、螺纹等复杂结构的测量。其特点是只要测头能达到的地方就可以通过测量该地方的某些特征点的三维坐标值，来确定零件的几何尺寸和几何要素的形状误差以及几何要素间的相互位置关系误差。

1. 三坐标测量机的基本结构

三坐标测量机具有互相垂直的三个测量方向，即 X 轴、Y 轴和 Z 轴。从结构形式上，三坐标测量机分为悬壁式、桥框式、龙门式等种类。其中龙门式由于刚性好，装卸工作方便，操作性能好，测量精度较高，所以应用较普遍。

三坐标测量机基本结构如图 2.6 所示。

2. 三坐标测量前的准备工作

（1）坐标变换

三坐标机测量的特点是可以显示测头所在的位置的三维坐标值，即测量机坐标系下的值（也可以认为是绝对坐标值），但是通常设计零件的有关尺寸和要素的形状、方向及位置都是相对于选定的零件上的一个坐标系的，希望测量机显示的坐标值是选定的零件上的坐标值。这样就需要建立零件上坐标系和测量机坐标系的关系，这个坐标转换关系由测量机的测量软件来完成。确定零件坐标系这个工作可以分为以面为基准来建立零件坐标系和以线为基准建立零件坐标系。

图 2.6　三坐标测量机基本结构

1—Z 轴部件；2—X 向导轨；3—Y 向导轨；4—立柱；5—底座；6—测量工作台；7—测量头

① 以面为基准。选择零件上的一面，对该面测量三个点，这样就确定了一个坐标面（YZ 平面），然后选择零件上与该平面垂直的另一个平面，对该平面测量两点。过这两点做一个垂直于 YZ 平面的平面，就得到第二坐标平面 XY 平面，这两个互相垂直平面的交线确定为一个坐标轴（Y 轴）。在零件上选择与前两个平面垂直的第三个面，对此平面测量一点，过此点作一平面垂直于已确定的坐标轴（Y 轴），就得到第三个坐标平面 XZ 平面，此平面与 Y 坐标轴的交点即为原点 O。这样就建立了以面为基准的零件坐标系。

对于回转类的零件一般应建立以线为基准的坐标系,这样测量比较方便。

② 以线为基准。一般情况下首先选定回转类零件的轴线作为一个坐标轴(X 轴),然后在零件上任选一点,过该点作垂直于 X 轴的垂线,即为 Y 轴。X 轴和 Y 轴的交点就是零件坐标系的原点 O。过原点 O 作 X 轴和 Y 轴的垂线,就得到 Z 轴。这样就建立了以线为基准的零件坐标系。

关于零件坐标系和测量机坐标系的换算由测量机的测量软件完成。而零件坐标系是随着零件位置的变化而改变的。

(2) 选择基准件

测量机中还有一个坐标系来表示测头的中心位置,对于多测头的测量,每个测头的中心位置的坐标值是不一样的,那么不同的测头测量同一个零件,就会得到不同的结果,所以在测量前要进行测头检验,使不同测头的坐标统一到一个虚拟的测头上,也就是用不同测头测量同一个零件,结果是相同的。首先在测量机上固定一个选定的基准件,通常为基准球,用不同的测头来测量这个基准球,每个测头测量都得到一个基准球中心的坐标值 (X, Y, Z),由于基准球的位置是固定的,所以测量机会知道各个测头的相对位置,在以后的测量中,会自动减去各测头的相互位置坐标值,这样就可以把不同测头统一到一个虚拟测头上,不论用哪个测头测量,结果都是相同的。

另外,每个测头都是有大小的,而测头的坐标值显示的是测头中心的位置,测头中心位置与被测零件之间有一个测头半径的距离,所以在测量前要确定测头半径的大小。首先要选择一个基准件,一般有基准球和基准立方体。这里选择上述的基准球。由于该基准球的大小是已知的,那么用测头来测量基准球,测量基准球的球心坐标值 (x, y, z),以及球心和测头中心构成的距离 R。由于已知基准球半径 R_0,则可以得到测头的半径,即 $r = R - R_0$。

不论是做准备工作还是进行测量,都要在测量软件中进行,把软件设置到要进行的测量工作的相应状态,比如,要测量圆度误差,就要把测量软件设置到圆度测量状态,然后用测头在圆形零件上测量至少四个点(在一个平面内),那么测量机就自动显示圆度误差。再如,要测量零件的长度,就要把测量软件设置到长度测量状态,然后用测头测量零件上的两点,测量机就能显示这两点的距离。

总之,三坐标测量是现代测量的重要方法,已被广泛用于工业生产的各个领域,而且,三坐标测量机符合新一代产品几何技术规范(GPS)标准,能按照新标准的严格定义来测量零件的实际尺寸和几何误差。

2.2.3　测量方法分类及其特点

为便于根据被测件的特点和要求选择合适的测量方法,可以按照测量数值的获得方式的不同,将测量方法概括为以下几种。

1. 绝对测量法和相对(比较)测量法

绝对测量法 —— 在计量器具的示数装置上可表示出被测量的全值。例如,用测长仪测量零件轴径的大小,如图 2.7 所示。

相对测量法 —— 在计量器具的示数装置上只表示出被测量相对已知标准量的偏差值。例如,图 2.8 所示的用机械比较仪测量轴径,先用与轴径公称尺寸相等的量块(或标准件)调整比较仪的零位,然后再换上被测件,比较仪指针所指示的示值是被测件相对于标准件的偏差,因而轴径的尺寸就等于标准件的尺寸与比较仪示值的代数和。

一般来说,相对测量的精度比绝对测量精度高。

2. 直接测量法和间接测量法

直接测量法 —— 用计量器具直接测量被测量的整个数值或相对于标准量的偏差。例如,用千分尺测轴径,用比较仪和标准件测轴径等。

间接测量法 —— 测量与被测量有函数关系的其他量,再通过函数关系式求出被测量。如图2.9所示,为求某圆弧样板的劣弧(通常把小于半圆的圆弧称为劣弧)半径R,可通过测量其弦高h和弦长s,求出R,即

$$R = \frac{s^2}{8h} + \frac{h}{2}$$

图2.7 绝对测量法　　　　图2.8 相对测量法　　　　图2.9 间接测量法

3. 单项测量法和综合测量法

单项测量法 —— 对被测件的各几何量分别进行单独测量。例如,分别测量螺纹的中径、螺距和牙侧角。

综合测量法 —— 对被测件某些相关联的参数误差的综合效果进行测量。例如,用螺纹量规检验螺纹作用中径的合格性。

4. 静态测量法和动态测量法

静态测量法 —— 对被测件在静止状态下进行测量,被测表面与测量头相对静止。例如,用齿距仪测量齿轮的齿距偏差。

动态测量法 —— 对被测件在其运动状态下进行测量,被测表面与测量头有相对运动。例如,用齿轮单面啮合测量仪测量齿轮的切向综合误差。

5. 接触测量法和非接触测量法

接触测量法 —— 计量器具的测头与被测件表面相接触,并有机械作用的测量力。例如,用电动轮廓仪测量表面粗糙度轮廓。

非接触测量法 —— 计量器具的测头与被测件表面不接触。例如,用光切显微镜测量表面粗糙度轮廓的最大高度。

6. 等精度测量法和不等精度测量法

等精度测量法 —— 在测量过程中,影响测量精度的各因素不改变。例如在相同环境下,由同一人员在同一台仪器上用同一方法,对同一被测件进行次数相等的重复测量。

不等精度测量法 —— 在测量过程中,影响测量精度的各因素全部或部分改变。在其他测量条件不变的情况下,改变重复测量的次数,使其算术平均值的精度不同。

2.3　测量误差及数据处理

2.3.1　测量误差及其表示方法

1. 测量误差的含义

测量误差 —— 测得值与被测量真值之差。一般来说,被测量的真值是不知道的。在实际测量时,常用相对真值或不存在系统误差情况下的多次测量的算术平均值来代表真值。例如,用按"等"使用的量块检定千分尺,对千分尺示值来说,量块的实际尺寸就可视为真值(即相对真值)。

2. 测量误差的表示方法

测量误差可用绝对误差和相对误差表示。

绝对误差 —— 被测量的量值与被测量真值之差。若以 x 表示测得的量值,x_0 表示真值,则绝对误差 Δ 为

$$\Delta = x - x_0 \tag{2.3}$$

绝对误差 Δ 为代数值,可为正、负或零。例如,用分度值为 0.05 mm 的游标卡尺测量某零件尺寸为 40.05 mm,而该零件用高精度的测量仪测的量值为 40.025 mm,则可认为该游标卡尺绝对误差为

$$\Delta = 40.05 \text{ mm} - 40.025 \text{ mm} = + 0.025 \text{ mm}$$

相对误差 —— 测量的绝对误差的绝对值与被测量真值之比。若以 ε 表示相对误差,则有

$$\varepsilon = \frac{|x - x_0|}{x_0} = \frac{|\Delta|}{x_0} \approx \frac{|\Delta|}{x} \times 100\% \tag{2.4}$$

对上一个例子,若以相对误差表示,则有

$$\varepsilon = \frac{0.025}{40.025} \times 100\% \approx 0.06\%$$

被测量的公称值相同时,可用绝对误差比较测量精度的高低;被测量的公称值不同时,则用相对误差比较测量精度的高低。

由于种种原因,测量误差的大小也是变化的,但是它总是有一个范围,通常把测量绝对误差的变化范围称为测量极限误差。即在一定置信概率下,所求真值 x_0 必处于测得值 x 附近的最小范围内。若以 Δ_{lim} 表示测量极限误差,则有

$$x - \Delta_{lim} \leqslant x_0 \leqslant x + \Delta_{lim}$$

或

$$x_0 = x \pm \Delta_{lim} \tag{2.5}$$

2.3.2　测量误差的来源与减小误差的方法

为提高测量精度,或分析估算测量误差大小,必须对所选用的测量方法进行精度分析,分析其测量误差的来源并寻求减小误差的方法。

测量误差的来源通常可归纳为如下几个方面：

1. 计量器具误差

计量器具误差是由计量器具本身内在因素造成的,具体可分为以下三种。

(1) 原理误差

原理误差是计量器具的测量原理与结构采用近似设计造成的误差。例如,仪器的放大机构或放大系统,其放大原理可能并非严格地为线性关系,而刻度盘或示数装置却采用线性刻度,从而引起测量误差。此类误差一般属于系统误差,可以用加修正值的方法消除,但有些时候不进行修正,因而带来误差。

(2) 阿贝误差

阿贝误差是由于测量中不遵守阿贝原则而引起的。所谓阿贝原则,是在设计计量仪器或测量工件时,应该将被测长度与仪器的基准长度安置在同一条直线上。图 2.10 为阿贝测长仪原理示意图。标准刻线尺 A 和被测零件刻线尺 B 呈串联方式安装在同一直线上,测量时,先用读数显微镜分别瞄准刻线尺 A 和 B 的起始刻线,然后纵

图 2.10　阿贝测长仪原理示意图

向移动仪器工作台,使两显微镜又分别对准另一刻线,根据对两刻线尺两次读数的差值可求得被检定刻线尺的尺寸。由于该仪器符合阿贝原则,即使仪器工作台导轨倾斜移动或由于存在直线度误差而非直线移动,其所产生的误差也是极小的,可以忽略不计。

图 2.11 为用游标卡尺测量轴径示意图。由于被测轴径与卡尺的标准刻线不在同一条直线上,因此不符合阿贝原则。设两者之间距离为 S,由于主尺存在直线度误差以及游标框架与主尺间有间隙,因此,测量时可能使量爪产生倾斜,若以 φ 表示倾斜角,则由此而产生的测量误差为

$$\Delta = L - L' = S\tan\varphi \approx S\varphi \qquad (2.6)$$

图 2.11　用游标卡尺测量轴径示意图

(3) 仪器基准件误差

仪器基准件误差是由量仪的基准件本身的误差而引起的。如千分尺中测微螺杆的螺距误差,测长仪中基准刻线尺的刻度误差等。

2. 相对测量法中的标准件误差

应用相对测量法,标准件的误差将直接影响测量结果的精度。例如,在机械比较仪上用量块做标准件测量零件尺寸,若量块是按"级"使用,则量块的制造误差会直接引入测量结果中;若量块是按"等"使用,虽然可以消除量块的制造误差,但仍然存在量块检定的测量误差和量块的磨损误差。

3. 测量方法误差

测量方法误差是指因测量方法不正确或不完善而引起的误差,具体有如下四种：

(1) 测量基准不统一而引起的误差

如图 2.12 所示,用齿厚卡尺测量齿轮分度圆弦齿厚,齿轮的设计基准是齿轮轴线,而此时是以齿顶圆作为测量基准,因此当存在齿顶圆直径误差和跳动误差时,测得的齿厚不再是分度圆齿厚,从而产生的测量误差是由测量基准不统一引起的。

（2）被测件安装、定位不正确而引起的误差

如图 2.13 所示，在卧式测长仪上，测量套筒的内径 D，本应该测量与套筒轴线垂直截面上的直径，但由于套筒端面可能与轴线不垂直，实际上测得值为 D'，则测量误差为

$$\Delta D = D' - D = D' - D'\cos\varphi = D'(1 - \cos\varphi) \tag{2.7}$$

式中　φ——以角度值表示的套筒轴线与端面的垂直度误差。

为减少此项误差，卧式测长仪的工作台应做成能绕水平轴线旋转的万能工作台。

图 2.12　齿厚测量示意图　　　　　　　　图 2.13　套筒测量示意图

（3）测量力引起的误差

接触测量时，若被测件材料硬度、刚度低，测量力选择不当，可使零件产生较大的接触变形或弹性变形，从而引起测量误差。因此，对于软材料、刚性低的零件，尽可能采用非接触测量法。

（4）测量条件误差

测量条件误差是指测量时温度、湿度、振动、环境净化程度等外界因素所引起的误差，温度引起的误差尤为显著。进行精密测量时，若室温偏离标准温度（20 ℃）或被测件与基准件有温差或室温变化，都会产生测量误差，应对其加以修正。根据误差理论，由偏离标准温度而引起的被测件尺寸的变化量 ΔL 可按下式计算：

$$\Delta L = L[\alpha_2(t_2 - 20) - \alpha_1(t_1 - 20)] \tag{2.8}$$

由被测件与基准件温差和室温变化而引起的被测件尺寸的变化量 $\Delta L'$ 为

$$\Delta L' = \pm L\sqrt{(\alpha_2 - \alpha_1)^2(\Delta t)^2 + \alpha_1^2(t_2 - t_1)^2} \tag{2.9}$$

式（2.8）和式（2.9）中　　L——被测尺寸；

　　　　　　　　α_1、α_2——基准件、被测件材料的线膨胀系数；

　　　　　　　　t_1、t_2——基准件、被测件的温度；

　　　　　　　　Δt——室温变化量。

由式（2.8）可以看出，若被测件与基准件材料线膨胀系数不同，但只要两者都处于标准温度，ΔL 可以忽略不计；若被测件与基准件材料线膨胀系数相同，只要两者温度相近，即使偏离标准温度，ΔL 值也可忽略不计。由式（2.9）可见，只要室温变化小，即使被测件和基准件线膨胀系数不同，也会使 $\Delta L'$ 变小。因此，精密测量除了要尽可能地在恒温室进行外，对于体积较大，即热容较大的零件，还应该将其预先放在测量室内进行定温。

由上述分析可知，ΔL 按系统误差处理，$\Delta L'$ 应按随机误差处理。

2.3.3　测量误差分类、特性及其处理原则

测量误差按其特点和性质可分为随机误差、系统误差和粗大误差三类。

1. 随机误差的评定及其计算

随机误差 —— 在一定的测量条件下,多次测量同一被测量值时,测量误差的绝对值和符号以不可预定的方式变化的误差。随机误差的产生是由测量过程中各种随机因素而引起的,例如,在测量过程中,温度的波动、振动、测力不稳及观察者的视觉等。随机误差的数值通常不大,虽然某一次测量的随机误差大小、符号不能预料,但是进行多次重复测量,对测量结果进行统计、计算,就可以看出随机误差符合一定的统计规律,并且大多数情况符合正态分布规律。正态分布曲线如图 2.14 所示。正态分布的随机误差具有下列四个基本特性:

① 单峰性。绝对值小的误差比绝对值大的误差出现的概率大。

② 对称性。绝对值相等的正、负误差出现的概率相等。

③ 有界性。在一定的测量条件下,随机误差的绝对值不会超过一定界限。

④ 抵偿性。随着测量次数的增加,随机误差的算术平均值趋于零。

正态分布曲线的数学表达式为

$$y = \frac{1}{\sigma\sqrt{2\pi}} e^{-\frac{\delta^2}{2\sigma^2}} \tag{2.10}$$

式中　　y —— 概率密度;

　　　　δ —— 随机误差;

　　　　σ —— 标准偏差。

由图 2.14 可见,当 $\delta = 0$ 时,概率密度最大,且有 $y_{max} = \dfrac{1}{\sigma\sqrt{2\pi}}$,概率密度的最大值 y_{max} 与标准偏差 σ 成反比,即 σ 越小,y_{max} 越大,分布曲线越陡峭,测得值越集中,即测量精度越高;反之,σ 越大,y_{max} 越小,分布曲线越平坦,测得值越分散,即测量精度越低。图 2.15 所示为三种不同测量精度的分布曲线,$\sigma_1 < \sigma_2 < \sigma_3$,所以标准偏差 σ 表征了随机误差的分散程度,也就是测量精度的高低。

图 2.14　正态分布曲线

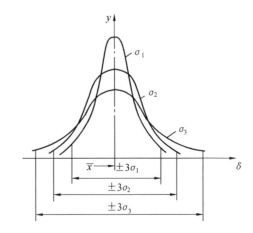

图 2.15　分布形状与 σ 关系曲线

标准偏差 σ 和算术平均值 $\bar{x}$ 可通过有限次的等精度测量实验求出,其计算式为

$$\sigma = \sqrt{\frac{\sum\limits_{i=1}^{n}(x_i - \bar{x})^2}{n-1}} \tag{2.11}$$

$$\bar{x} = \frac{1}{n}\sum_{i=1}^{n}x_i \tag{2.12}$$

式中 x_i—— 某次测量值;

      $\bar{x}$——n 次测量的算术平均值;

      n—— 测量次数,实验时 n 取足够大(一般 n 取 10 ~ 20)。

由概率论可知,全部随机误差的概率之和为 1,即

$$P = \int_{-\infty}^{+\infty} y\mathrm{d}\delta = \frac{1}{\sigma\sqrt{2\pi}}\int_{-\infty}^{+\infty} e^{-\frac{\delta^2}{2\sigma^2}}\mathrm{d}\delta = 1 \tag{2.13}$$

随机误差出现在区间 $(-\delta, +\delta)$ 内的概率为

$$P = \frac{1}{\sigma\sqrt{2\pi}}\int_{-\delta}^{+\delta} e^{-\frac{\delta^2}{2\sigma^2}}\mathrm{d}\delta \tag{2.14}$$

若令 $t = \dfrac{\delta}{\sigma}$,则 $\mathrm{d}t = \dfrac{\mathrm{d}\delta}{\sigma}$,于是有

$$P = \frac{1}{\sqrt{2\pi}}\int_{-t}^{+t} e^{-\frac{t^2}{2}}\mathrm{d}t = \frac{2}{\sqrt{2\pi}}\int_{0}^{t} e^{-\frac{t^2}{2}}\mathrm{d}t = 2\varphi(t) \tag{2.15}$$

式中

$$\varphi(t) = \frac{1}{\sqrt{2\pi}}\int_{0}^{t} e^{-\frac{t^2}{2}}\mathrm{d}t \tag{2.16}$$

函数 $\varphi(t)$ 称为拉普拉斯函数,当 t 已知时,可从现成的拉普拉斯函数表中查得 $\varphi(t)$ 值。表 2.5 为从 $\varphi(t)$ 表中查得的四个特殊 t 值对应的概率。

表 2.5 拉普拉斯函数(四个特殊 t 值对应的概率)

t	$\delta = \pm t\sigma$	不超出 $\mid\delta\mid$ 的概率 $P = 2\varphi(t)$	超出 $\mid\delta\mid$ 的概率 $P_1 = 1 - 2\varphi(t)$
1	1σ	0.682 6	0.317 4
2	2σ	0.954 4	0.045 6
3	3σ	0.997 3	0.002 7
4	4σ	0.999 36	0.000 64

在仅存在符合正态分布规律的随机误差的前提下,如果用某仪器对被测工件只测量一次,或者虽然测量了多次,但任取其中一次作为测量结果,可认为该单次测量结果 x_i 与被测量真值 x_0(或算术平均值 $\bar{x}$)之差不会超过 $\pm3\sigma$ 的概率为 99.73%,而超出此范围的概率只有 0.27%,因此,通常把相应于置信概率 99.73% 的 $\pm3\sigma$ 作为测量极限误差,即

$$\Delta_{\lim} = \pm 3\sigma \tag{2.17}$$

为了减小随机误差的影响,可以采用多次测量并取其算术平均值作为测量结果,显然,算术平均值 $\bar{x}$ 比单次测量值 x_i 更加接近被测量真值 x_0,但 $\bar{x}$ 也具有分散性,不过它的分散程度比 x_i 的分散程度小,用 $\sigma_{\bar{x}}$ 表示算术平均值的标准偏差,其数值与测量次数 n 有关,即

$$\sigma_{\bar{x}} = \frac{\sigma}{\sqrt{n}} \tag{2.18}$$

若以多次测量的算术平均值 $\bar{x}$ 表示测量结果,则 $\bar{x}$ 与真值 x_0 之差不会超过 $\pm 3\sigma_{\bar{x}}$,即

$$\Delta_{\lim} = \pm 3\sigma_{\bar{x}} \qquad (2.19)$$

例 2.1　在某仪器上对某零件尺寸进行 10 次等精度测量,得到的测量值 x_i 见表 2.6。已知测量中不存在系统误差,试计算单次测量的标准偏差 σ 和算术平均值的标准偏差 $\sigma_{\bar{x}}$,并分别给出以单次测量值作为结果和以算术平均值作为结果的精度。

解　由式(2.11)、式(2.12)、式(2.18)得测量的算术平均值、单次测量的标准偏差和多次测量的标准偏差分别为

$$\bar{x} = \frac{1}{10}\sum_{i=1}^{10} x_i = 20.007 \ (\text{mm})$$

$$\sigma = \sqrt{\frac{\sum_{i=1}^{n}(x_i - \bar{x})^2}{n-1}} = \sqrt{\frac{22}{10-1}} \approx 1.6 \ (\mu\text{m})$$

$$\sigma_{\bar{x}} = \frac{\sigma}{\sqrt{n}} = \frac{1.6}{\sqrt{10}} \approx 0.5 \ (\mu\text{m})$$

因此,以单次测量值做结果的精度为 $\pm 3\sigma \approx \pm 5 \ \mu\text{m}$;以算术平均值做结果的精度为 $\pm 3\sigma_{\bar{x}} = \pm 1.5 \ \mu\text{m}$。

表 2.6　例 2.1 的测量数据

测量序号 i	测量值 x_i/mm	$x_i - \bar{x}/\mu\text{m}$	$(x_i - \bar{x})^2/\mu\text{m}^2$
1	20.008	$+1$	1
2	20.004	-3	9
3	20.008	$+1$	1
4	20.009	$+2$	4
5	20.007	0	0
6	20.008	$+1$	1
7	20.007	0	0
8	20.006	-1	1
9	20.008	$+1$	1
10	20.005	-2	4
	$\bar{x} = \frac{1}{10}\sum_{i=1}^{10} x_i = 20.007$	$\sum_{i=1}^{10}(x_i - \bar{x}) = 0$	$\sum_{i=1}^{10}(x_i - \bar{x})^2 = 22$

2. 系统误差及其消除方法

系统误差 —— 在一定的测量条件下,多次重复测量同一被测量值,测量误差的大小和符号固定不变或按一定规律变化的误差。系统误差可分为定值的系统误差和变值的系统误差。前者如由千分尺的零位不正确引起的误差为定值系统误差,后者如在万能工具显微镜(简称万工显)上测量长丝杠的螺距误差时,由温度有规律地升高而引起丝杠长度变化的误差为变值的系统误差。这两种数值大小和变化规律已被确切掌握了的系统误差,称为已定系统误差;对于不易确切掌握的误差的大小和符号,但是可以估计出其变化范围的误差,称为未定系统误差。例如,万工显的光学刻线尺的误差为 $\pm(1 + L/200) \ \mu\text{m}$($L$ 是以 mm 为单位的被测件长度),若测量时对刻线尺的误差不做修正,则该项误差可视为未定系统误差。

在实际测量中,应设法避免产生系统误差。如果难以避免,则应设法加以消除或减小系统误差。消除和减小系统误差的方法有以下几种:

(1) 从产生系统误差的根源消除

从产生系统误差的根源消除系统误差是最根本方法。例如,调整好仪器的零位,正确选择测量基准,保证被测件和仪器都处于标准温度条件等。

(2) 用加修正值的方法消除

对于标准量具或标准件或计量器具的刻度,都可事先用更精密的标准件检定其实际值与标称示值的偏差,然后将此偏差以其反号作为修正值加进测量结果中予以消除。

(3) 用抵消法消除

若用两种测量法测量,产生的系统误差的符号相反,大小相等或相近,则可以用这两种测量方法所得结果的算术平均值作为结果,从而消除系统误差。例如,用水平仪测量某一平面倾角,由水平仪气泡原始零位不准确而产生的系统误差为正值,若将水平仪掉头再测一次,则产生的系统误差为负值,且大小相等,因此可取两次读数的算术平均值作为结果。

(4) 利用被测量之间的内在联系消除

有些被测量各测量值之间存在必然的关系。例如,多面棱体的各角度之和为封闭的,即 360°,因此在用自准仪检定其各面角度时,可根据其各角度之和为 360° 这一封闭条件,消除检定中的系统误差。又如,在用周节仪(齿距仪)按相对法测量齿轮的齿距累积偏差时,可根据齿轮从第 1 个齿距偏差累积到最后 1 个齿距偏差时,其累积偏差应为零这一关系,来修正测量时的系统误差。

3. 粗大误差及其剔除

粗大误差(也称过失误差)是指超出在规定条件下预计的测量误差。粗大误差是由某些不正常的原因造成的,如测量者的粗心大意,测量仪器和被测件的突然振动,以及读数或记录错误等。由于粗大误差一般数值较大,它会显著地歪曲测量结果,因此它是不允许存在的。若发现有粗大误差,则应按判断粗大误差的准则加以剔除。

发现和剔除粗大误差的方法,通常是用重复测量或者改用另一种测量方法加以核对。对于等精度多次测量值,判断和剔除粗大误差较简便的方法是按 3σ 准则。所谓 3σ 准则,即在测量中,凡是某一测量值与算术平均值之差(也称剩余误差)的绝对值大于标准偏差 σ 的 3 倍,即认为该测量值为粗大误差,应从测量值中将其剔除。例如,在例 2.1 中,已求得该测量列的标准偏差 $\sigma = 1.6$ μm, $3\sigma = 4.8$ μm。可以看出 10 次测量的剩余误差 $(x_i - \overline{x})$ 均不超过 4.8 μm,则说明该测量列中没有粗大误差。倘若某一测量值的剩余误差 $| x_i - \overline{x} | > 4.8$ μm,则应视为粗大误差,应将这一测量值剔除。

4. 测量精度的分类

系统误差与随机误差的区别及其对测量结果的影响,可以用打靶为例加以说明。如图 2.16 所示,圆心为靶心,图(a)表现为弹着点密集但偏离靶心,说明随机误差小而系统误差大;图(b)表示弹着点围绕靶心分布,但很分散,说明系统误差小而随机误差大;图(c)表示弹着点既分散又偏离靶心,说明随机误差与系统误差都较大;图(d)表示弹着点既围绕靶心分布又密集,说明系统误差与随机误差都小。

(a) 精密度高　(b) 正确度高　(c) 准确度低　(d) 准确度高

图 2.16　测量精度分类示意图

　　根据上述概念,在测量领域中可把测量精度分为以下几种。

　　① 精密度:表示测量结果中随机误差的影响程度。若随机误差小,则精密度高。

　　② 正确度:表示测量结果中系统误差的影响程度。若系统误差小,则正确度高。

　　③ 准确度(也称精确度):表示测量结果中随机误差和系统误差综合的影响程度。若随机误差和系统误差都小,则准确度高。

　　由上述分析可知,图 2.16 中,(a) 为精密度高而正确度低;(b) 为正确度高而精密度低;(c) 为精密度与正确度都低,表示准确度低;(d) 为精密度与正确度都高,表示准确度高。

2.3.4　测量误差的合成

　　对于较重要的测量,不但要给出正确的测量结果,而且还应给出该测量结果的准确程度,即给出测量方法的极限误差 Δ_{lim}。对于一般的测量,可从仪器的使用说明书或检定规程中查到仪器的测量不确定度,以此作为测量的极限误差。而对于一些较复杂的测量,或对于专门设计的测量装置,没有现成的资料可查,只好分析测量误差的组成项目并计算其数值,然后按一定方法综合成测量方法的极限误差,这个过程就称为测量误差的合成。

　　1. 直接测量法测量误差的合成

　　直接测量法测量误差的主要来源是仪器误差、测量方法误差、基准件误差等,这些误差都称为测量总误差的误差分量。这些误差按其性质区分,既有已定系统误差,又有随机误差和未定系统误差,通常它们可以按下列方法合成:

　　(1) 已定系统误差按代数和法合成,即

$$\Delta_{系总} = \Delta_{系1} + \Delta_{系2} + \cdots + \Delta_{系n} = \sum_{i=1}^{n} \Delta_{系i} \qquad (2.20)$$

式中　$\Delta_{系i}$ —— 各误差分量的系统误差。

　　(2) 对于符合正态分布、彼此独立的随机误差和未定系统误差,按方和根法合成,即

$$\Delta_{\mathrm{lim}} = \pm \sqrt{\Delta_{1\,\mathrm{lim}}^2 + \Delta_{2\,\mathrm{lim}}^2 + \cdots + \Delta_{n\,\mathrm{lim}}^2}$$
$$= \pm \sqrt{\sum_{i=1}^{n} \Delta_{i\,\mathrm{lim}}^2} \qquad (2.21)$$

式中　$\Delta_{i\,\mathrm{lim}}$ —— 各误差分量的随机误差或未定系统误差。

　　2. 间接测量法测量误差的合成

　　(1) 已定系统误差的合成

　　若间接测量被测量 Y 与间接测量值 $x_i(i=1,2,\cdots,n)$ 之间的函数关系为 $Y=f(x_i)$,间接测量值 x_i 存在已定系统误差 Δx_i,则可求得被测量 Y 的系统误差为

$$\Delta Y = \frac{\partial f}{\partial x_1}\Delta x_1 + \frac{\partial f}{\partial x_2}\Delta x_2 + \cdots + \frac{\partial f}{\partial x_n}\Delta x_n = \sum_{i=1}^{n} \frac{\partial f}{\partial x_i}\Delta x_i \tag{2.22}$$

式中　$\dfrac{\partial f}{\partial x_i}$ —— 间接测量值 x_i 的误差的传递系数。

（2）随机误差与未定系统误差的合成

同样，设被测量 Y 和间接测量值 x_i 之间的函数关系为 $Y = f(x_i)$，且各间接测量值 x_i 的随机误差或未定系统误差 $\Delta_{i\,\text{lim}}$ 之间彼此独立，符合正态分布，则可求得被测量 Y 的测量极限误差 ΔY_{lim} 为

$$\Delta Y_{\text{lim}} = \pm \sqrt{\left(\frac{\partial f}{\partial x_1}\right)^2 \Delta x_{1\,\text{lim}}^2 + \left(\frac{\partial f}{\partial x_2}\right)^2 \Delta x_{2\,\text{lim}}^2 + \cdots + \left(\frac{\partial f}{\partial x_n}\right)^2 \Delta x_{n\,\text{lim}}^2}$$

$$= \pm \sqrt{\sum_{i=1}^{n} \left(\frac{\partial f}{\partial x_i}\right)^2 \Delta x_{i\,\text{lim}}^2} \tag{2.23}$$

例 2.2　在立式光学计上，用四等量块做基准测量公称尺寸为 100 mm 的量规，测量室内温度为 (23 ± 2) ℃，量规温度与量块的温度差不超过 1 ℃，已知该光学计有 $+0.5$ μm 的零位误差，所用 100 mm 的量块有 -0.6 μm 的尺寸误差，量块材料的线膨胀系数为 10.0×10^{-6} ℃$^{-1}$，量规材料线膨胀系数为 11.5×10^{-6} ℃$^{-1}$。光学计在全部刻度范围内示值误差不大于 ± 0.5 μm。若测量时，光学计读数为 $+2.5$ μm，试求量规的实际尺寸及测量的极限误差。

解　经分析可知，已定系统误差有：零位误差 $\Delta_{\text{系}1} = +0.5$ μm，量块尺寸误差 $\Delta_{\text{系}2} = -0.6$ μm，测量时偏离标准温度引起的测量误差按式（2.8）有

$$\Delta_{\text{系}3} = 100 \times \left[11.5 \times 10^{-6} \times (23-20) - 10.0 \times 10^{-6} \times (23-20)\right]$$
$$= +0.00045 \text{ mm} = +0.45 \text{ (μm)}$$

由于这种测量方法符合阿贝原则，并且是用相对法测量，测量力引起的接触变形误差可以忽略不计，因此可以认为测量方法误差为零。于是按式（2.20）可求得总的已定系统误差为

$$\Delta_{\text{系总}} = \Delta_{\text{系}1} + \Delta_{\text{系}2} + \Delta_{\text{系}3} = +0.5 + (-0.6) + 0.45 = +0.35 \text{ (μm)}$$

将此误差反号作为修正值加入测量结果中，即可得出被测量规尺寸为

$$100 + 0.0025 + (-0.00035) = 100.0022 \text{ (mm)}$$

进一步可分析出随机误差有：仪器示值误差 $\Delta_{1\,\text{lim}} = \pm 0.5$ μm，量块标称长度测量不确定度最大允许值 $\Delta_{2\,\text{lim}} = 0.40$ μm（由表 2.3 查得）。

未定系统误差是由室温变化及被测件与基准件温差造成的。已知 $\Delta t = \pm 2$ ℃，定温后被测件与标准件可能有 1 ℃ 的温度差，即 $(t_2 - t_1) = 1$ ℃，代入式（2.9），得

$$\Delta_{3\,\text{lim}} = \pm L\sqrt{(\alpha_2 - \alpha_1)^2 \Delta t^2 + \alpha_1^2 (t_2 - t_1)^2}$$
$$= \pm 100\sqrt{(11.5 - 10.0)^2 \times 2^2 + (10.0)^2 \times 1^2} \times 10^{-6} \approx \pm 0.0012 \text{ (mm)}$$
$$= \pm 1.2 \text{ (μm)}$$

将这些随机误差和未定系统误差按式（2.21）合成，则有

$$\Delta_{\text{lim}} = \pm \sqrt{\Delta_{1\text{lim}}^2 + \Delta_{2\text{lim}}^2 + \Delta_{3\text{lim}}^2} = \pm \sqrt{0.5^2 + 0.4^2 + 1.2^2} = \pm 1.36 \text{ (μm)} \approx \pm 1.4 \text{ (μm)}$$

最后，可将测量结果及精度表示为 100.0022 ± 0.0014 mm。

例 2.3   设有厚度为 1 mm 的圆弧样板,在万工显上用影像法通过测量弦高 h 和弦长 s,确定其圆弧半径 R 的大小(参见图 2.9)。若测得 $h = 10.1$ mm,$s = 32.135$ mm,试求 R 值及测量极限误差 ΔR_{lim}。

解   由几何关系可求得间接测量的关系式为

$$R = \frac{s^2}{8h} + \frac{h}{2}$$

(1)代入测量值后得圆弧半径 R

$$R = \frac{32.135^2}{8 \times 10.1} + \frac{10.1}{2} = 17.830 \text{(mm)}$$

(2)按式(2.22)对由上述关系式全微分计算圆弧半径 R 的系统误差

$$\frac{\partial R}{\partial s} = \frac{s}{4h} \qquad \frac{\partial R}{\partial h} = \frac{1}{2} - \frac{s^2}{8h^2}$$

因为测量没有给出弦高 h 与弦长 s 的系统误差,故可不计算 R 值的系统误差。

(3)按式(2.23)计算圆半径 R 的随机误差

从万工显说明书中可查到,在万工显平台上用影像法测量长度的精度如下:

横向 $\qquad\qquad \Delta_{lim} = \pm \left(3 + \frac{L}{50} + \frac{HL}{2\,500} \right) \ \mu m$

纵向 $\qquad\qquad \Delta_{lim} = \pm \left(3 + \frac{L}{30} + \frac{HL}{4\,000} \right) \ \mu m$

式中 L——被测零件长度;

H——被测零件厚度。

由此可求得万工显横向坐标测得 h 值的测量误差为

$$\Delta h_{lim} = \pm \left(3 + \frac{10.1}{50} + \frac{1 \times 10.1}{2\,500} \right)$$

$$\approx \pm 3.2 \text{ (}\mu m\text{)} = \pm 0.003\ 2 \text{ (mm)}$$

由纵向坐标测得 s 值的测量误差为

$$\Delta s_{lim} = \pm \left(3 + \frac{32.135}{30} + \frac{1 \times 32.135}{4\,000} \right)$$

$$\approx \pm 4.1 \text{ (}\mu m\text{)} = \pm 0.004\ 1 \text{ (mm)}$$

按式(2.23)合成随机误差,得半径 R 的测量极限误差为

$$\Delta R_{lim} = \pm \sqrt{ \left(\frac{s}{4h} \right)^2 \Delta s_{lim}^2 + \left(\frac{1}{2} - \frac{s^2}{8h^2} \right)^2 \Delta h_{lim}^2 }$$

$$= \pm \sqrt{ \left(\frac{32.135}{4 \times 10.1} \right)^2 \times 0.004\ 1^2 + \left(\frac{1}{2} - \frac{32.135^2}{8 \times 10.1^2} \right)^2 \times 0.003\ 2^2 }$$

$$\approx \pm 0.005 \text{ (mm)}$$

(4)测量结果表示为

$$R = 17.830 \pm 0.005 \text{ mm}$$

习　题　二

一、思考题

1. 何谓尺寸传递系统？建立尺寸传递系统有什么意义？目前长度和角度的最高基准是什么？

2. 量块的"级"和"等"是根据什么划分的？按"级"使用和按"等"使用有何不同？

3. 计量器具的度量指标有哪些？其含义是什么？

4. 试述测量误差的分类、特性及其处理原则。

5. 为什么要进行测量误差合成？已定系统误差如何合成？随机误差和未定系统误差如何合成？

6. 结合在大型工具显微镜上测量螺纹的实验，说明测量过程中有哪些系统误差？如何减小和消除？

二、作业题

1. 用杠杆千分尺测量某轴直径共 15 次，各次测量值为（单位：mm）：10.492，10.435，10.432，10.429，10.427，10.428，10.430，10.434，10.428，10.431，10.430，10.429，10.432，10.429，10.429。若测量中没有系统误差，试求：

(1) 15 次测量的算术平均值 $\bar{x}$；

(2) 单次测量的标准偏差 σ；

(3) 试用 3σ 法则判断该测量列中有无粗大误差。

(4) 单次测量的极限误差 $\Delta_{\lim}$，如用此杠杆千分尺对该轴直径仅测量 1 次，测量值为 10.431，则其测量结果和测量精度应怎样表示？

(5) 15 次测量的算术平均值的标准偏差 $\sigma_{\bar{x}}$。

(6) 15 次测量的算术平均值的极限误差是多少？以这 15 次测量的算术平均值作为测量结果时，怎样表示测量结果和测量精度？

2. 用两种方法分别测量尺寸为 100 mm 和 80 mm 的零件，其测量绝对误差分别为 8 μm 和 7 μm，试问此两种测量方法哪种测量精度高？为什么？

3. 如图 2.17 所示的零件，其测量结果和测量精度分别为：$d_1 = \phi 30.02 \pm 0.01$ mm，$d_2 = \phi 50.05 \pm 0.02$ mm，$l = 40.01 \pm 0.03$ mm，求中心距 L 及其测量精度。

图 2.17　作业题 3 图

4. 如图 2.9 所示，用测量弓高弦长法求某一圆弧半径 R，得到测量值及其精度分别为：弦长 $s = 50 \pm 0.06$ mm，弓高 $h = 10 \pm 0.005$ mm，试求 R 值及其测量精度。

第 3 章

尺寸精度设计与检测

3.1 概　述

3.1.1 孔和轴的概念

1.孔和轴的定义

（1）孔是指工件的内尺寸要素，包括非圆柱形的内尺寸要素。

（2）轴是指工件的外尺寸要素，包括非圆柱形的外尺寸要素。

由此定义可知，这里所说的孔、轴并非仅指圆柱形的内、外表面，也包括非圆柱形的内、外表面，如图 3.1 中的键槽宽度 D，滑块槽 D_1、D_2、D_3 等均为孔；而轴的直径 d_1、键槽底部尺寸 d_2、滑块槽厚度 d 等均为轴。另外，从装配关系看，孔是包容面，轴是被包容面；从加工过程看，随着加工余量的切除，孔的尺寸由小变大，而轴的尺寸由大变小。可见，在公差与配合标准中，孔、轴的概念是广义的，而且都是由单一尺寸要素构成的，如圆柱体的直径、键和键槽宽等。

(a) 圆柱形外表面和键槽　　　　(b) 凹槽和凸肩

图 3.1　孔和轴的定义示意图

2.孔和轴结合的使用要求

孔、轴结合在机械产品中应用非常广泛，根据使用要求的不同，可归纳为以下三类。

（1）用作相对运动副

这类结合主要用于具有相对转动和移动的机构中。如滑动轴承与轴颈的结合，即为相对转动的典型结构；导轨与滑块的结合，即为相对移动的典型结构。对这类结合，必须保证有一定的配合间隙。

（2）用作固定连接

机械产品有许多旋转零件，由于结构上的特点或考虑节省较贵重材料等原因，将整体零件拆成两件，如涡轮又可分为轮缘与轮毂的结合等，然后再经过装配而形成一体，构成固定的连接。这类结合，必须保证有一定的过盈量，使之能够在传递足够的扭矩或轴向力时不打滑。

（3）用作定位可拆连接

这类结合主要用于保证有较高的同轴度和在不同修理周期时能拆卸的一种结构，如一般减速器中齿轮与轴的结合，定位销与销孔的结合等。其特点是它传递扭矩比固定连接小，甚至不传递扭矩，而只起定位作用，但由于要求有较高的同轴度，因此，必须保证有一定的过盈量，但也不能太大。

此外，有些典型零件的结合，如螺纹、平键、花键等，也是上述三种结合的应用。

3.1.2　公差与配合的基本结构

在工程实践中，正因为对孔、轴结合有上述三种使用要求，所以在公差、偏差和配合的基础的国家标准中规定了与此有关的三类配合：间隙配合、过盈配合和过渡配合。为了更好地满足这三类配合的要求，以保证零件的互换性，并考虑到便于国际的技术交流，我国的公差标准采用了国际公差制，其基本结构如图 3.2 所示。

图 3.2　公差与配合标准的基本结构

3.1.3　公差与配合的基本术语和定义

为了保证互换性，统一设计、制造、检验和使用上的认识，在《产品几何技术规范（GPS）　线性尺寸公差 ISO 代号体系　第 1 部分：公差、偏差和配合的基础》（GB/T 1800.1—2020）中，首先对公差与配合的基本术语和定义做了规定。

1. 有关线性尺寸的术语和定义

（1）尺寸是指特定单位表示几何结构大小的数值。

① 线性尺寸是指以长度单位表征尺寸要素的尺寸。

② 角度尺寸是指以角度单位表征尺寸要素的尺寸。

（2）尺寸要类是指由一定大小的线性尺寸和角度尺寸确定的几何形状。

（3）公称尺寸是指设计者给定的、图样规范定义的理想尺寸。

公称尺寸是设计者根据使用要求，通过强度、刚度计算或按结构位置确定后取标准值的尺寸，在公差与配合中，它也是计算上、下极限偏差的起始尺寸。孔、轴的公称尺寸代号分别为 D 和 d。

（4）实际尺寸是指零件加工后通过测量得到的某一尺寸。

由于存在测量误差，实际尺寸并非真实尺寸，而是一个近似于真实的尺寸。此外，由于零件存在着形状误差，所以零件的同一表面不同部位的实际尺寸往往是不相同的。孔、轴的实际尺寸代号分别为 D_a 和 d_a。

（5）极限尺寸是指由设计者在产品技术文件中定义的理想尺寸（尺寸要素的尺寸所允许的极限值）。

极限尺寸以公称尺寸为基数来确定，上、下两个极值中允许的最大尺寸为上极限尺寸（最大极限尺寸），允许的最小尺寸为下极限尺寸（最小极限尺寸）。孔、轴上、下极限尺寸代号分别为 $D_{\max}$、$D_{\min}$ 和 $d_{\max}$、$d_{\min}$。

公称尺寸和极限尺寸是设计时给定的，实际尺寸应控制在极限尺寸范围内。

孔、轴的实际尺寸合格条件为

$$D_{\min} \leqslant D_{\mathrm{a}} \leqslant D_{\max}$$

$$d_{\min} \leqslant d_{\mathrm{a}} \leqslant d_{\max}$$

2. 有关尺寸偏差和尺寸公差的术语及定义

（1）实际尺寸偏差（简称偏差）是指实际尺寸减其公称尺寸所得的代数差，即实际偏差。

（2）极限偏差是指极限尺寸与公称尺寸之差。

上极限尺寸减其公称尺寸所得的代数差，为上极限偏差（简称上偏差）；下极限尺寸减其公称尺寸所得的代数差，为下极限偏差（简称下偏差）；上极限偏差与下极限偏差统称为极限偏差。用代号 ES 表示孔（内尺寸要素）的上偏差；用 es 表示轴（外尺寸要素）的上偏差；用代号 EI 表示孔（内尺寸要素）的下偏差；用 ei 表示轴（外尺寸要素）的下偏差，即

$$ES = D_{\max} - D, \quad es = d_{\max} - d \tag{3.1}$$

$$EI = D_{\min} - D, \quad ei = d_{\min} - d \tag{3.2}$$

孔、轴实际偏差表示为

$$E_{\mathrm{a}} = D_{\mathrm{a}} - D, \quad e_{\mathrm{a}} = d_{\mathrm{a}} - d$$

孔、轴的实际偏差合格条件为

$$EI \leqslant E_{\mathrm{a}} \leqslant ES, \quad ei \leqslant e_{\mathrm{a}} \leqslant es$$

偏差为代数值，为正数、负数或零。计算和标注时，除零以外必须带有正号或负号。

（3）尺寸公差（简称公差）是指上极限尺寸与下极限尺寸之差。

尺寸公差是一个没有符号的绝对值，也等于上极限偏差与下极限偏差之代数差的绝对值。孔、轴的尺寸公差代号分别为 T_{D} 和 T_{d}。

根据公差定义，孔、轴尺寸公差为

$$T_{\mathrm{D}} = |D_{\max} - D_{\min}|, \quad T_{\mathrm{d}} = |d_{\max} - d_{\min}| \tag{3.3}$$

根据式（3.1）和式（3.2）可分别得出 $D_{\max} = D + ES$，$D_{\min} = D + EI$，$d_{\max} = d + es$ 和 $d_{\min} = d + ei$，故有

$$T_{\mathrm{D}} = |ES - EI|, \quad T_{\mathrm{d}} = |es - ei| \tag{3.4}$$

值得注意的是，公差与偏差是有区别的，偏差是代数值，有正负号；而公差则是绝对值，没有正负之分，计算时决不能加正负号，而且尺寸公差不能为零。

图 3.3 是公差与配合示意图，它表明了相互结合的孔和轴的公称尺寸、极限尺寸、极限偏差与公差的相互关系。工程中常用图解法定量分析以上关系，这样比较直观。

（4）公差带是指公差极限（是确定允许值上界限和下界限的特定值）之间的尺寸变动区域。

由于公差及偏差的数值与公称尺寸数值相比差别甚大，因此不便用同一比例表示。

故采用图示的方式直观地表示出相互结合的孔和轴相同的公称尺寸、公差及极限偏差之间相互关系,这个图称为公差带图。将图3.3删去孔轴实体后简化为图3.4所示的公差带图。通过图3.4可以看出,公差带图由零线和公差带两部分组成。

图 3.3　公差与配合示意图

零线:在公差带图中,确定偏差的一条基准直线,即零偏差线。零线表示公称尺寸线。在绘制公差带图时,应标注零线(公称尺寸线)、公称尺寸数值和符号"+、0、-"。

在公差带图中,公差带由代表上、下偏差或上极限尺寸和下极限尺寸的两条直线所限定的一个区域。垂直零线方向的宽度代表公差值,沿零线方向的长度可适当选取。公差带的位置是由公差值和相对零线的位置(极限偏差中的任一个偏差)确定的。在绘制公差带图时,应注意用不同方式区分孔、轴公差带,其相互位置与大小则应比例协调。由于公差带图中,孔、轴的公称尺寸和上、下偏差的量纲单位可能不同,对于某一孔、轴尺寸公差带图的绘制,规定有两种不同的画法:图3.5(a)中孔、轴的公称尺寸和上、下偏差都不标写量纲单位,这表示图中各数值的量纲单位均为 mm;图3.5(b)中孔、轴的公称尺寸标写量纲单位 mm,上、下偏差不标写量纲单位,这表示单位为 μm。在公差带图中还应标出极限间隙或极限过盈(间隙与过盈的概念见后文)。图3.5所示的孔、轴公差带图为间隙配合的标注示例。

图 3.4　尺寸公差带图

图 3.5　例3.1公差带图

例3.1　已知孔、轴公称尺寸为 $\phi25$ mm,$D_{max} = \phi25.021$ mm,$D_{min} = \phi25.000$ mm,$d_{max} = \phi24.980$ mm,$d_{min} = \phi24.967$ mm,求孔与轴的极限偏差和公差,并写出孔与轴的极限偏差在图样上的标注,最后用两种方法画出它们的尺寸公差带图。

解　根据式(3.1)~(3.4)可得

$$孔的上偏差 \qquad ES = D_{max} - D = 25.021 - 25 = +0.021 \ (mm)$$

$$孔的下偏差 \qquad EI = D_{min} - D = 25 - 25 = 0 \ (mm)$$

$$轴的上偏差 \qquad es = d_{max} - d = 24.980 - 25 = -0.020 \ (mm)$$

轴的下偏差　　　　$ei = d_{\min} - d = 24.967 - 25 = -0.033$（mm）

孔的公差　　　　　$T_D = |\, D_{\max} - D_{\min}\,| = |\, 25.021 - 25\,| = 0.021$（mm）

　　　　　　或　$T_D = |\, ES - EI\,| = |\, (+0.021) - 0\,| = 0.021$（mm）

轴的公差　　　　　$T_d = |\, d_{\max} - d_{\min}\,| = |\, 24.980 - 24.967\,| = 0.013$（mm）

　　　　　　或　$T_d = |\, es - ei\,| = |\, (-0.020) - (-0.033)\,| = 0.013$（mm）

在图样上的标注:孔为 $\phi 25^{+0.021}_{0}$,轴为 $\phi 25^{-0.020}_{-0.033}$。

用两种方法画出的孔、轴尺寸公差带图如图 3.5 所示。

（5）基本偏差是指 GB/T 1800.1—2020 中用以确定公差带相对公称尺寸位置的那个极限偏差,它是最接近公称尺寸那个极限偏差（用正体字母表示,如 B、b）。

（6）标准公差 IT 是指线性尺寸 ISO 代号体系中的任一公差（IT 代表国际公差）。

3. 有关配合的术语和定义

（1）间隙是指轴的直径小于孔的直径时,孔和轴的尺寸之差。在间隙计算中,所得到的值是正值,用符号 X 表示。

（2）过盈是指轴的直径大于孔的直径时,相配孔和轴的尺寸之差。在过盈计算中,所得到的值是负值,用符号 Y 表示。

（3）配合是指（公称尺寸）相同且待装配的外尺寸要素（轴）和内尺寸要素（孔）之间的关系。

由此可见,形成配合要有两个基本条件:一是孔和轴的公称尺寸必须相同;二是具有包容和被包容的特性,即孔和轴的结合。另外,配合是指一批孔、轴的装配关系,而不是指单个孔轴的相配。由于组成配合的孔、轴公差带的位置不同,便形成松紧不同的配合。

根据相互结合的孔、轴公差带的相互位置不同,配合可分以下三类。

① 间隙配合是指孔和轴装配时总是存在间隙（包括最小间隙等于零）的配合。此时,孔的公差带在轴的公差带上方（包括相接）,即 $D_{\min} \geqslant d_{\max}$ 或 $EI \geqslant es$,如图 3.6 所示。

在间隙配合中,孔的上极限尺寸与轴的下极限尺寸之差为最大间隙,符号为 $X_{\max}$,即

$$X_{\max} = D_{\max} - d_{\min} = ES - ei \qquad (3.5)$$

孔的下极限尺寸与轴的上极限尺寸之差为最小间隙,用符号 $X_{\min}$ 表示,即

$$X_{\min} = D_{\min} - d_{\max} = EI - es \qquad (3.6)$$

由图 3.6 可见,当孔的下极限尺寸等于轴的上极限尺寸时,则最小间隙 $X_{\min} = 0$。

在实际生产中,有时用到平均间隙,其符号为 X_{av},即

$$X_{av} = (X_{\max} + X_{\min})/2 \qquad (3.7)$$

间隙值的前面必须标注正号。

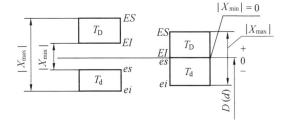

图 3.6　间隙配合的公差带图

例 3.2　试计算孔 $\phi 30^{+0.033}_{0}$ 与轴 $\phi 30^{-0.020}_{-0.041}$ 配合的极限间隙和平均间隙。

解　依题意可判定:$ES = +0.033$ mm,$EI = 0$ mm,$es = -0.020$ mm,$ei = -0.041$ mm,根据式（3.5）~（3.7）可得

$$X_{\max} = ES - ei = (+0.033) - (-0.041) = +0.074 \text{（mm）}$$

$$X_{\min} = EI - es = 0 - (-0.020) = +0.020 \text{（mm）}$$

$$X_{av} = \frac{1}{2}(X_{max} + X_{min}) = \frac{1}{2}[(+0.074) + (+0.020)] = +0.047 (mm)$$

② 过盈配合是指孔和轴装配时总是存在过盈(包括最小过盈等于零)的配合。此时,孔的公差带在轴的公差带下方(包括相接),即 $D_{max} \leqslant d_{min}$ 或 $ES \leqslant ei$,如图 3.7 所示。

在过盈配合中,孔的上极限尺寸与轴的下极限尺寸之差为最小过盈,用符号 Y_{min} 表示,即

$$Y_{min} = D_{max} - d_{min} = ES - ei \qquad (3.8)$$

孔的下极限尺寸与轴的上极限尺寸之差为最大过盈,用符号 Y_{max} 表示,即

$$Y_{max} = D_{min} - d_{max} = EI - es \qquad (3.9)$$

由图 3.7 可见,当孔的上极限尺寸等于轴的下极限尺寸时,则最小过盈 $Y_{min} = 0$。

在实际生产中,有时用到平均过盈,用符号 Y_{av} 表示,即

$$Y_{av} = (Y_{min} + Y_{max})/2 \qquad (3.10)$$

过盈值的前面必须标注负号。

例 3.3　试计算孔 $\phi 30^{+0.033}_{0}$ 与轴 $\phi 30^{+0.069}_{+0.048}$ 配合的极限过盈和平均过盈。

解　依题意可判定:$ES = +0.033$ mm,$EI = 0$ mm,$es = +0.069$ mm,$ei = +0.048$ mm,根据式(3.8) ~ (3.10) 可得

$$Y_{max} = EI - es = 0 - (+0.069) = -0.069 (mm)$$

$$Y_{min} = ES - ei = (+0.033) - (+0.048) = -0.015 (mm)$$

$$Y_{av} = \frac{1}{2}(Y_{max} + Y_{min}) = \frac{1}{2}[(-0.069) + (-0.015)] = -0.042 (mm)$$

③ 过渡配合是指孔和轴装配时可能具有间隙或过盈的配合。此时,孔与轴的公差带完全重叠或部分重叠,即 $D_{max} > d_{min}$ 且 $D_{min} < d_{max}$ 或 $ES > ei$ 且 $EI < es$,如图 3.8 所示。

在过渡配合中,孔的上极限尺寸与轴的下极限尺寸之差为最大间隙,计算公式同式(3.5)。孔的下极限尺寸与轴的上极限尺寸之差为最大过盈,计算公式同式(3.9)。

过渡配合中的平均间隙或平均过盈为

$$X_{av}(或 Y_{av}) = (X_{max} + Y_{max})/2 \qquad (3.11)$$

图 3.7　过盈配合的公差带图

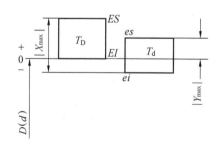

图 3.8　过渡配合的公差带图

例 3.4　试计算孔 $\phi 30^{+0.033}_{0}$ 与轴 $\phi 30^{+0.013}_{-0.008}$ 配合的极限间隙或过盈、平均过盈或间隙。

解　依题意可判定:$ES = +0.033$ mm,$EI = 0$ mm,$es = +0.013$ mm,$ei = -0.008$ mm,根据式(3.5)、式(3.9)、式(3.11) 可得

$$X_{max} = ES - ei = (+0.033) - (-0.008) = +0.041 (mm)$$

$$Y_{max} = EI - es = 0 - (+0.013) = -0.013 (mm)$$

因为 $|X_{max}| = |+0.041| = 0.041 > |Y_{max}| = |-0.013| = 0.013$,故平均间隙为

$$X_{av} = \frac{1}{2}(X_{max} + Y_{max}) = \frac{(0.041) + (-0.013)}{2} = +0.014 \ (mm)$$

(4) 配合公差是指组成配合的两个尺寸要素的尺寸公差之和,即允许间隙或过盈的变动量,用符号 T_f 表示。

配合公差表示装配后的配合精度(或称装配精度)。

间隙配合中

$$T_f = | X_{max} - X_{min} | = T_D + T_d \tag{3.12}$$

过盈配合中

$$T_f = | Y_{min} - Y_{max} | = T_D + T_d \tag{3.13}$$

过渡配合中

$$T_f = | X_{max} - Y_{max} | = T_D + T_d \tag{3.14}$$

式(3.12)、式(3.13)、式(3.14)反映了使用要求(X_{max}、X_{min} 或 Y_{max},Y_{min})与加工要求(T_D、T_d)的关系。设计时,可根据允许的间隙或过盈的变动范围来确定孔、轴公差。

例 3.5　试计算例 3.2、例 3.3 和例 3.4 中的配合公差。

解　在例 3.2 中,根据式(3.12)可得

$$T_f = | X_{max} - X_{min} | = | (+0.074) - (+0.020) | = 0.054 \ (mm)$$

在例 3.3 中,根据式(3.13)可得

$$T_f = | Y_{min} - Y_{max} | = | (-0.015) - (-0.069) | = 0.054 \ (mm)$$

在例 3.4 中,根据式(3.14)可得

$$T_f = | X_{max} - Y_{max} | = | (+0.041) - (-0.013) | = 0.054 \ (mm)$$

配合公差也可根据孔、轴公差值计算,即

$$T_f = T_D + T_d = 0.033 + 0.021 = 0.054 \ (mm)$$

3.1.4　ISO 配合制(基准制)

ISO 配合制是指由线性尺寸公差 ISO 代号体系确定公差的孔和轴组成的一种配合的制度。

在工程实践中,需要各种不同的孔、轴公差带来实现各种不同的配合。为了设计和制造上的方便,把其中孔的公差带(或轴的公差带)位置固定,用改变轴的公差带(或孔的公差带)位置来形成所需要的各种配合。

GB/T 1800.1—2020 中规定了两种等效的配合制:基孔制配合和基轴制配合。

1. 基孔制配合

孔的基本偏差为零的配合,即孔的下极限偏差等于零。就是孔的下极限尺寸与公称尺寸相同的配合制。根据要求的间隙或过盈由不同公差带代号的轴与一基本偏差为零的公差带代号的基准孔相配合得到,如图 3.9(a) 所示。

基孔制配合中的孔为基准孔,其代号为"H"。基孔制的轴为非基准轴。

2. 基轴制配合

轴的基本偏差为零的配合,即轴的上极限偏差等于零,就是轴的上极限尺寸与公称尺寸相同的配合制。根据要求的间隙或过盈由不同公差带代号的孔与一基本偏差为零的公差带代号的基准轴相配合得到,如图 3.9(b) 所示。

基轴制配合中的轴为基准轴,其代号为"h"。基轴制的孔为非基准孔。

图 3.9　基孔制和基轴制

GB/T 1800.1—2020 中规定的配合制,不仅适用于圆柱(包括平行平面)结合,同样也适用于螺纹、圆锥、键和花键等典型零件的结合。就是齿轮传动的侧隙规范也是按配合制原则规定了基齿厚制(相当于基轴制)和基中心距制(相当于基孔制)的两种制度。

3.2　标准公差系列 —— 公差带大小的标准化

标准公差系列由高低不同的标准公差等级和大小不等的公称尺寸的标准公差构成。标准公差是指大小已经标准化的公差值,用以确定公差带大小,即公差带宽度。

经生产实践和试验统计分析证明,公称尺寸相同的一批零件,若加工方法和生产条件不同,则产生的误差也不同;若加工方法和生产条件相同,而公称尺寸不同,也会产生大小不同的误差。由于公差是控制误差的,所以制定公差的基础,就是根据加工误差产生的规律,经试验统计得到的公差计算表达式为

$$T = ai = af(D) \tag{3.15}$$

式中　　a—— 公差等级系数(或公差单位数),它表示零件尺寸相同,而要求公差等级不同时,应有不同的公差值;

　　　　i—— 标准公差因子(或称公差单位),即 $i = f(D)$;

　　　　D—— 公称尺寸(mm)。

由此可见,公差值的标准化,就是如何确定公差等级系数 a、标准公差因子 i 和公称尺寸 D。

3.2.1　标准公差等级及 a 值的确定

GB/T 1800.1—2020 规定了 01,0,1,…,18 共 20 个等级。标准公差等级代号用 IT(ISO Tolerance 缩写)与等级数字组成,表示为标准公差等级:IT01,IT0,IT1,…,IT18。从 IT01 到 IT18,等级依次降低,公差数值依次增大。属于同一等级的公差,对所有的尺寸

段虽然公差数值不同,但应看作同等精度。

尺寸小于等于 3 150 mm 标准公差系列的各级公差数值的计算公式列于表 3.1。

表 3.1   标准公差的计算公式(摘自 GB/T 1800.1—2009)   μm

标准公差等级	标准公差	公式	标准公差等级	标准公差	公式
01	IT01	$0.3 + 0.008D$	8	IT8	$25i$
0	IT0	$0.5 + 0.012D$	9	IT9	$40i$
1	IT1	$0.8 + 0.020D$	10	IT10	$64i$
2	IT2	$(IT1)\left(\dfrac{IT5}{IT1}\right)^{\frac{1}{4}}$	11	IT11	$100i$
			12	IT12	$160i$
3	IT3	$(IT1)\left(\dfrac{IT5}{IT1}\right)^{\frac{1}{2}}$	13	IT13	$250i$
4	IT4	$(IT1)\left(\dfrac{IT5}{IT1}\right)^{\frac{3}{4}}$	14	IT14	$400i$
			15	IT15	$640i$
5	IT5	$7i$	16	IT16	$1\,000i$
6	IT6	$10i$	17	IT17	$1\,600i$
7	IT7	$16i$	18	IT18	$2\,500i$

从表 3.1 中可见,对 IT6 ~ IT18 的公差等级系数 a 值按优先数系 R5 的公比 1.6 增加,每隔 5 项数值增 10 倍。IT5 的 a 值是继承旧公差标准,因此仍取 7。

对于高精度 IT01、IT0、IT1,主要考虑测量误差,因而其标准公差与零件尺寸呈线性关系计算,且三个等级的标准公差计算公式之间的常数和系数均采用优先数系的派生系列 R10/2 公比 1.6 增加。IT2、IT3、IT4 的标准公差,以一定公比的几何级数插入 IT1 与 IT5 之间,该系列公比 $q = (IT5/IT1)^{\frac{1}{4}}$,即得如表 3.1 所列相应的计算公式。

由表 3.1 可见,国标各级公差之间的分布规律性很强,便于向高、低两端延伸。如需要更低等级 IT19 时,可在 IT18 的基础上,乘以优先数系 R5 的公比 $q_5 = 1.6$ 得到,即 $IT19 = IT18 \times 1.6 = 2\,500i \times 1.6 = 4\,000i$;若需要比 IT01 更高等级的 IT02 时,可在 IT01 的计算式的常数和系数上,分别除以 R10/2 的公比 $q_{10/2} = 1.6$ 得到,即 $IT02 = IT01/1.6 = 0.2 + 0.005D$。同时,还可以在两个公差等级之间,按优先数系变化规律插入中间等级,例如,$IT7.5 = IT7 \times \sqrt{\dfrac{IT8}{IT7}} = IT7 \times q_{10} = 1.25IT7 = 20i$。$IT7.25 = IT7 \times q_{20} = 1.12IT7 = 17.92i$。可见,标准公差能很方便地满足各种特殊情况的需要。

3.2.2   标准公差因子 $i(I)$ 及其计算式的确定

标准公差因子 i 是计算标准公差值的基本单位,也是制定标准公差系列的基础。根据生产实践以及专门的科学试验和统计分析表明,标准公差因子与零件公称尺寸的关系如图 3.10 所示。由误差与公差的关系可知,其公差 T 必须大于等于加工误差 $f_{加工}$ 和测量误差 $f_{测量}$ 之和,即

$$T \geqslant f_{加工} + f_{测量}$$

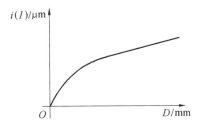

图 3.10   标准公差因子与零件公称尺寸的关系

IT5 至 IT18 的标准公差因子的计算式为

$$i = 0.45 \sqrt[3]{D} + 0.001D \tag{3.16}$$

式中,D 的单位为 mm,i 的单位为 μm。式(3.16)等号右边第一项反映加工误差随尺寸变化的关系,即符合立方抛物线的关系;第二项反映测量误差随尺寸的变化关系,即符合线性关系,它主要考虑由温度变化引起的测量误差。

3.2.3　尺寸分段及 D 值的确定

根据表 3.1 给出的标准公差计算公式,每一个公称尺寸就有一个相应的公差值,在生产实践中,公称尺寸很多,这样就会有很多公差数值,为了减少公差值数目,简化公差表格,特别考虑到便于应用,国家标准对公称尺寸按一定的规律进行了分段。尺寸分段后,对同一尺寸段内的所有公称尺寸,在相同公差等级的情况下,规定相同的标准公差值。

根据表 3.1 进行标准公差计算时,以尺寸分段(大于 $D_n \sim D_{n+1}$)的首尾两项的几何平均值 $D = \sqrt{D_n \cdot D_{n+1}}$(但对于小于等于 3 mm 的尺寸段,$D = \sqrt{1 \times 3} = 1.732$)代入公式中计算后,必须按本标准规定的标准公差数值尾数的修约规则进行修约。表 3.2 中所列标准公差数值就是经过计算和尾数修约后的各个尺寸段的各个标准公差值,在工程应用时以此表列数值为准,一般不需计算。

表 3.2　公称尺寸至 500 mm 的标准公差数值(摘自 GB/T 1800.1—2020)

公称尺寸/mm		标　准　公　差　等　级																	
		IT01	IT0	IT1	IT2	IT3	IT4	IT5	IT6	IT7	IT8	IT9	IT10	IT11	IT12	IT13	IT14	IT15	IT16	IT17	IT18
大于	至	标准公差数值																			
		μm												mm							
—	3	0.3	0.5	0.8	1.2	2	3	4	6	10	14	25	40	60	0.1	0.14	0.25	0.4	0.6	1	1.4
3	6	0.4	0.6	1	1.5	2.5	4	5	8	12	18	30	48	75	0.12	0.18	0.3	0.48	0.75	1.2	1.8
6	10	0.4	0.6	1	1.5	2.5	4	6	9	15	22	36	58	90	0.15	0.22	0.36	0.58	0.9	1.5	2.2
10	18	0.5	0.8	1.2	2	3	5	8	11	18	27	43	70	110	0.18	0.27	0.43	0.7	1.1	1.8	2.7
18	30	0.6	1	1.5	2.5	4	6	9	13	21	33	52	84	130	0.21	0.33	0.52	0.84	1.3	2.1	3.3
30	50	0.6	1	1.5	2.5	4	7	11	16	25	39	62	100	160	0.25	0.39	0.62	1	1.6	2.5	3.9
50	80	0.8	1.2	2	3	5	8	13	19	30	46	74	120	190	0.3	0.46	0.74	1.2	1.9	3	4.6
80	120	1	1.5	2.5	4	6	10	15	22	35	54	87	140	220	0.35	0.54	0.87	1.4	2.2	3.5	5.4
120	180	1.2	2	3.5	5	8	12	18	25	40	63	100	160	250	0.4	0.63	1	1.6	2.5	4	6.3
180	250	2	3	4.5	7	10	14	20	29	46	72	115	185	290	0.46	0.72	1.15	1.85	2.9	4.6	7.2
250	315	2.5	4	6	8	12	16	23	32	52	81	130	210	320	0.52	0.81	1.3	2.1	3.2	5.2	8.1
315	400	3	5	7	9	13	18	25	36	57	89	140	230	360	0.57	0.89	1.4	2.3	3.6	5.7	8.9
400	500	4	6	8	10	15	20	27	40	63	97	155	250	400	0.63	0.97	1.55	2.5	4	6.3	9.7

例 3.6　计算公称尺寸 φ30 mm 的 7 级和 8 级的标准公差数值。

解　因 φ30 mm 属于大于 18 ~ 30 mm 的尺寸段。

计算公称尺寸的几何平均值

$$D = \sqrt{18 \times 30} \approx 23.24 \ (\text{mm})$$

由式(3.16)得标准公差因子

$$i = 0.45\sqrt[3]{D} + 0.001D$$
$$= 0.45\sqrt[3]{23.24} + 0.001 \times 23.24 \approx 1.31 \ (\mu\text{m})$$

由表3.1得IT7 = 16i = 20.96 μm,修约为21 μm。

IT8 = 25i = 32.75 μm,修约为33 μm。

例3.7　有两种轴:$d_1 = \phi100$ mm,$d_2 = \phi8$ mm。其公差 $T_{d_1} = 35$ μm,$T_{d_2} = 22$ μm。试比较这两种轴加工的难易程度。

解　对于轴1,$\phi100$ mm属于大于80 ~ 120 mm尺寸段,则有

$$D_1 = \sqrt{80 \times 120} = 97.98 \ (\text{mm})$$
$$i_1 = 0.45\sqrt[3]{D_1} + 0.001D_1$$
$$= 0.45\sqrt[3]{97.98} + 0.001 \times 97.98 \approx 2.173 \ (\mu\text{m})$$
$$a_1 = \frac{T_{d_1}}{i_1} = 35/2.173 = 16.1 \approx 16$$

根据 $a_1 = 16$ 查表3.1得轴1属于IT7级。

对于轴2,$\phi8$ mm,属于大于6 ~ 10 mm尺寸段,则有

$$D_2 = \sqrt{6 \times 10} \approx 7.746 \ (\text{mm})$$
$$i_2 = 0.45\sqrt[3]{7.746} + 0.001 \times 7.746 \approx 0.898 \ (\mu\text{m})$$
$$a_2 = \frac{T_{d_2}}{i_2} = 22/0.898 = 24.49 \approx 25$$

根据 $a_2 = 25$ 查表3.1得轴2属于IT8级。

由此可见,虽然轴2比轴1的公差值小,但轴2比轴1的公差等级低,因而轴2比轴1容易加工。对例3.7也可从表3.2中查出轴1和轴2的公差等级分别为IT7与IT8。

由例3.6说明了标准公差数值是如何计算出来的。显然,对标准公差值都做上述计算是很麻烦的,为方便使用,在实际应用中不必自行计算,标准公差值从表3.2查得即可;例3.7说明了标准公差的分级基本上是由公差单位系数 a 的不同划分的。对于同一标准公差等级,对所有不同尺寸段虽然标准公差值不同,但应看作等精度,即加工难易程度相同。

3.3　基本偏差系列 —— 公差带位置的标准化

基本偏差是在公差与配合制(GB/T 1800.1—2020)中,确定公差带相对零线位置的那个极限偏差,它可以是上偏差或下偏差,一般为靠近零线或位于零线的那个极限偏差。为了满足工程实践中各种使用情况的需要,国标规定了孔和轴各有28种基本偏差,见图3.11。

3.3.1　基本偏差代号及其特点

由图 3.11 可见,基本偏差的代号用拉丁字母表示,大写表示孔,小写表示轴。26 个字母中去掉 5 个易与其他符号含义相混淆的字母:I、L、O、Q、W(i、l、o、q、w),为满足某些配合的需要,又增加了 7 个双写字母:CD、EF、FG、ZA、ZB、ZC(cd、ef、fg、za、zb、zc)及 JS(js),即得孔、轴各 28 个基本偏差代号。这些基本偏差的主要特点如下:

① 对于孔的基本偏差:从 A ～ H 为下偏差 EI(为正值或零);从 J ～ ZC 为上偏差 ES(多为负值)。对于轴的基本偏差:从 a ～ h 为上偏差 es(为负值或零);从 j ～ zc 为下偏差 ei(多为正值)。

② H 和 h 的基本偏差均为零,即 H 的下偏差 $EI = 0$,h 的上偏差 $es = 0$。由前述可知,H、h 分别为基准孔和基准轴的基本偏差代号。

③ JS 和 js 在各个公差等级中,公差带完全对称于零线,因此,它们的基本偏差可以是上偏差($+ITn/2$),也可以是下偏差($-ITn/2$)。当公差等级为 7 ～ 11 级且公差值为奇数时,上、下偏差为 $\pm(ITn-1)/2$。

④ 基本偏差是公差带位置标准化的唯一参数,除去上述的 JS(js)、J(j)、K(k)、M(m) 和 N(n) 以外,原则上讲基本偏差与标准公差等级无关,如图 3.11 所示。

(a) 孔(内尺寸要素)

(b) 轴(外尺寸要素)

图 3.11　基本偏差相对于公称尺寸位置(摘自 GB/T 1800.1—2020)

3.3.2　孔、轴的基本偏差的确定

1. 孔、轴基本偏差计算公式

轴的各种基本偏差数值应根据轴与基准孔 H 的各种配合要求来制订。在工程应用中,基孔制配合和基轴制配合是等效的,因而孔的各种基本偏差数值也应根据孔与基准轴 h 组成的各种配合要求来制订。孔、轴的各种基本偏差的计算公式是通过生产实践和科学实验,经统计分析得到的,见表 3.3。

根据图 3.11 和表 3.3 分析如下:

a ～ h 基本偏差为上偏差(es),A ～ H 基本偏差为下偏差(EI),其绝对值等于最小间隙的绝对值。其中 a、b、c 和 A、B、C 三种用于大间隙或热动配合,故最小间隙采用与直径成正比的关系计算。d、e、f 和 D、E、F 三种考虑到保证良好的液体摩擦以及表面粗糙度的影响,因而最小间隙略小于直径的平方根。g 和 G 配合主要用于滑动、定心或半液体摩擦,间隙要小,故直径的指数更小些。中间插入的 cd、ef、fg 和 CD、EF、FG 三种,则分别按 c 与 d,e 与 f,f 与 g 和 C 与 D,E 与 F,F 与 G 的绝对值的几何平均值来计算。

j、k、m、n 和 J、K、M、N 四种多为过渡配合,其基本偏差分别为下偏差(ei)和上偏差(ES),计算公式基本上是根据经验与统计方法确定的。

p ～ zc 和 P ～ ZC 为过盈配合,其基本偏差分别为下偏差(ei)和上偏差(ES),从保证配合的最小过盈考虑,其计算式中公称尺寸 D 的系数系列符合优先数系,规律性较好,便于应用。

2. 孔、轴基本偏差数值的确定

(1)轴的基本偏差数值的确定

利用表 3.3 中轴的基本偏差计算公式,以尺寸分段的几何平均值代入这些公式计算后,再按本标准的尾数修约规则进行修约得表 3.4 和表 3.5。在工程中,若已知工件的公称尺寸和基本偏差代号,从表 3.4 和表 3.5 中可查出相应的基本偏差数值。例如,公称尺寸为 ϕ50 mm,基本偏差代号为 d 的基本偏差从表 3.4 中查得 $es = -80$ μm。公称尺寸为 ϕ60 mm,基本偏差代号为 s,从表 3.5 查得基本偏差 $ei = +53$ μm。

(2)孔的基本偏差数值的确定

孔的基本偏差数值的求法同轴一样,也是利用表 3.3 中给出的公式计算后,对其尾数进行修约得表 3.6 和表 3.7。

表 3.3　轴和孔的基本偏差计算公式(摘自 GB/T 1800.1—2009)

公称尺寸 /mm		轴			计算公式	孔			公称尺寸 /mm	
大于	至	基本偏差	符号	极限偏差		极限偏差	符号	基本偏差	大于	至
1	120	a	−	es	$265 + 1.3D$	EI	+	A	1	120
120	500				$3.5D$				120	500
1	160	b	−	es	$\approx 140 + 0.85D$	EI	+	B	1	160
160	500				$\approx 1.8D$				160	500
0	40	c	−	es	$52D^{0.2}$	EI	+	C	0	40
40	500				$95 + 0.8D$				40	500
0	10	cd	−	es	$\sqrt{c \cdot d},$ $\sqrt{C \cdot D}$	EI	+	CD	0	10

续表3.3

公称尺寸/mm		轴			计算公式	孔			公称尺寸/mm	
大于	至	基本偏差	符号	极限偏差		极限偏差	符号	基本偏差	大于	至
0	3 150	d	−	es	$16D^{0.44}$	EI	+	D	0	3 150
0	3 150	e	−	es	$11D^{0.41}$	EI	+	E	0	3 150
0	10	ef	−	es	$\sqrt{e \cdot f}$, $\sqrt{E \cdot F}$	EI	+	EF	0	10
0	3 150	f	−	es	$5.5D^{0.41}$	EI	+	F	0	3 150
0	10	fg	−	es	$\sqrt{f \cdot g}$, $\sqrt{F \cdot G}$	EI	+	FG	0	10
0	3 150	g	−	es	$2.5D^{0.34}$	EI	+	G	0	3 150
0	3 150	h	无符号	es	基本偏差 = 0	EI	无符号	H	0	3 150
0	500	j			无公式			J	0	500
0	3 150	js	+　−	es　ei	$0.5ITn$	ES　EI	+	JS	0	3 150
0	500	k	+	ei	$0.6\sqrt[3]{D}$	ES	−	K	0	500
500	3 150	k	无符号	ei	偏差 = 0	ES	无符号	K	500	3 150
0	500	m	+	ei	IT7 − IT6	ES	−	M	0	500
500	3 150	m	+	ei	$0.024D + 12.6$	ES	−	M	500	3 150
0	500	n	+	ei	$5D^{0.34}$	ES	−	N	0	500
500	3 150	n	+	ei	$0.04D + 21$	ES	−	N	500	3 150
0	500	p	+	ei	IT7 + (0 至 5)	ES	−	P	0	500
500	3 150	p	+	ei	$0.072D + 37.8$	ES	−	P	500	3 50
0	3 150	r	+	ei	$\sqrt{p \cdot s}$, $\sqrt{P \cdot S}$	ES	−	R	0	3 150
0	50	s	+	ei	IT8 + (1 至 4)	ES	−	S	0	50
50	3 150	s	+	ei	$IT7 + 0.4D$	ES	−	S	50	3 50
24	3 150	t	+	ei	$IT7 + 0.63D$	ES	−	T	24	3 150
0	3 150	u	+	ei	$IT7 + D$	ES	−	U	0	3 150
14	500	v	+	ei	$IT7 + 1.25D$	ES	−	V	14	500
0	500	x	+	ei	$IT7 + 1.6D$	ES	−	X	0	500
18	500	y	+	ei	$IT7 + 2D$	ES	−	Y	18	500
0	500	z	+	ei	$IT7 + 2.5D$	ES	−	Z	0	500
0	500	za	+	ei	$IT8 + 3.15D$	ES	−	ZA	0	500
0	500	zb	+	ei	$IT9 + 4D$	ES	−	ZB	0	500
0	500	zc	+	ei	$IT10 + 5D$	ES	−	ZC	0	500

注:① 公式中 D 是公称尺寸分段的几何平均值(mm);基本偏差的计算结果以 μm 计。

② j、J 只在表3.4 和表3.6 中给出其值。

③ 公称尺寸至500 mm 轴的基本偏差 k 的计算公式仅适用于标准公差等级 IT4 至 IT7,对所有其他公称尺寸和所有其他 IT 等级的基本偏差 k = 0;孔的基本偏差 K 的计算公式仅适用于标准公差等级小于或等于 IT8,对所有其他公称尺寸和所有其他 IT 等级的基本偏差 K = 0。

表 3.4　轴 a ～ j 的基本偏差数值（摘自 GB/T 1800.1—2020）　　　　　　　μm

公称尺寸/mm 大于	至	基本偏差数值 上极限偏差,es 所有公差等级												下极限偏差,ei		
														IT5 和 IT6	IT7	IT8
		a^a	b^a	c	cd	d	e	ef	f	fg	g	h	js	j		
—	3	− 270	− 140	− 60	− 34	− 20	− 14	− 10	− 6	− 4	− 2	0		− 2	− 4	− 6
3	6	− 270	− 140	− 70	− 46	− 30	− 20	− 14	− 10	− 6	− 4	0		− 2	− 4	
6	10	− 280	− 150	− 80	− 56	− 40	− 25	− 18	− 13	− 8	− 5	0		− 2	− 5	
10	14	− 290	− 150	− 95	− 70	− 50	− 32	− 23	− 16	− 10	− 6	0		− 3	− 6	
11	18															
18	24	− 300	− 160	− 110	− 85	− 65	− 40	− 25	− 20	− 12	− 7	0	偏差 = ± ITn / 2 式中 n 是标准公差等级数	− 1	− 8	
24	30															
30	40	− 310	− 170	− 120	− 100	− 80	− 50	− 35	− 25	− 15	− 9	0		− 5	− 10	
40	50	− 320	− 180	− 130												
50	65	− 340	− 190	− 140		− 100	− 60		− 30		− 10	0		− 7	− 12	
65	80	− 360	− 190	− 150												
80	100	− 380	− 220	− 170		− 120	− 72		− 36		− 12	0		− 9	− 15	
100	120	− 410	− 240	− 180												
120	140	− 460	− 260	− 200		− 145	− 85		− 43		− 14	0		− 11	− 18	
140	160	− 520	− 280	− 210												
160	180	− 580	− 310	− 230												
180	200	− 660	− 340	− 210		− 170	− 100		− 50		− 15	0		− 13	− 21	
200	225	− 740	− 380	− 260												
225	250	− 820	− 420	− 280												
250	280	− 920	− 480	− 300		− 190	− 110		− 56		− 17	0		− 16	− 26	
280	315	− 1 050	− 540	− 330												
315	355	− 1 200	− 600	− 360		− 210	− 125		− 62		− 18	0		− 18	− 28	
355	400	− 1 350	− 680	− 400												
400	450	− 1 500	− 760	− 440		− 230	− 135		− 68		− 20	0		− 20	− 32	
450	500	− 1 650	− 840	− 480												

注:公称尺寸小于等于 1 mm 时,不使用基本偏差 a 和 b。

表 3.5　轴 k ~ zc 的基本偏差数值(摘自 GB/T 1800.1—2020)　　　　　μm

公称尺寸 /mm 大于	至	IT4至IT7 k	≤IT3,>IT7 k	m	n	p	r	s	t	u	v	x	y	z	za	zb	zc
—	3	0	0	+2	+4	+6	+10	+14		+18		+20		+26	+32	+40	+60
3	6	+1	0	+4	+8	+12	+15	+19		+23		+28		+35	+42	+50	+80
6	10	+1	0	+6	+10	+15	+19	+23		+28		+34		+42	+52	+67	+97
10	14	+1	0	+7	+12	+18	+23	+28		+33		+40		+50	+64	+90	+130
14	18										+39	+45		+60	+77	+108	+150
18	24	+2	0	+8	+15	+22	+28	+35		+41	+47	+54	+63	+73	+98	+136	+188
24	30								+41	+48	+55	+64	+75	+88	+118	+160	+218
30	40	+2	0	+9	+17	+26	+34	+43	+48	+60	+68	+80	+94	+112	+148	+200	+274
40	50								+54	+70	+81	+97	+114	+136	+180	+242	+325
50	65	+2	0	+11	+20	+32	+41	+53	+66	+87	+102	+122	+144	+172	+226	+300	+405
65	80						+43	+59	+75	+102	+120	+146	+174	+210	+274	+360	+480
80	100	+3	0	+13	+23	+37	+51	+71	+91	+124	+146	+178	+214	+258	+335	+445	+585
100	120						+54	+79	+104	+144	+172	+210	+254	+310	+400	+525	+690
120	140						+63	+92	+122	+170	+202	+248	+300	+365	+470	+620	+800
140	160	+3	0	+15	+27	+43	+65	+100	+134	+190	+228	+280	+340	+415	+535	+700	+900
160	180						+68	+108	+146	+210	+252	+310	+380	+464	+600	+780	+1 000
180	200						+77	+122	+166	+236	+284	+350	+425	+520	+670	+880	+1 150
200	225	+4	0	+17	+31	+50	+80	+130	+180	+258	+310	+385	+470	+575	+740	+960	+1 250
225	250						+84	+140	+196	+284	+340	+425	+520	+640	+820	+1 050	+1 350
250	280	+4	0	+20	+34	+56	+94	+158	+218	+315	+385	+475	+580	+710	+920	+1 200	+1 550
280	315						+98	+170	+240	+350	+425	+525	+650	+790	+1 000	+1 300	+1 700
315	355	+4	0	+21	+37	+62	+108	+190	+268	+390	+475	+590	+730	+900	+1 150	+1 500	+1 900
355	400						+114	+208	+294	+435	+530	+660	+820	+1 000	+1 300	− 1 650	+2 100
400	450	+5	0	+23	+40	+68	+126	+232	+330	+490	+595	+740	+920	+1 100	+1 450	+1 850	+2 400
450	500						+132	+252	+360	+540	+660	+820	+1 000	+1 250	+1 600	+2 100	+2 600

表 3.6　孔 A～M 的基本偏差数值（摘自 GB/T 1800.1—2020）

单位：μm

下极限偏差 EI 对应 A～JS（所有公差等级）；上极限偏差 ES 对应 J～M。

大于	至	A[a]	B[a]	C	CD	D	E	EF	F	FG	G	H	JS	J IT6	J IT7	J IT8	K[c,d] ≤IT8	K[c,d] >IT8	M[b,c,d] ≤IT8	M[b,c,d] >IT8
—	3	+270	+140	+60	+34	+20	+14	+10	+6	+4	+2	0	偏差=ITn/2，式中 n 是标准公差等级数	+2	+4	+6	0	0	-2	-2
3	6	+270	+140	+70	+46	+30	+20	+14	+10	+6	+4	0		+5	+6	+10	-1+Δ	0	-4+Δ	-4
6	10	+280	+150	+80	+56	+40	+25	+18	+13	+8	+5	0		+5	+8	+12	-1+Δ	0	-6+Δ	-6
10	14	+290	+150	+95	+70	+50	+32	+23	+16	+10	+6	0		+6	+10	+15	-1+Δ	0	-7+Δ	-7
14	18	+290	+150	+95	+70	+50	+32	+23	+16	+10	+6	0		+6	+10	+15	-1+Δ	0	-7+Δ	-7
18	24	+300	+160	+110	+85	+65	+40	+28	+20	+12	+7	0		+8	+12	+20	-2+Δ	0	-8+Δ	-8
24	30	+300	+160	+110	+85	+65	+40	+28	+20	+12	+7	0		+8	+12	+20	-2+Δ	0	-8+Δ	-8
30	40	+310	+170	+120	+100	+80	+50	+35	+25	+15	+9	0		+10	+14	+24	-2+Δ	0	-9+Δ	-9
40	50	+320	+180	+130	+100	+80	+50	+35	+25	+15	+9	0		+10	+14	+24	-2+Δ	0	-9+Δ	-9
50	65	+340	+190	+140		+100	+60		+30		+10	0		+13	+18	+28	-2+Δ	0	-11+Δ	-11
65	80	+360	+200	+150		+100	+60		+30		+10	0		+13	+18	+28	-2+Δ	0	-11+Δ	-11
80	100	+380	+220	+170		+120	+72		+36		+12	0		+16	+22	+34	-3+Δ	0	-13+Δ	-13
100	120	+410	+240	+180		+120	+72		+36		+12	0		+16	+22	+34	-3+Δ	0	-13+Δ	-13
120	140	+460	+260	+200		+145	+85		+43		+14	0		+18	+26	+41	-3+Δ	0	-15+Δ	-15
140	160	+520	+280	+210		+145	+85		+43		+14	0		+18	+26	+41	-3+Δ	0	-15+Δ	-15
160	180	+580	+310	+230		+145	+85		+43		+14	0		+18	+26	+41	-3+Δ	0	-15+Δ	-15
180	200	+660	+340	+240		+170	+100		+50		+15	0		+22	+30	+47	-4+Δ	0	-17+Δ	-17
200	225	+740	+380	+260		+170	+100		+50		+15	0		+22	+30	+47	-4+Δ	0	-17+Δ	-17
225	250	+820	+420	+280		+170	+100		+50		+15	0		+22	+30	+47	-4+Δ	0	-17+Δ	-17
250	280	+920	+480	+300		+190	+110		+56		+17	0		+25	+36	+55	-4+Δ	0	-20+Δ	-20
280	315	+1 050	+540	+330		+190	+110		+56		+17	0		+25	+36	+55	-4+Δ	0	-20+Δ	-20
315	355	+1 200	+600	+360		+210	+125		+62		+18	0		+29	+39	+60	-4+Δ	0	-21+Δ	-21
355	400	+1 350	+680	+400		+210	+125		+62		+18	0		+29	+39	+60	-4+Δ	0	-21+Δ	-21
400	450	+1 500	+760	+440		+230	+135		+68		+20	0		+33	+43	+66	-5+Δ	0	-23+Δ	-23
450	500	+1 650	+840	+480		+230	+135		+68		+20	0		+33	+43	+66	-5+Δ	0	-23+Δ	-23

a 公称尺寸≤1 mm 时，不适用基本偏差 A 和 B。

b 特例：对于公称尺寸大于 250～315 mm 的公差带代号 M6，ES=-9 μm（计算结果不是 -11 μm）。

d 对于 Δ 值，见表 3.7。

μm

表3.7　孔N～ZC的基本偏差数值(摘自GB/T 1800.1—2020)

公称尺寸/mm 大于	至	基本偏差数值 上极限偏差,ES N^{a,b} ≤IT8	>IT8	P～ZC^a ≤IT7	>IT7的标准公差等级 P	R	S	T	U	V	X	Y	Z	ZA	ZB	ZC	Δ值/μm 标准公差等级 IT3	IT4	IT5	IT6	IT7	IT8
—	3	-4	-4	在 > IT7 的标准公差等级的基本偏差数值上增加一个Δ值	-6	-10	-14		-18		-20		-26	-32	-40	-60	0	0	0	0	0	0
3	6	-8+Δ	0		-12	-15	-19		-23		-28		-35	-42	-50	-80	1	1.5	1	3	4	6
6	10	-10+Δ	0		-15	-19	-23		-28		-34		-42	-52	-67	-97	1	1.5	2	3	6	7
10	14	-12+Δ	0		-18	-23	-28		-33		-40		-50	-64	-90	-130	1	2	3	3	7	9
14	18	-12+Δ	0		-18	-23	-28		-33	-39	-45		-50	-77	-108	-150	1	2	3	3	7	9
18	24	-15+Δ	0		-22	-28	-35		-41	-47	-54	-63	-60	-98	-136	-188	1.5	2	3	4	8	12
24	30	-15+Δ	0		-22	-28	-35	-41	-48	-55	-64	-75	-73	-118	-160	-218	1.5	2	3	4	8	12
30	40	-17+Δ	0		-26	-34	-43	-48	-60	-68	-80	-94	-88	-148	-200	-274	1.5	3	4	5	9	14
40	50	-17+Δ	0		-26	-34	-43	-54	-70	-81	-97	-114	-112	-180	-242	-325	1.5	3	4	5	9	14
50	65	-20+Δ	0		-32	-41	-53	-66	-87	-102	-122	-144	-136	-226	-300	-405	2	3	5	6	11	16
65	80	-20+Δ	0		-32	-43	-59	-75	-102	-120	-146	-174	-172	-274	-360	-480	2	3	5	6	11	16
80	100	-23+Δ	0		-37	-51	-71	-91	-124	-146	-178	-214	-210	-335	-445	-585	2	4	5	7	13	19
100	120	-23+Δ	0		-37	-54	-79	-104	-144	-172	-210	-254	-258	-400	-525	-690	2	4	5	7	13	19
120	140	-27+Δ	0		-43	-63	-92	-122	-170	-202	-248	-300	-310	-470	-620	-800	3	4	6	7	15	23
140	160	-27+Δ	0		-43	-65	-100	-134	-190	-228	-280	-340	-365	-535	-700	-900	3	4	6	7	15	23
160	180	-27+Δ	0		-43	-68	-108	-146	-210	-252	-310	-380	-415	-600	-780	-1 000	3	4	6	7	15	23
180	200	-31+Δ	0		-50	-77	-122	-166	-236	-284	-350	-425	-465	-670	-880	-1 150	3	4	6	9	17	26
200	225	-31+Δ	0		-50	-80	-130	-180	-258	-310	-385	-470	-520	-740	-960	-1 250	3	4	6	9	17	26
225	250	-31+Δ	0		-50	-84	-140	-196	-284	-340	-425	-520	-575	-820	-1 050	-1 350	3	4	6	9	17	26
250	280	-34+Δ	0		-56	-94	-158	-218	-315	-385	-475	-580	-640	-920	-1 200	-1 550	4	4	7	9	20	29
280	315	-34+Δ	0		-56	-98	-170	-240	-350	-425	-525	-650	-710	-1 000	-1 300	-1 700	4	4	7	9	20	29
315	355	-37+Δ	0		-62	-108	-190	-268	-390	-475	-590	-730	-790	-1 150	-1 500	-1 900	4	5	7	11	21	32
355	400	-37+Δ	0		-62	-114	-208	-294	-435	-530	-660	-820	-900	-1 300	-1 650	-2 100	4	5	7	11	21	32
400	450	-40+Δ	0		-68	-126	-232	-330	-490	-595	-740	-920	-1 000	-1 450	-1 850	-2 400	5	5	7	13	23	34
450	500	-40+Δ	0		-68	-132	-252	-360	-540	-660	-820	-1 000	-1 100	-1 600	-2 100	-2 600	5	5	7	13	23	34

一般同一字母的孔的基本偏差与轴的基本偏差相对零线是完全对称的。即孔与轴的基本偏差对应(例如 A 对应 a) 时,两者的基本偏差的绝对值相等,而符号相反,即

$$EI = - es \tag{3.17}$$

或 $$ES = - ei \tag{3.18}$$

上述为一般规则,它适用于所有孔的基本偏差,以下为特殊情况:

① 在公称尺寸 $D > 3$ 至 500 mm 的基孔制或基轴制配合中,给定某一公差等级的孔要与更精一级的轴相配(例如 H7/p6 和 P7/h6),并要求具有相同的间隙或过盈(图3.12)。此时,孔的基本偏差应加上一个 Δ 值(表3.7),即

$$\begin{cases} ES = ES(计算值) + \Delta \\ \Delta = ITn - IT(n-1) \end{cases} \tag{3.19}$$

式中,Δ 是公称尺寸段内给定的某一标准公差等级 $ITn(T_D)$ 与更高一级的标准公差等级 $IT(n-1)(T_d)$ 的差值,即 $\Delta = ITn - IT(n-1) = T_D - T_d$。

上述为特殊规则,其适用公称尺寸 $D > 3$ mm,标准公差等级 $\leq IT8$ 的 J、K、M、N 和标准公差等级 $\leq IT7$ 的 P ~ ZC 孔的基本偏差计算。这是因为在精度较高的标准公差等级中,孔比轴难加工,所以在 GB/T 1800.1—2020 中规定 IT6、IT7、IT8 的孔与 IT5、IT6、IT7 的轴相配,使孔、轴工艺上等价。

图 3.12   孔、轴基本偏差换算的特殊规则

② 公称尺寸 $D > 3 ~ 500$ mm,标准公差等级大于 IT8 的 N 的基本偏差 $ES = 0$。

3.孔、轴另一个极限偏差的计算

孔、轴的另一个极限偏差(上偏差或下偏差)根据孔、轴基本偏差和选用的标准公差 IT 计算。

对孔:

A ~ H 为 $$ES = EI + IT \tag{3.20}$$

J ~ ZC 为 $$EI = ES - IT \tag{3.21}$$

对轴:

a ~ h 为 $$ei = es - IT \tag{3.22}$$

j ~ zc 为 $$es = ei + IT \tag{3.23}$$

4.孔、轴极限偏差数值表和配合的极限间隙或极限过盈表

《产品几何技术规范(GPS) 线性尺寸公差ISO代号体系 第2部分:标准公差带代号和孔、轴的极限偏差表》(GB/T 1800.2—2020)中孔、轴极限偏差数值表是根据 GB/T 1800.1—2020 中标准公差和基本偏差数值计算得孔和轴公差带的极限偏差。

3.3.3   公差与配合的表示方法及其应用举例

1.公差与配合的表示方法

公差带用基本偏差的代号和公差等级数字表示,例如 H7、f6 等。配合代号用相同公

称尺寸与孔、轴公差带代号表示。孔、轴公差带写成分数形式,分子为孔的公差带,分母为轴的公差带。

（1）零件图上:在公称尺寸后面注出公差带代号或注出对应的上、下偏差数值,或者同时注出公差带代号和上、下偏差数值表示。例如 32H7、80js6、$\phi 50^{+0.039}_{0}$、$\phi 50f7\left(^{-0.025}_{-0.050}\right)$ 或 $\phi 50^{-0.025}_{-0.050}(f7)$。

（2）装配图上:在公称尺寸后面标注孔、轴配合代号。例如 52H7/g6 或 $52\dfrac{\text{H7}}{\text{g6}}$。

（3）当使用有限的字母组的装置传输信息时（如电报、计算机网络等）,公差带与配合的标注在尺寸前加注以下字母:

对孔加注 H 或 h,例如 50H5 表示为 H50H5 或 h50h5。

对轴加注 S 或 s,例如 50h6 表示为 S50H6 或 s50h6。

对配合 52H7/g6 表示为 H52H7/S52G6 或 h52h7/s52g6。

上述这种表示方法不能在图样上使用。

2. 标准公差和基本偏差数值表应用举例

例 3.8　分别利用标准公差数值表（表 3.2）和基本偏差数值表（表 3.4 至表 3.7）,确定 ϕ30H8/f7 和 ϕ30F8/h7 配合中孔、轴的极限偏差以及两对配合的极限间隙并绘制公差带图。

解　（1）利用标准公差数值表和基本偏差数值表

① 确定 ϕ30H8/f7 配合中的孔与轴的极限偏差。

公称尺寸 ϕ30 属于大于 18 ~ 30 mm 尺寸段,由表3.2得 IT7 = 21 μm,IT8 = 33 μm。

对于基准孔 H8 的 $EI = 0$,其 ES 为

$$ES = EI + \text{IT8} = +33 \ (\mu\text{m})$$

对于轴 f7,由表 3.4 得 $es = -20 \ \mu$m,其 ei 为

$$ei = es - \text{IT7} = -20 - 21 = -41 \ (\mu\text{m})$$

由此可得:ϕ30H8 $= \phi 30^{+0.033}_{0}$,ϕ30f7 $= \phi 30^{-0.020}_{-0.041}$。

② 确定 ϕ30F8/h7 配合中孔与轴的极限偏差。

对于孔 F8,由表 3.6 得 $EI = +20 \ \mu$m,其 ES 为

$$ES = EI + \text{IT8} = +20 + 33 = +53 \ (\mu\text{m})$$

对基准轴 h7 的 $es = 0$,其 ei 为

$$ei = es - \text{IT7} = -21 \ \mu\text{m}$$

由此可得:ϕ30F8 $= \phi 30^{+0.053}_{+0.020}$,$\phi$30h7 $= \phi 30^{0}_{-0.021}$。

（2）计算 ϕ30H8/f7 和 ϕ30F8/h7 配合的极限间隙

对于 ϕ30H8/f7

$$X_{\max} = ES - ei = +33 - (-41) = +74 \ (\mu\text{m})$$
$$X_{\min} = EI - es = 0 - (-20) = +20 \ (\mu\text{m})$$

对于 ϕ30F8/h7

$$X'_{\max} = ES - ei = +53 - (-21) = +74 \ (\mu\text{m})$$
$$X'_{\min} = EI - es = +20 - 0 = +20 \ (\mu\text{m})$$

④ 用上面计算的极限偏差和极限间隙值绘制公差带图（图 3.13）。

由上述计算、查表结果和从图 3.13 中可见,ϕ30H8/f7 与 ϕ30F8/h7 两对配合的最大间隙和最小间隙均相等,即 ϕ30H8/f7 和 ϕ30F8/h7 配合性质相同。

例 3.9　分别利用标准公差数值表(表 3.2) 和基本偏差数值表(表 3.4 和表 3.7),确定 $\phi25H7/p6$ 及 $\phi25P7/h6$ 配合中孔、轴的极限偏差和两对配合的极限过盈并绘制公差带图。

图 3.13　$\phi30H8/f7$ 和 $\phi30F8/h7$ 公差带图

解　(1) 利用标准公差数值表及基本偏差数值表按例 3.8 的方法查表和计算如下:

① 对于 $\phi25H7/p6$,孔 $\phi25H7$,由表 3.6 得 $EI = 0$,则 $ES = +21$ μm;轴 $\phi25p6$,由表 3.5 得 $ei = +22$ μm,则 $es = +35$ μm,由此可得

$$\phi25H7 = \phi25^{+0.021}_{0}, \quad \phi25p6 = \phi25^{+0.035}_{+0.022}$$

② 对于 $\phi25P7/h6$,从配合代号和公差等级可以看出,此例属于特殊规则换算。

孔 $\phi25P7$,由表 3.7 得,$ES = -22 + \Delta = -22 + 8 = -14$ μm。

其下偏差为

$$EI = ES - IT7 = -14 - 21 = -35 \text{(μm)}$$

轴 $\phi25h6$,由表 3.4 得 $es = 0$,则 $ei = -13$ μm,由此可得

$$\phi25P7 = \phi25^{-0.014}_{-0.035}, \quad \phi25h6 = \phi25^{0}_{-0.013}$$

(2) 对于 $\phi25H7/p6$ 配合的极限过盈为

$$Y_{\max} = EI - es = 0 - 35 = -35 \text{(μm)}$$
$$Y_{\min} = ES - ei = +21 - 22 = -1 \text{(μm)}$$

对于 $\phi25P7/h6$ 配合的极限过盈为

$$Y'_{\max} = EI - es = -35 - 0 = -35 \text{(μm)}$$
$$Y'_{\min} = ES - ei = -14 - (-13) = -1 \text{(μm)}$$

$\phi25H7/p6$ 和 $\phi25P7/h6$ 的公差带图如 3.14 所示。

由上述计算和从图 3.14 中可见,$\phi25H7/p6$ 和 $\phi25P7/h6$ 两对配合的最大过盈和最小过盈均相等, 即 $\phi25H7/p6$ 和 $\phi25P7/h6$ 配合性质相同。

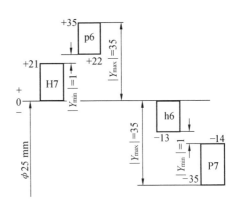

图 3.14　$\phi25H7/p6$ 和 $\phi25P7/h6$ 公差带图

3.4　公差与配合的选用

公差与配合的选用是机械产品设计中很重要的内容,它直接影响机械产品的使用精度、性能和加工成本。公差与配合选用的内容包括配合制、标准公差等级和配合种类等三方面的选用,下面分别叙述。

3.4.1　ISO 配合制的选用

选用 ISO 配合制应从产品结构特点、加工工艺性和经济效益等方面综合考虑。

1.一般情况下应优先选用基孔制配合

在机械制造中,一般优先选用基孔制配合,主要从加工工艺性和宏观经济效益来考虑。用钻头、铰刀等定值刀具加工小尺寸高精度的孔,每把刀具只能加工某一尺寸的孔,

而用同一把车刀或一个砂轮可以加工大小不同尺寸的轴,并可以用普通计量器具测量。因此,改变轴的极限尺寸在工艺上所产生的困难和增加的生产费用,同改变孔的极限尺寸相比要小得多。因此,采用基孔制配合,可以减少定值刀具(钻头、铰刀、拉刀)和定值量具(例如塞规)的规格与数量,可以获得显著的经济效益。

2. 下列情况应选用基轴制配合

(1) 在农业机械和纺织机械中,常采用 IT9 ~ IT11 的冷拉钢材直接做轴(不经切削加工)。此时采用基轴制配合可避免冷拉钢材的尺寸规格过多,而且节省加工费用。

(2) 加工尺寸小于 1 mm 的精密轴比同级孔要困难,因此在仪器制造、钟表生产、无线电工程中,常使用经过光轧成型的钢丝直接做轴,这时采用基轴制较经济。

(3) 当同一轴与公称尺寸相同的几个孔相配合,且配合性质不同的情况下,应考虑采用基轴制配合。图 3.15(a) 所示为发动机活塞部件活塞销 1 与活塞 2 及连杆 3 的配合。根据使用要求,活塞销 1 和活塞 2 应为过渡配合,活塞销 1 与连杆 3 应为间隙配合。如采用基轴制配合,活塞销可制成一根光轴,既便于生产,又便于装配,如图 3.15(b) 所示。如采用基孔制,三个孔的公差带一样,而活塞销 1 为满足两端的过渡配合和中间间隙配合的要求,活塞销却要制成中间小的阶梯形,如图 3.15(c) 所示,这样做既不便于加工,又不利于装配。另外,活塞销两端直径大于活塞孔径,装配时会刮伤轴和孔的表面,影响配合质量。

(a) 活塞连杆机构

(b) 基轴制   (c) 基孔制

图 3.15 活塞连杆机构
1—活塞销;2—活塞;3—连杆

3. 若与标准件(零件或部件)配合时,应以标准件为基准来选择配合制

例如,滚动轴承内圈与轴的配合应采用基孔制配合,滚动轴承外圈与外壳孔的配合应采用基轴制配合。图 3.16 所示为滚动轴承与轴和外壳孔的配合情况,轴颈应按 ϕ40k6 制造,外壳孔应按 ϕ90J7 制造。

图 3.16 滚动轴承的配合

4. 为满足配合的特殊要求,允许采用任一适当的孔、轴公差带组成的配合

例如图 3.16 中,轴承端盖与外壳孔的配合为 ϕ90J7/f9,隔圈孔与轴颈的配合为 ϕ40D9/k6。

3.4.2 标准公差等级的选用

标准公差等级的选用是一项重要的,同时又是比较困难的工作,因为公差等级的高低直接影响产品使用性能和加工的经济性。公差等级过低,产品质量得不到保证;公差等级过高,将使制造成本增加。所以,必须考虑矛盾的两方面,正确合理地选用公差等级。

选用标准公差等级的原则是:在充分满足使用要求的前提下,考虑工艺的可能性,尽量选用精度较低的公差等级。图3.17为在一定的工艺条件下,零件加工的相对成本、废品率与公差的关系曲线。由图可见:尺寸精度愈高,加工成本愈增加;高精度时,精度稍微提高,成本和废品率都会急剧地增加。因此,选用高精度零件公差时,应要特别慎重。

(a) 相对成本与公差的关系　　　　(b) 废品率与公差的关系

图 3.17　零件的相对成本、废品率与公差的关系

选用标准公差等级时,应从工艺、配合及有关零件、部件或机构等的特点,并参考已被实践证明合理的实例来考虑。表3.8为20个公差等级的应用范围,表3.9为各种加工方法可能达到的标准公差等级范围,可供选用时参考。

表 3.8　标准公差等级的应用范围

应　用	公　差　等　级　(IT)																			
	01	0	1	2	3	4	5	6	7	8	9	10	11	12	13	14	15	16	17	18
块　规																				
量　规																				
配合尺寸																				
特别精密零件的配合																				
非配合尺寸 (大制造公差)																				
原材料公差																				

表 3.9　各种加工方法可能达到的标准公差等级

加　工　方　法	公　差　等　级　(IT)																
	01	0	1	2	3	4	5	6	7	8	9	10	11	12	13	14	15	16
研　磨																	
珩　磨																	
圆　磨																	
平　磨																	
金刚石车																	
金刚石镗																	
拉　削																	

续表3.9

加 工 方 法	公　差　等　级　（IT）																	
	01	0	1	2	3	4	5	6	7	8	9	10	11	12	13	14	15	16
铰　孔								───	───	───	───	───						
车									───	───	───	───	───					
镗									───	───	───	───	───					
铣										───	───	───	───					
刨、插												───	───					
钻　孔												───	───	───				
滚压、挤压												───	───					
冲　压												───	───	───				
压　铸													───	───	───			
粉末冶金成型								───	───	───								
粉末冶金烧结									───	───	───							
砂型铸造、气割																───	───	───
锻　造															───	───	───	

如果某些配合有可能根据使用要求确定其间隙或过盈的允许变化范围时,可利用式(3.12)～(3.14)和标准公差数值表3.2确定其公差等级,下面举例说明。

例3.10　某一公称尺寸为ϕ95 mm的滑动轴承机构,根据使用要求,其允许的最大间隙为$[X_{max}]=+55$ μm,最小间隙为$[X_{min}]=+10$ μm,试确定该轴承机构的轴颈和轴瓦所构成的轴、孔标准公差等级。

解　(1)计算允许的配合公差$[T_f]$

由配合公差计算公式(3.12)得

$$[T_f]=|[X_{max}]-[X_{min}]|=|55-10|=45 \ \mu m$$

(2)计算查表确定孔、轴的标准公差等级

按要求　　　　　　　　　　$[T_f] \geqslant [T_D]+[T_d]$

式中　$[T_D]$、$[T_d]$——配合的孔、轴的允许公差。

由表3.2得:IT5 = 15 μm,IT6 = 22 μm,IT7 = 35 μm。

如果孔、轴公差等级都选6级,则配合公差T_f = 2IT6 = 44 μm < 45 μm,虽然未超过其要求的允许值,但不符合6、7、8级的孔与5、6、7级的轴相配合的规定。

若孔选IT7,轴选IT6,其配合公差为T_f = IT5 + IT7 = 22 + 35 = 57(μm)> 45(μm),已超过配合公差的允许值,故不符合配合要求。

因此,最好轴选IT5,孔选IT6。其配合公差T_f = IT5 + IT6 = 15 + 22 = 37(μm)<

45（μm），虽然比要求的允许值减小（8 μm）较多，给加工带来一定困难，但配合精度有一定的储备，而且选用标准规定的公差等级，可选用标准规格的原材料、刀具和量具，对降低加工成本有利。

3.4.3 配合类别的选用

配合的选用主要是根据使用要求确定配合类别和配合种类。

1. 配合类别的选用

标准规定有间隙、过渡和过盈三类配合。在机械精度设计中选用哪类配合，主要决定于使用要求，如孔、轴间有相对运动要求时，应选间隙配合；当孔、轴间无相对运动时，应根据具体工作条件不同，可以从三类配合中选取：若要求传递足够大的扭矩，且又不要求拆卸时，应选过盈配合；当需要传递一定的扭矩，但又要求能够拆卸的情况下，应选过渡配合；有些配合，对同轴度要求不高，只是为了装配方便，应选间隙较大的间隙配合。后两种情况应该加键，以保证传递扭矩。

2. 配合种类的选用

配合种类的选用就是在确定配合制和标准公差等级后，根据使用要求确定与基准件配合的轴或孔的基本偏差代号。

（1）配合种类选用的基本方法

配合种类的选用通常有计算法、试验法和类比法三种。

计算法可用于滑动轴承的间隙配合，它可以根据液体润滑理论来计算允许的最小间隙，从标准中选择适当的配合种类。完全靠过盈来传递负荷的过盈配合，可以根据要传递负荷的大小，按弹塑性变形理论，计算出必需的最小过盈，选择合适的过盈配合，再按此验算最大过盈是否会使工件材料损坏。由于影响配合间隙和过盈的因素很多，理论计算也是近似的，所以，在实际应用时还需经过试验来确定。

试验法用于重要的、关键性配合。如机车车轴与轮毂的配合，就是用试验方法来确定的。一般采用试验法较为可靠，但需进行大量试验，成本较高。

类比法就是以经过生产验证的且类似的机械、机构和零部件为样板，来选用配合种类。类比法是确定机械和仪器配合种类最常用的方法。

（2）尽量选用国家标准推荐的优先、常用公差带及优先、常用配合

在选配合时，应考虑尽量采用 GB/T 1800.1—2020 中规定的公差带与配合。因为 20 个标准公差等级和 28 种基本偏差可组成孔、轴各 500 多种公差带，它们又可组成（近 30 万对）配合。这么多的公差带和配合若都使用，显然是不经济的。根据一般机械产品的使用需要，考虑零件、定值刀具和量具的规格统一，对孔规定了如图 3.18 所示，常用公差带 45 种，优先选用公差带 17 种（框中）；对轴规定了如图 3.19 所示，常用公差带 50 种，优先选用公差带 17 种（框中）。在孔、轴的公差带中，又组成了如图 3.20 所示基孔制常用配合 45 种、优先配合 16 种（框中）；如图 3.21 所示基轴制常用配合 38 种，优先配合 18 种（框中）。

在机械设计时，应尽可能从图 3.18、图 3.19 分别给出的孔和轴相应的公差带代号中选取，与从图 3.20 和 3.21 中选取配合。不能满足要求时，再从一般公差带中选择孔、轴公差带组成要求的配合。甚至还可以选用任一的孔、轴公差带组成满足特殊要求的配合。

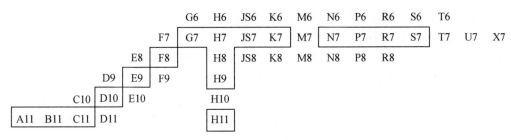

图 3.18　孔的公差带(摘自 GB/T 1800.1—2020)

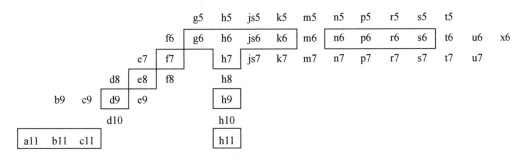

图 3.19　轴的公差带(摘自 GB/T 1800.1—2020)

基准孔	轴公差代号		
	间隙配合	过渡配合	过盈配合
H6	g5　h5	js5　k5　m5	n5　p5
H7	f6　g6　h6	js6　k6　m6　n6	p6　r6　s6　t6　u6　x6
H8	e7　f7　h7	js7　k7　m7	s7　u7
	d8　e8　f8　h8		
H9	d8　e8　f8　h8		
H10	b9　c9　d9　e9　h9		
H11	b11　c11　d10　h10		

图 3.20　基孔制配合的优先配合(摘自 GB/T 1800.1—2020)

基准轴	孔公差代号		
	间隙配合	过渡配合	过盈配合
h5	G6　H6	JS6　K6　M6	N6　P6
h6	F7　G7　H7	JS7　K7　M7　N7	P7　R7　S7　T7　U7　X7
h7	E8　F8　H8		
h8	D9　E9　F9　H9		
h9	E8　F8　H8		
	D9　E9　F9　H9		
	B10　C10　D10　H10		

图 3.21　基轴制配合的优先配合(摘自 GB/T 1800.1—2020)

例3.11　设有一滑动轴承机构,公称尺寸为$\phi40$ mm 的配合,经计算确定极限间隙为 $+20\sim+90\ \mu\mathrm{m}$,若采用基孔制配合,试确定此配合的孔、轴公差带和配合代号,画出其尺寸公差带图,并指出是否属于优先或常用的公差带与优先或常用的配合。

解 （1）确定孔、轴标准公差等级

按例3.10的方法可确定孔、轴标准公差等级为:$T_D = IT8 = 39~\mu m$,$T_d = IT7 = 25~\mu m$。

（2）确定孔、轴公差带

因采用基孔制,故孔为基准孔,其公差带代号为$\phi 40H8$,$EI = 0~\mu m$,$ES = +39~\mu m$。

因为本题为基孔制间隙配合,所以轴的基本偏差应从 a ~ h 中选取,其基本偏差为上偏差。

选出轴的基本偏差应满足下述三个条件

$$\begin{cases} X_{min} = EI - es \geqslant [X_{min}] & ① \\ X_{max} = ES - ei \leqslant [X_{max}] & ② \\ es - ei = T_d = IT7 & ③ \end{cases}$$

式中　$[X_{min}]$—— 允许的最小间隙;

　　　$[X_{max}]$—— 允许的最大间隙。

解上面三式得

$$es \leqslant EI - [X_{min}] \qquad ④$$

$$es \geqslant ES + IT7 - [X_{max}] \qquad ⑤$$

将已知EI、ES、IT7、$[X_{max}]$、$[X_{min}]$的数值分别代入式④、⑤,得

$$es \leqslant 0 - 20 = -20~(\mu m)$$

$$es \geqslant 39 + 25 - 90 = -26~(\mu m)$$

即

$$-26 \leqslant es \leqslant -20~(\mu m)$$

按公称尺寸$\phi 40$ 和 $-26 \leqslant es \leqslant -20~\mu m$的要求查表3.4,得轴的基本偏差代号为f,故公差带的代号为$\phi 40f7$,其$es = -25~\mu m$,$ei = es - T_d = -50~\mu m$。

（3）确定配合代号为$\phi 40H8/f7$

（4）$\phi 40H8/f7$ 的孔、轴尺寸公差带图(图3.22)

图3.22　$\phi 40H8/f7$ 公差带图

（5）由图3.18 和图3.19 可见,孔 $\phi 40H8$ 和轴 $\phi 40f7$ 均为优先用途的公差带。

由图3.20 可见,$\phi 40H8/f7$ 为优先配合。

例3.12　设某一公称尺寸为 $\phi 60~mm$ 的配合,经计算,为保证连接可靠,其最小过盈的绝对值不得小于20 μm。为保证装配后孔不发生塑性变形,其最大过盈的绝对值不得大于55 μm。若采用基轴制配合,试确定此配合的孔、轴的公差带和配合代号,画出其尺寸公差带图,并指出是否属于优先的或常用的公差带与优先或常用的配合。

解　(1) 确定孔、轴公差等级

由题意可知,此孔、轴结合为过盈配合,其允许的配合公差为

$$[T_{\mathrm{f}}] = |[Y_{\min}] - [Y_{\max}]| = |-20 - (-55)| = 35 \ (\mu\mathrm{m})$$

按例 3.10 的方法确定孔的公差等级为 6 级,轴的公差等级为 5 级,即

$$T_{\mathrm{D}} = \mathrm{IT6} = 19 \ \mu\mathrm{m}, \quad T_{\mathrm{d}} = \mathrm{IT5} = 13 \ \mu\mathrm{m}$$

(2) 确定孔、轴公差带

因采用基轴制配合,故轴为基准轴,其公差带代号为 $\phi60\mathrm{h5}$, $es = 0$, $ei = -13 \ \mu\mathrm{m}$。

因选用基轴制过盈配合,所以孔的基本偏差代号应从 P ~ ZC 中选取,其基本偏差为上偏差 ES,若选出的孔的上偏差 ES 能满足配合要求,则应符合下列三个条件,即

$$\begin{cases} Y_{\min} = ES - ei \leqslant [Y_{\min}] & ① \\ Y_{\max} = EI - es \geqslant [Y_{\max}] & ② \\ ES - EI = \mathrm{IT6} & ③ \end{cases}$$

解上面三式得出

$$ES \leqslant [Y_{\min}] + ei \quad\quad ④$$
$$ES \geqslant es + \mathrm{IT6} + [Y_{\max}] \quad\quad ⑤$$

将已知的 es、ei、IT6、$[Y_{\max}]$ 和 $[Y_{\min}]$ 数值代入式 ④、⑤ 得

$$ES \leqslant -20 + (-13) = -33 \ (\mu\mathrm{m})$$
$$ES \geqslant 0 + 19 + (-55) = -36 \ (\mu\mathrm{m})$$
$$-36 \ \mu\mathrm{m} \leqslant ES \leqslant -33 \ \mu\mathrm{m}$$

按公称尺寸 $\phi60$ 和 $-36 \leqslant ES \leqslant -33 \ \mu\mathrm{m}$ 的要求查表 3.7,得孔的基本偏差代号为 R,公差带代号为 $\phi60\mathrm{R6}$,其 $ES = (-41 + 6) = -35 \ \mu\mathrm{m}$,$EI = ES - T_{\mathrm{D}} = -54 \ \mu\mathrm{m}$。

(3) 确定配合代号为 $\phi60\mathrm{R6/h5}$

(4) $\phi60\mathrm{R6/h5}$ 的孔、轴尺寸公差带图(图 3.23)

图 3.23　$\phi60\mathrm{R6/h5}$ 公差带图

(5) 由图 3.18 和图 3.19 可见,孔的公差带 $\phi60\mathrm{R6}$ 和轴的公差带 $\phi60\mathrm{h5}$ 都为常用公差带

由于图 3.21 中没有 R6,所以 $\phi60\mathrm{R6/h5}$ 为一般配合。

为了便于在工程设计中应用类比法进行选用配合,将上述各种基本偏差应用说明列于表 3.10,供参考。

总之,配合的选择,应先根据使用要求确定配合类别,再按主要条件选出某一种配合,包括选孔、轴的基本偏差代号和公差等级。

但是,只按使用要求选择配合种类是不够的,因为工程实践的具体工作情况对配合间隙和过盈有影响,所以在选择配合时应根据实际工作情况进行修正,见表 3.11。

表 3.10　各种基本偏差的应用说明

配合	基本偏差	配　合　特　性　及　应　用
间隙配合	a、b (A、B)	可得到特别大的间隙,应用很少
	c (C)	可得到很大的间隙,一般用于缓慢、松弛的可动配合,用于工作条件较差(如农业机械)、受力变形,或为了便于装配而必须保证有较大的间隙。推荐优先配合为 H11/c11。较高等级的配合,如 H8/c7 适用于轴在高温工作的紧密动配合,例如内燃机排气阀导管配合
	d (D)	一般用于 IT7～IT11。适用于松的传动配合,如密封盖、滑轮、空转皮带轮等与轴的配合。也适用大直径滑动轴承配合,例如透平机、球磨机、轧滚成型和重型弯曲机及其他重型机械中的一些滑动支承配合
	e (E)	多用于 IT7～IT9。通常适用于要求有明显间隙,易于转动的支承用的配合,如大跨距支承、多支点支承等配合。高等级的 e 适用于大的、高速、重载支承,如涡轮发电机、大电动机的支承,也适用于内燃机主要轴承、凸轮轴支承、摇臂支承等配合
	f (F)	多用于 IT6～IT8 的一般转动配合。当温度影响不大时,被广泛用于普通的润滑油(或润滑脂)润滑的支承,如齿轮箱、小电动机、泵等的转轴与滑动支承的配合
	g (G)	多用于 IT5～IT7。配合间隙很小,制造成本高,除很轻负荷的精密装置外,不推荐用于转动配合。最适合不回转的精密滑动配合,也用于插销等定位配合。如精密连杆轴承、活塞及滑阀、连杆销等
	h (H)	多用于 IT4～IT11。广泛用于无相对转动的零件,作为一般的定位配合。若没有温度、变形影响,也用于精密滑动配合
过渡配合	js (JS)	为完全对称偏差$\left(\pm\dfrac{\mathrm{IT}_n}{2}\right)$,平均起来稍有间隙的配合,多用于 IT4～IT7,要求间隙比 h 轴配合时小,并允许有过盈的定位配合,如联轴节。要用手或木槌装配
	k (K)	平均起来是没有间隙的配合,适用于 IT4～IT7。推荐用于要求稍有过盈的定位配合,例如为了消除振动用的定位配合。一般用木槌装配
	m (M)	平均起来具有不大过盈的过渡配合,适用于 IT4～IT7。用于精度较高的定位配合。一般可用木槌装配,但在最大过盈时,要求相当的压力
	n (N)	平均过盈比较大的配合,很少得到间隙,适用于 IT4～IT7。用槌或压力机装配。通常推荐用于紧密的组件配合。H6 和 n5 配合时为过盈配合
过盈配合	p (P)	与 H6 或 H7 孔配合时是过盈配合,而与 H8 孔配合时则为过渡配合。对非铁类零件,为较小的过盈配合,当需要时易于拆卸。对钢、铸铁或钢、钢部件装配是标准的过盈配合
	r (R)	对铁类零件为中等过盈配合;对非铁类零件为较轻过盈配合,当需要时可以拆卸;与 H8 孔配合直径在 100 mm 以上时为过盈配合,直径小时为过渡配合
	s (S)	用于钢和铁制零件的永久性和半永久性装配,可产生相当大的结合力。当用弹性材料,如轻合金时,配合性质与铁类零件的 p 轴相当。例如套环压装在轴上、阀座等配合。尺寸较大时,为避免损伤配合表面,需用热胀冷缩法装配
	t (T)	是过盈量较大的配合,对于钢和铸铁件适于做永久性结合,不用键可传递扭矩,需用热胀冷缩法装配
	u (U)	这种配合过盈量大,一般应经过验算在最大过盈时工件材料是否会损坏。要用热胀冷缩法装配。例如火车轮毂与轴的配合
	v、x (V、X) y、z (Y、Z)	这些基本偏差所组成的配合过盈量更大,目前使用的经验和资料还很少,须经试验后才应用。一般不推荐采用

表 3.11　按具体情况考虑间隙或过盈的修正

具 体 工 作 情 况	间隙应增或减	过盈应增或减
材料许用应力小	—	减
经常拆卸	—	减
有冲击负荷	减	增
工作时孔的温度高于轴的温度	减	增
工作时孔的温度低于轴的温度	增	减
配合长度较大	增	减
零件形状误差较大	增	减
装配中可能歪斜	增	减
转速高	增	增
有轴向运动	增	—
润滑油黏度大	增	—
表面粗糙度幅度参数值大	减	增
装配精度高	减	减

3.4.4　线性尺寸的未注公差的选用

线性尺寸的未注公差(也称一般公差)是指在车间普通工艺条件下,机床设备一般加工能力可达到的公差(在正常维护和操作情况下,它代表车间一般加工精度)。它主要用于精度较低的非配合尺寸和功能上允许的公差等于或大于一般公差的尺寸。按 GB/T 1804—2000 的规定,采用一般公差的线性尺寸后不单独注出极限偏差,但是,当要素的功能要求比一般公差更小的公差或允许更大的公差,而该公差更为经济时,应在尺寸后直接注出极限偏差值。

1. 图样上采用未注公差的原因

(1) 简化制图,使图样清晰易读。

(2) 节省图样设计时间。设计人员只要熟悉一般公差的规定并加以应用,可不必详细计算其公差值。

(3) 明确了哪些要素可由一般工艺水平保证,可简化对这些要素的检验要求而有助于质量管理。

(4) 突出了图样上注出公差的尺寸。这些要素大多是重要且需要控制的,以便在加工和检验时引起重视,并利于生产上的安排及检验要求的分析。

(5) 明确了图样上尺寸的一般公差要求,便于供需双方达成加工和销售合同协议,交货时也可避免不必要的争议。

2. 线性尺寸的未注公差的公差等级和极限偏差

(1) 未注公差的公差等级:按照《一般公差　未注公差的线性和角度尺寸的公差》(GB/T 1804—2000)规定,一般公差分 f、m、c 和 v 四个公差等级,分别表示精密级、中等级、粗糙级和最粗级。

(2) 线性尺寸未注公差的极限偏差:线性尺寸未注公差的极限偏差数值列于表 3.12;倒圆半径和倒角高度的极限偏差数值列于表 3.13。

由表 3.12 和表 3.13 可见,线性尺寸的极限偏差取值,不论孔、轴还是长度,一律取对称分布。这样规定,除了与国际标准(ISO)和各国标准一致外,较单向偏差还有以下优点:对于非配合尺寸,其公称尺寸一般是设计要求的尺寸,所以,以公称尺寸为分布中心是合理的;从尺寸链分析,对称的极限偏差可以减小封闭环的累积偏差;从标注来看,比用单向偏差方便、简单;另外,还可以避免对孔、轴尺寸的理解不一致而带来不必要的纠纷。

表 3.12   线性尺寸的极限偏差的数值(摘自 GB/T 1804—2000)   mm

公差等级	公　称　尺　寸　分　段							
	0.5 ~ 3	> 3 ~ 6	> 6 ~ 30	> 30 ~ 120	> 120 ~ 400	> 400 ~ 1000	> 1000 ~ 2000	> 2000 ~ 4000
f(精密级)	± 0.05	± 0.05	± 0.1	± 0.15	± 0.2	± 0.3	± 0.5	—
m(中等级)	± 0.1	± 0.1	± 0.2	± 0.3	± 0.5	± 0.8	± 1.2	± 2
c(粗糙级)	± 0.2	± 0.3	± 0.5	± 0.8	± 1.2	± 2	± 3	± 4
v(最粗级)	—	± 0.5	± 1	± 1.5	± 2.5	± 4	± 6	± 8

表 3.13   倒圆半径与倒角高度尺寸的极限偏差的数值(摘自 GB/T 1804—2000)   mm

公　差　等　级	公　称　尺　寸　分　段			
	0.5 ~ 3	> 3 ~ 6	> 6 ~ 30	> 30
f(精密级)	± 0.2	± 0.5	± 1	± 2
m(中等级)				
c(粗糙级)	± 0.4	± 1	± 2	± 4
v(最粗级)				

注:倒圆半径与倒角高度的含义参见《零件倒圆与倒角》(GB/T 6403.4—2008)。

3. 一般公差的图样表示法

一般公差在图样上只标注公称尺寸,不标注极限偏差,但应在图样标题栏附近或技术要求、技术文件(如企业标准)中注出标准号及公差等级代号。例如选取中等级时,标注为 GB/T 1804 - m。

例 3.13   试查表确定图 3.24 零件图中线性尺寸的未注公差极限偏差数值。

技术要求:
未注尺寸公差
按GB/T 1804 -f

图 3.24   线性尺寸未注公差的标注

解   由图 3.24 可见,该零件图中未注公差线性尺寸有 φ225、φ200、φ120、70、61、5 × 45° 和 R3 七个,其中前五个为线性尺寸,后两个分别为倒角高度和倒圆半径,以上尺寸的公差等级,由图中技术要求可知为 f 级,即精密级。

根据公称尺寸和 f 查表 3.12 得前五个线性尺寸的极限偏差分别为: $\phi225 \pm 0.2$、$\phi200 \pm 0.2$、$\phi120 \pm 0.15$、70 ± 0.15、61 ± 0.15。根据倒角(高度 5 mm)和倒圆(半径 3 mm)尺寸的 f 查表 3.13 得 $(5 \pm 0.5) \times 45°$ 和 $(R3 \pm 0.2)$。

一般公差的线性尺寸是在正常车间精度保证的情况下加工出来的,所以可以不检验。若生产方和使用方有争议,应以上述查得的极限偏差作为判据来判断其合格性。

3.5　尺寸精度的检测

3.5.1　用通用计量器具测量

制造厂在车间的环境条件下,用通用计量器具测量工件,应参照《产品几何技术规范(GPS)　光滑工件尺寸检验》(GB/T 3177—2009)进行。

1. 测量的误收与误废

由于测量误差的存在,若按零件的上极限尺寸和下极限尺寸验收,当零件的实际尺寸处于上或下极限尺寸附近时,有可能将本来处于零件公差带内的合格品判为废品,或将本来处于零件公差带以外的废品误判为合格品,前者称为"误废",后者称为"误收"。

如图 3.25(a)所示用分度值为 0.01 mm,测量极限误差(不确定度)为 ± 0.004 mm 的外径千分尺测量 $\phi40_{-0.062}^{0}$ 的轴,若按极限尺寸验收,即凡是测量结果在 $\phi39.938$ mm ~ $\phi40$ mm 范围内的轴都认为是合格的,但由于测量误差的存在,会造成处于 $\phi40$ ~ $\phi40.004$ mm 与 $\phi39.934$ ~ $\phi39.938$ mm 范围内的不合格零件有可能被误收,而处于 $\phi39.996$ ~ $\phi40$ mm 与 $\phi39.938$ ~ $\phi39.942$ mm 范围内的合格零件有可能被误废的现象。如果把允许零件尺寸变化的界限(即验收极限)向零件尺寸公差带内分别移动一段距离,则误收率减少,而误废率增大。显然,这样做对保证零件的质量是有利的。通常,把由验收极限和测量极限误差所确定的允许尺寸变化范围称为"保证公差",而把保证公差在生产中应控制的允许尺寸变化范围称为"生产公差",如图 3.25(b)所示。

(a)零件的误收与误废　　　　(b)验收极限

图 3.25　零件的误收与误废和验收极限

在生产公差一定时,测量误差越大,保证公差也越大,产品质量也就越低;在保证公差一定时,允许的测量极限误差越大,生产公差就越小,加工成本越高。反之,允许的测量极限误差越小,则测量的成本越高,这影响生产过程的经济性。因此,必须正确地选择计量器具(控制一定的测量不确定度)和确定验收极限,才能更好地保证产品质量和降低生产成本。

2. 验收原则、安全裕度与验收极限的确定

由于计量器具和计量系统都存在误差,故任何测量都不能测出真值。另外,多数计量器具通常只用于测量尺寸,不测量工件上存在的形状误差。因此,对要求符合包容要求(其概念见本书4.3节)的工件,还应测量形状误差(如圆度、直线度),并把这些形状误差的测量结果与尺寸的测量结果综合起来,以判断工件表面各部位是否超越极限尺寸。

考虑到车间实际情况,通常,工件的形状误差取决于加工设备及工艺装备的精度,工件合格与否,只按尺寸测量结果来判断,对于温度、压陷效应,以及计量器具和标准器件的系统误差等均不进行修正,因此,任何检验都可能存在误判,即产生误收或误废。

(1)验收原则。国家标准规定的验收原则是:所用验收方法原则上只接收位于规定的尺寸极限之内的零件,亦即只允许有误废而不允许有误收。

(2)安全裕度。测量零件实际尺寸时,应根据零件公差的大小规定测量不确定度允许值,作为保证产品质量的依据,此允许值称为安全裕度 A。 A 值按零件公差 T 的 $1/10$ 确定,其数值见表3.14。

(3)验收极限的确定。为了保证上述验收原则的实现,应规定验收极限的方式。根据 GB/T 3177—2009 规定:验收极限可以按照下列两种方式之一确定:

① 内缩方式:验收极限是从规定的最大和最小极限尺寸分别向零件公差带内移动一个安全裕度(A)来确定,如图3.26(a)所示。

图 3.26   验收极限

孔、轴尺寸的验收极限为

$$上验收极限 = 最大极限尺寸(D_{max}、d_{max}) - 安全裕度(A)$$
$$下验收极限 = 最小极限尺寸(D_{min}、d_{min}) + 安全裕度(A)$$

② 不内缩方式:验收极限等于极限尺寸,即安全裕度 A 值等于零,如图 3.26(b) 所示。

孔、轴尺寸的验收极限为

$$上验收极限 = 最大极限尺寸(D_{max}、d_{max})$$
$$下验收极限 = 最小极限尺寸(D_{min}、d_{min})$$

表 3.14　安全裕度(A)与计量器具的测量不确定度允许值(u_1)（摘自 GB/T 3177—2009）　μm

公差等级	7					8					9					10				
公称尺寸 / mm	T	A	u_1			T	A	u_1			T	A	u_1			T	A	u_1		
			Ⅰ	Ⅱ	Ⅲ			Ⅰ	Ⅱ	Ⅲ			Ⅰ	Ⅱ	Ⅲ			Ⅰ	Ⅱ	Ⅲ
大于　　至																				
－　　3	10	1.0	0.9	1.5	2.3	14	1.4	1.3	2.1	3.2	25	2.5	2.3	3.8	5.6	40	4.0	3.6	6.0	9.0
3　　6	12	1.2	1.1	1.8	2.7	18	1.8	1.6	2.7	4.1	30	3.0	2.7	4.5	6.8	48	4.8	4.3	7.2	11
6　　10	15	1.5	1.4	2.3	3.4	22	2.2	2.0	3.3	5.0	36	3.6	3.3	5.4	8.1	58	5.8	5.2	8.7	13
10　　18	18	1.8	1.7	2.7	4.1	27	2.7	2.4	4.1	6.1	43	4.3	3.9	6.5	9.7	70	7.0	6.3	11	16
18　　30	21	2.1	1.9	3.2	4.7	33	3.3	3.0	5.0	7.4	52	5.2	4.7	7.8	12	84	8.4	7.6	13	19
30　　50	25	2.5	2.3	3.8	5.6	39	3.9	3.5	5.9	8.8	62	6.2	5.6	9.3	14	100	10	9.0	15	23
50　　80	30	3.0	2.7	4.5	6.8	46	4.6	4.1	6.9	10	74	7.4	6.7	11	17	120	12	11	18	27
80　　120	35	3.5	3.2	5.3	7.9	54	5.4	4.9	8.1	12	87	8.7	7.8	13	20	140	14	13	21	32
120　　180	40	4.0	3.6	6.0	9.0	63	6.3	5.7	9.5	14	100	10	9.0	15	23	160	16	14	24	36
180　　250	46	4.6	4.1	6.9	10	72	7.2	6.5	11	16	115	12	10	17	26	185	18	17	28	42

（4）验收极限方式的选择。选择哪种验收极限方式，要结合尺寸功能要求及其重要程度、尺寸公差等级、测量不确定度和工艺能力等因素综合考虑。具体原则如下：

① 对符合包容要求的尺寸，公差等级高的尺寸，其验收极限按内缩方式确定（双向内缩）。

② 对工艺能力指数 $C_p \geq 1$ 时，其验收极限可以按不内缩方式确定。但对有包容要求的尺寸，孔的最小极限尺和轴的最大极限尺寸一边的验收极限仍按内缩方式确定（单向内缩）。

这里的工艺能力指数 C_p 值是零件公差(T)值与加工设备工艺能力($C\sigma$)之比值，C 为常数，零件尺寸遵循正态分布 $C = 6$，σ 为加工设备的标准偏差。显然，当零件遵循正态分布时，$C_p = T/6\sigma$。

③ 对偏态分布的尺寸，其验收极限可以仅对尺寸偏向的一边按内缩方式确定（单向内缩）。

④ 对非配合和一般的尺寸，其验收极限按不内缩方式确定。

3. 计量器具的选择

为了保证测量的可靠性和量值的统一，标准中规定，按照计量器具所引起的测量不确定度允许值(u_1)选择计量器具。u_1 值约为测量不确定度 u 的 0.9 倍，u_1 值见表 3.14 中。u_1 值大小分为 Ⅰ、Ⅱ、Ⅲ 挡，分别约为工件公差的 1/10、1/6、1/4。对于 IT6 至 IT11，u_1 值分为 Ⅰ、Ⅱ、Ⅲ 挡；对于 IT12 至 IT18，u_1 值分为 Ⅰ、Ⅱ 挡。选用时，一般情况下，优先选用 Ⅰ 挡，其次选用 Ⅱ、Ⅲ 挡。

表 3.15 和表 3.16 给出了在车间条件下，常用的千分尺、游标卡尺和比较仪的不确定度。在选择计量器具时，所选用的计量器具的不确定度应小于或等于计量器具不确定度允许值(u_1)。

例 3.14　被检验零件轴尺寸为 $\phi35e9$Ⓔ，试确定验收极限、选择适当的计量器具。

解　（1）由表 3.2 和表 3.4 查得 $\phi35e9 = \phi35^{-0.050}_{-0.112}$。

（2）由表 3.14 中查得安全裕度 $A = 6.2$ μm，因为此零件尺寸遵守包容要求，应按照内缩方式（双向内缩）的原则确定验收极限，如图 3.27 所示，则

$$上验收极限 = \phi35 - 0.050 - 0.006\,2 = \phi34.943\,8\ (\text{mm})$$
$$下验收极限 = \phi35 - 0.112 + 0.006\,2 = \phi34.894\,2\ (\text{mm})$$

表 3.15　千分尺和游标卡尺的不确定度(摘自 JB/Z 181—1982)　　　　mm

尺寸范围		计 量 器 具 类 型			
		分度值0.01 外径千分尺	分度值0.01 内径千分尺	分度值0.02 游标卡尺	分度值0.05 游标卡尺
大于	至	不　　确　　定　　度			
0	50	0.004			
50	100	0.005	0.008		0.05
100	150	0.006			
150	200	0.007		0.020	
200	250	0.008	0.013		
250	300	0.009			
300	350	0.010			
350	400	0.011	0.020		0.100
400	450	0.012			
450	500	0.013	0.025		
500	600				
600	700		0.030		
700	1000				0.150

注:当采用比较测量时,千分尺的不确定度可小于本表规定的数值,一般可减小40% 。

表 3.16　比较仪的不确定度(摘自 JB/Z 181—1982)　　　　mm

尺 寸 范 围		所 使 用 的 计 量 器 具			
		分度值为0.000 5 (相当于放大倍数 2 000 倍)的比较仪	分度值为0.001 (相当于放大倍数 1 000 倍)的比较仪	分度值为0.002 (相当于放大倍数 400 倍)的比较仪	分度值为0.005 (相当于放大倍数 250 倍)的比较仪
大于	至	不　　确　　定　　度			
	25	0.000 6	0.001 0	0.001 7	
25	40	0.000 7			
40	65	0.000 8	0.001 1	0.001 8	0.003 0
65	90				
90	115	0.000 9	0.001 2	0.001 9	
115	165	0.001 0	0.001 3		
165	215	0.001 2	0.001 4	0.002 0	
215	265	0.001 4	0.001 6	0.002 1	0.003 5
265	315	0.001 6	0.001 7	0.002 2	

注:测量时,使用的标准器由 4 块 1 级(或 4 等)量块组成。

画出尺寸公差带图,如图 3.27 所示。

(3) 由表 3.14 中按优先选用 Ⅰ 挡的原则,查得计量器具测量不确定度允许值 $u_1 = 5.6\ \mu m$。由表 3.15 查得分度值为 0.01 mm 的外径千分尺,在尺寸范围大于 0 ~ 50 mm 内,不确定度数值为 0.004 mm,因 0.004 < u_1 = 0.005 6,故可满足使用要求。

例 3.15　被检验零件为孔 $\phi150H10\text{Ⓔ}$,工艺能力指数 $C_p = 1.2$,试确定验收极限,并选择适当的计量器具。

解　(1) 由表 3.2 和表 3.6 查得,$\phi150H10 = \phi150^{+0.16}_{0}$,画出尺寸公差带图,如图3.28所示。

（2）由表 3.14 中查得安全裕度 $A = 16$ μm，因 $C_p = 1.2 > 1$，其验收极限可以按不内缩方式确定，即 $A = 0$，但因该零件尺寸遵守包容要求，因此其孔的最小极限尺寸一边的验收极限仍按内缩方式（单向内缩）确定，如图 3.28 所示，则有

上验收极限 $= \phi(150 + 0.16) = \phi150.16$（mm）

下验收极限 $= \phi(150 + 0 + 0.016) = \phi150.016$（mm）

（3）由表 3.14 中按优先选用 I 挡的原则，查得计量器具测量不确定度允许值 $u_1 = 15$ μm，由表 3.15 查得，分度值为 0.01 mm 的内径千分尺在尺寸 100 ~ 150 mm 范围内，不确定度为 $0.008 < u_1 = 0.015$，故可满足使用要求。

例 3.16   某孔尺寸要求为 $\phi30H8$，用铰刀加工，但因铰刀已经磨损，因此尺寸分布为偏态分布，试确定验收极限；按照 II 挡的测量不确定度允许值 u_1，选择适当的计量器具。

解   （1）从表 3.2 和表 3.6 中查得 $\phi30H8 = \phi30^{+0.033}_{0}$，画出公差带图，如图 3.29 所示。

（2）从表 3.14 中查得安全裕度 $A = 3.3$ μm，因使用了已磨损的铰刀铰孔，孔尺寸为偏态分布，并且偏向孔的最小极限尺寸一边，按标准规定，验收极限对所偏向的一边的尺寸按内缩方式确定，而对另一边按不内缩方式确定，如图 3.29 所示，则

上验收极限 $= \phi(30 + 0.033) = \phi30.033$（mm）

下验收极限 $= \phi(30 + 0 + 0.0033) = \phi30.0033$（mm）

（3）由表 3.14 中按 II 挡查得 $u_1 = 5.0$ μm，由表 3.16 中查得分度值为 0.005 mm（相当于放大倍数 250 倍）的比较仪其不确定度为 0.003 mm，因 $0.003 < 0.005 = u_1$，故可满足要求。

例 3.17   某轴的长度为 100 mm，其加工精度为线性尺寸的一般公差中等级，即 GB/T 1804—m。试确定其验收极限，并选择适当的计量器具。

解   （1）由表 3.12 查得，该尺寸的极限偏差为 100 ± 0.3 mm，画出该尺寸公差带图，如图 3.30 所示。

（2）因该尺寸属于一般公差尺寸，按标准规定，应按不内缩方式确定验收极限，即取安全裕度 $A = 0$，则

上验收极限 $= 100 + 0.3 = 100.3$（mm）

下验收极限 $= 100 - 0.3 = 99.7$（mm）

（3）一般公差的 m 级相当于 IT13 ~ IT14，用游标卡尺测量就可满足要求。

图 3.27   例 3.14 公差带图

图 3.28   例 3.15 公差带图

图 3.29   例 3.16 公差带图

图 3.30   例 3.17 公差带图

3.5.2　用光滑极限量规检验

1. 量规的作用和分类

（1）量规的作用

光滑极限量规（以下简称量规）是一种没有刻度的定值专用检验工具。用量规检验零件时，只能判断零件是否合格，而不能测出零件的实际尺寸数值，但是对于成批、大量生产的零件来说，只要是能够判断出零件的作用尺寸和实际尺寸均在尺寸公差带以内就足够了，因此，用量规检验很方便，而且由于量规的结构简单，检验效率高，因而生产中得到了广泛应用。

图 3.31 所示为量规检验工件的示意图。量规都是成对使用的，孔用量规和轴用量规都有通规和止规。如果通规能够通过被检工件，止规不能通过被检工件，即可确定被检工件是合格品；反之，如果通规不能通过被检工件，或者止规通过了被检工件，即可确定被检工件是不合格品。检验孔的量规称为塞规；检验轴的量规称为环规或卡规。

| (a) 测孔用的塞规 | (b) 测轴用的卡规 |

图 3.31　光滑极限量规

（2）量规的分类

根据量规的使用场合不同，量规可分为以下三类：

① 工作量规。在零件制造过程中，操作者对零件进行检验所使用的量规称为工作量规，通规用"T"表示，止规用"Z"表示。为了保证加工零件的精度，操作者应该使用新的或者磨损较小的通规。

② 验收量规。检验部门或用户代表在验收产品时所使用的量规称为验收量规。一般不另行制造，而采用与工作量规同类型的且磨损较多，但未超过磨损极限。这样，由操作者自检合格，检验人员或用户代表验收时也一定合格，从而保证了零件的合格率。

③ 校对量规。检验轴用量规（环规或卡规）在制造时是否符合制造公差、在使用中是否已达到磨损极限的量规称为校对量规。由于轴用量规是内尺寸，不易检验，所以才使用校对量规，校对量规是外尺寸，可以用通用量仪检测。孔用量规本身是外尺寸，可以较方便地用通用量仪检测，所以不设校对量规。校对量规又可分为以下三类：

（a）"校通－通"量规（代号"TT"）它是检验轴用工作量规通规的校对量规。检验时应通过轴用工作量规的通规，否则通规不合格。

（b）"校止－通"量规（代号"ZT"），它是检验轴用工作量规止规的校对量规。检验时应通过轴用工作量规的止规，否则止规不合格。

（c）"校通－损"量规（代号"TS"），它是检验轴用工作量规通规是否达到磨损极限的校对量规。检验时不应通过轴用工作量规的通规，否则该通规已达到或超过磨损极限，不应再使用。

2. 量规设计原则

由于零件存在形状误差,同一零件表面各处的实际尺寸往往是不同的,因此,对于要求遵守包容要求的孔和轴,在用量规检验时,为了正确地评定被测零件的合格性,应按极限尺寸判断原则(泰勒原则)验收,即光滑极限量规应遵循泰勒原则来设计。

(1) 量规尺寸的确定

为使设计的量规在检验零件时符合泰勒原则,量规的公称尺寸应按如下方法确定:通规的公称尺寸应等于被检轴的最大极限尺寸、被检孔的最小极限尺寸;止规的公称尺寸应等于被检轴的最小极限尺寸、被检孔的最大极限尺寸。

(2) 量规形式的确定

由于通规是用来控制工件的体外作用尺寸(见4.3.1节)的,而体外作用尺寸是受零件的形状误差影响的,为了符合泰勒原则,通规的测量面应是与孔或轴形状相同的完整表面(通常称为全形量规),且长度应等于配合长度,通规表面与被测件应是面接触。由于止规是用来控制零件的实际尺寸的,而实际尺寸不应受零件的形状误差影响,因此止规的测量面应是点状的(通常称为非全形量规),且长度也可以短些,止规表面与被测件是点接触。

上述理由可以进一步用图3.32来说明。当孔存在形状误差时,若将止规制成全形量规,就发现不了孔的这种形状误差,而会将因形状误差超出尺寸公差带的零件误判为合格品。若将止规制成非全形规,检验时,它与被测孔是两点接触,只需稍微转动,就可能发现这种过大的形状误差,判定其为不合格品。

图 3.32　量规形状对检验结果的影响

严格遵守泰勒原则设计的量规,具有既能控制零件尺寸大小,同时又能控制零件形状误差的优点。但是,在量规的实际应用中,往往由于量规制造和使用方面的原因,要求量规形状完全符合泰勒原则是有困难的。因此标准中规定,允许在保证被检验零件的形状误差不影响零件的配合性质的条件下,使用偏离泰勒原则的量规。

例如通规,对于尺寸较大的孔,如果制成全形量规非常笨重,不便使用,允许采用非全形塞规或球端杆规;对于诸如曲轴上的中间直径,用全形的环规无法检验,只好用卡规。而对于止规,当测量时为点接触时,容易磨损,所以一般用小平面、圆柱面或球面代替;对于尺寸过小的孔,为了便于止规的制造和耐磨损,止规也常用全形塞规。此外,为了使用量具厂生产的标准化了的系列量规,允许通规的长度小于配合长度。

3. 量规公差及其工作尺寸的计算

（1）工作量规的公差及公差带

工作量规的制造公差（T_1）与被检零件的公差等级和公称尺寸有关，见表 3.17，其公差带分布如图 3.33 所示。为保证验收零件的质量，在检验时不产生误收，量规的公差带位于零件尺寸公差带之内，它仅占有零件尺寸公差的一小部分。止规的公差带紧靠孔的最大极限尺寸、轴的最小极限尺寸；通规的公差带中心偏离孔的最小极限尺寸和轴的最大极限尺寸一个 Z_1 值，因为通规工作时，通过被检零件的机会多，其工作表面不可避免地发生磨损，为使其具有一定的使用寿命，就规定了 Z_1 值。显然，通规制造公差带中心到零件孔的最小极限尺寸和轴的最大极限尺寸之间的距离，就体现了平均使用寿命，而通规的磨损极限尺寸就是孔的最小极限尺寸、轴的最大极限尺寸。由于止规只有在不合格品时才通过被检零件，磨损机会少，因此标准中就没有规定止规的磨损储量。

表 3.17　光滑极限量规公差（摘自 GB/T 1957—2006）　　μm

工件孔或轴的公称尺寸/mm	IT6			IT7			IT8			IT9			IT10			IT11		
	IT6	T_1	Z_1	IT7	T_1	Z_1	IT8	T_1	Z_1	IT9	T_1	Z_1	IT10	T_1	Z_1	IT11	T_1	Z_1
至 3	6	1.0	1.0	10	1.2	1.6	14	1.6	2.0	25	2.0	3	40	2.4	4	60	3	6
大于 3 至 6	8	1.2	1.4	12	1.4	2.0	18	2.0	2.6	30	2.4	4	48	3.0	5	75	4	8
大于 6 至 10	9	1.4	1.6	15	1.8	2.4	22	2.4	3.2	36	2.8	5	58	3.6	6	90	5	9
大于 10 至 18	11	1.6	2.0	18	2.0	2.8	27	2.8	4.0	43	3.4	6	70	4.0	8	110	6	11
大于 18 至 30	13	2.0	2.4	21	2.4	3.4	33	3.4	5.0	52	4.0	7	84	5.0	9	130	7	13
大于 30 至 50	16	2.4	2.8	25	3.0	4.0	39	4.0	6.0	62	5.0	8	100	6.0	11	160	8	16
大于 50 至 80	19	2.8	3.4	30	3.6	4.6	46	4.6	7.0	74	6.0	9	120	7.0	13	190	9	19
大于 80 至 120	22	3.2	3.8	35	4.2	5.4	54	5.4	8.0	87	7.0	10	140	8.0	15	220	10	22
大于 120 至 180	25	3.8	4.4	40	4.8	6.0	63	6.	9.0	100	8.0	12	160	9.0	18	250	12	25
大于 180 至 250	29	4.4	5.0	46	5.4	7.0	72	7.0	10	115	9.0	14	185	10	20	290	14	29

（a）孔用工作量规公差带图

（b）轴用工作量规及其校对量规公差带图

图 3.33　量规尺寸公差带图

工作量规的几何误差应在其尺寸公差带内，其公差值为量规尺寸公差的 50%。当量规尺寸公差小于或等于 0.002 mm 时，其几何公差为 0.001 mm。

根据被测零件的标准公差等级的高低和量规测量面定形尺寸的大小，量规测量面的表面粗糙度轮廓幅度参数 Ra 的上限值为 0.5 ~ 0.8 μm。

（2）校对量规的公差及公差带

校对量规的公差值 T_p 取量规制造公差 T_1 的 50%，其公差带布置如图 3.33（b）所示。

"校通－通"量规（TT），其作用是防止通规过小，检验时应通过被校对的轴用通规，其公差带是从通规的下偏差起,向轴用量规通规公差带内分布。

"校通 – 损"量规(TS),其作用是防止通规在使用中超出磨损极限尺寸,检验时不应通过被校对的轴用通规,其公差带是从通规的磨损极限尺寸起向轴用量规通规公差带内分布。

"校止 – 通"量规(ZT),其作用是防止止规尺寸过小,检验时应通过被校对的轴用止规,其公差带是从止规的下偏差起,向轴用量规止规公差带内分布。

校对量规的几何误差应在其尺寸公差带内。其测量的表面粗糙度轮廓幅度参数 Ra 值比工作量规小。

(3)量规工作尺寸的计算

根据上述的工作量规和校对量规的尺寸公差带布置,就可以很容易地画出量规公差带图,并计算出各种量规的工作尺寸,下面举例说明。

例 3.18　计算 $\phi40H8/g7$ 孔和轴用各种量规的极限偏差和工作尺寸。

解　(1)由表3.2、表3.4、表3.6查出孔与轴的标准公差和基本偏差,并计算出孔、轴的另一个极限偏差,其极限偏差分别为

$\phi40H8$ 　　　　$ES = + 0.039$ mm, $EI = 0$

$\phi40g7$ 　　　　$es = - 0.009$ mm, $ei = - 0.034$ mm

(2)由表3.17查出 T_1 和 Z_1 的值,确定校对量规的尺寸公差:

孔用塞规尺寸公差　　　$T_1 = 0.004$ mm

　　　　　　　　　　$Z_1 = 0.006$ mm

孔用塞规形状公差　　　$T_1/2 = 0.002$ mm

轴用卡规尺寸公差　　　$T_1 = 0.003$ mm

　　　　　　　　　　$Z_1 = 0.004$ mm

轴用校对量规尺寸公差　　$T_P = T_1/2 = 0.001\ 5$ mm

(3)画出工件和量规的尺寸公差带图,如图3.34所示。

图 3.34　工件与量规的尺寸公差带图

(4)计算各种量规的极限偏差和工作尺寸。

1)$\phi40H8$ 孔用塞规

① 通规(T)

　　上偏差 $= EI + Z_1 + T_1/2 = 0 + 0.006 + 0.002 = + 0.008$ (mm)

下偏差 $= EI + Z_1 - T_1/2 = 0 + 0.006 - 0.002 = + 0.004$（mm）

工作尺寸 $= \phi 40^{+0.008}_{+0.004}$ 磨损极限尺寸 $= \phi 40$

② 止规（Z）

上偏差 $= ES = + 0.039$ mm

下偏差 $= ES - T_1 = （+ 0.039）- 0.004 = + 0.035$（mm）

工作尺寸 $= \phi 40^{+0.039}_{+0.035}$

2）$\phi 40g7$ 轴用卡规

① 通规（T）

上偏差 $= es - Z_1 + T_1/2 = （- 0.009）- 0.004 + 0.0015 = - 0.0115$（mm）

下偏差 $= es - Z_1 - T_1/2 = （- 0.009）- 0.004 - 0.0015 = - 0.0145$（mm）

工作尺寸 $= \phi 40^{-0.0115}_{-0.0145}$ 磨损极限尺寸 $= \phi（40 - 0.009）= \phi 39.991$（mm）

② 止规（Z）

上偏差 $= ei + T_1 = （- 0.034）+ 0.003 = - 0.031$（mm）

下偏差 $= ei = - 0.034$ mm

工作尺寸 $= \phi 40^{-0.031}_{-0.034}$

3）轴用卡规的校对量规

①"校通 - 通"量规（TT）

上偏差 $= es - Z_1 - T_1/2 + T_P = （- 0.009）- 0.004 - 0.0015 + 0.0015 = - 0.013$（mm）

下偏差 $= es - Z_1 - T_1/2 = （- 0.009）- 0.004 - 0.0015 = - 0.0145$（mm）

工作尺寸 $= \phi 40^{-0.0130}_{-0.0145}$

②"校通 - 损"量规（TS）

上偏差 $= es = - 0.009$ mm

下偏差 $= es - T_P = （- 0.009）- 0.0015 = - 0.0105$（mm）

工作尺寸 $= \phi 40^{-0.0090}_{-0.0105}$

③"校止 - 通"量规（ZT）

上偏差 $= ei + T_P = （- 0.034）+ 0.0015 = - 0.0325$（mm）

下偏差 $= ei = - 0.034$（mm）

工作尺寸 $= \phi 40^{-0.0325}_{-0.0340}$

习　题　三

一、思考题

1. 对孔、轴结合的使用要求有哪些？为什么要制定《公差与配合》标准？其标准的基本结构如何？

2. 什么是公差等级系数 a？如何判断某一尺寸公差等级的高低？

3. 什么是标准公差因子（公差单位）i？IT6 ~ IT18 的标准公差因子是如何规定的？

4. 什么是标准公差？国家标准规定了多少个标准公差等级？

5. 试分析尺寸分段的必要性和可能性。在国家标准中按什么规律进行尺寸分段？在

$D_n \sim D_{n+1}$ 尺寸段中,计算尺寸 D 值如何规定?

6. 什么是基本偏差? 为什么要规定基本偏差? 轴和孔的基本偏差是如何确定的?

7. 什么是 ISO 配合制? 为什么要规定配合制? 在什么情况下采用基轴制配合?

8. 选用标准公差等级的原则是什么? 是否公差等级越高越好?

9. 如何选用配合类别? 确定配合的非基准件的基本偏差有哪些方法?

10. 为什么要规定优先、常用和一般孔、轴公差带以及优先、常用配合? 设计时是否一定要从中选取?

11. 什么叫一般公差? 未注公差的线性尺寸规定了哪几个公差等级? 在图样上如何表示?

二、作业题

1. 设某配合的孔径为 $\phi 15^{+0.027}_{0}$,轴径为 $\phi 15^{-0.016}_{-0.034}$,试分别计算其极限尺寸、极限偏差、尺寸公差、极限间隙(或过盈)、平均间隙(或过盈)和配合公差,并画出尺寸公差带图。

2. 设某配合的孔径为 $\phi 45^{+0.005}_{-0.034}$,轴径为 $\phi 45^{0}_{-0.025}$,试分别计算其极限尺寸、极限偏差、尺寸公差、极限间隙(或过盈)及配合公差,画出其尺寸公差带图,并说明其配合类别。

3. 若已知某孔、轴配合的公称尺寸为 $\phi 30$ mm,最大间隙 $X_{\max} = +23$ μm,最大过盈 $Y_{\max} = -10$ μm,孔的尺寸公差 $T_D = 20$ μm,轴的上偏差 $es = 0$,试画出其尺寸公差带图。

4. 已知某零件的公称尺寸为 $\phi 50$ mm,试用计算法确定 IT7 和 IT8 的标准公差值,并按优先数系插入法求 IT7.5、IT8.5 及 IT7.25、IT8.25 的公差值。

5. 有两种轴,其中 $d_1 = \phi 5$ mm,其公差值 $T_{d_1} = 5$ μm,$d_2 = 180$ mm,其公差值 $T_{d_2} = 25$ μm。试比较这两种轴加工的难易程度。

6. 试用标准公差和基本偏差数值表查出下列公差带的上、下偏差数值,并写出在零件图上采用极限偏差的数值标注形式。

(1) 轴:①$\phi 32$d8,②$\phi 70$h11,③$\phi 28$k7,④$\phi 80$p6,⑤$\phi 120$v7。

(2) 孔:①$\phi 40$C8,②$\phi 300$M6,③$\phi 30$JS6,④$\phi 6$J6,⑤$\phi 35$P8。

7. 根据 $\phi 50 \dfrac{H6}{r5} \left({}^{+0.016}_{0} / {}^{+0.045}_{+0.034} \right)$, $\phi 50 \dfrac{H8}{e7} \left({}^{+0.039}_{0} / {}^{-0.050}_{-0.075} \right)$,试确定其配合公差、IT5、IT6、IT7、IT8 的标准公差值和 $\phi 50$e5、$\phi 50$E8 极限偏差。

8. 根据 $\phi 30$N7 $\left({}^{-0.007}_{-0.028} \right)$ 和 $\phi 30$t6 $\left({}^{+0.054}_{+0.041} \right)$,试计算 $\phi 30 \dfrac{H7}{n6}$ 与 $\phi 30 \dfrac{T7}{h6}$ 的配合公差,并画出尺寸公差带图。

9. 试查标准公差和基本偏差数值表确定下列孔、轴公差带代号。

① 轴 $\phi 40^{+0.033}_{+0.017}$;② 轴 $\phi 18^{+0.046}_{+0.028}$;③ 孔 $\phi 65^{-0.03}_{-0.06}$;④ 孔 $\phi 240^{+0.285}_{+0.170}$。

10. 设孔、轴公称尺寸和使用要求如下:

(1) $D(d) = \phi 35$ mm,$X_{\max} \leqslant +120$ μm,$X_{\min} \geqslant +50$ μm;

(2) $D(d) = \phi 40$ mm,$Y_{\max} \geqslant -80$ μm,$Y_{\min} \leqslant -35$ μm;

(3) $D(d) = \phi 60$ mm,$X_{\max} \leqslant +50$ μm,$Y_{\max} \geqslant -32$ μm。

试确定各组的配合制、标准公差等级及其配合,并画出尺寸公差带图。

11. 图 3.35 所示为蜗轮零件。蜗轮的轮缘由青铜制成,而轮毂由铸铁制成。为了使轮缘和轮毂结合成一体,在设计上可以有两种结合形式,图 3.35(a) 为螺栓紧固,图 3.35(b) 为无紧固件。若蜗轮工作时承受负荷不大,且有一定的对中性要求,试按类比法确定 ϕ90 mm 和 ϕ120 mm 处的配合。

轮缘   轮缘

轮毂   轮毂

ϕ90 ϕ120

(a)   (b)

图 3.35   作业题 11 图

12. 被检验零件轴尺寸为 ϕ60f9Ⓔ,试确定验收极限,并选择适当的计量器具。

13. 被检验零件为孔 ϕ100H9Ⓔ,工艺能力指数为 $C_p = 1.3$,试确定验收极限,并选择适当的计量器具。

14. 某轴的尺寸要求为 ϕ50h8,因用试切法加工的,其尺寸分布偏向于上极限尺寸,试确定验收极限。若选用 Ⅱ 挡测量不确定度允许值为 u_1 时,选择适当的计量器具。

15. 某零件内尺寸为 120 mm 的未注公差的线性尺寸,其加工精度按 GB/T 1804 – f 的要求,试确定其验收极限并选择适当的计量器具。

16. 已知某孔的尺寸要求为 ϕ30M8,画出检验该孔的工作量规的公差带图,计算量规的工作尺寸和极限偏差,并确定其磨损极限尺寸。

17. 计算检验轴 ϕ18p7 用的工作量规及其校对量规的工作尺寸及极限偏差,画出量规的尺寸公差带图。

第 **4** 章

几何精度设计与检测

4.1 概　　述

4.1.1 零件几何误差的产生及其影响

对机械零件几何要素规定合理的形状、方向和位置等精度（简称几何精度）要求，用以限制其形状、方向和位置误差（简称几何误差），从而保证零件的装配要求和保证产品的工作性能。

图样上给出的零件都是没有误差的理想几何体，但是，由于在加工中机床、夹具、刀具和工件所组成的工艺系统本身存在各种误差，以及加工过程中出现受力变形、振动、磨损等各种干扰，致使加工后的零件的实际形状、方向和相互位置，与理想几何体的规定形状、方向和线、面相互位置存在差异，这种形状上的差异就是形状误差，方向上的差异就是方向误差，而相互位置的差异就是位置误差，统称为几何误差。

图 4.1(a) 为一阶梯轴图样，要求 ϕd_1 表面为理想圆柱面，ϕd_1 轴线应与 ϕd_2 左端面相垂直。图 4.1(b) 为完工后的实际零件，ϕd_1 表面的圆柱度不好，ϕd_1 轴线与 ϕd_2 左端面也不垂直，前者称为形状误差，后者称为方向误差。

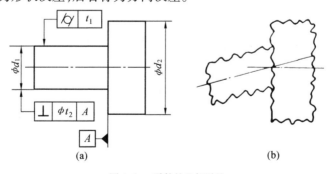

图 4.1　零件的几何误差

零件的几何误差对使用性能的影响可归纳为以下三个方面：

1.影响零件的功能要求

例如，机床导轨表面的直线度、平面度不好，将影响机床刀架的运动精度。齿轮箱上各轴承孔存在的位置误差，将影响齿轮传动的齿面接触精度和齿侧间隙的大小。

2. 影响零件的配合性质

例如,圆柱结合的间隙配合,圆柱表面的形状误差会使间隙大小分布不均,当配合件有相对转动时,磨损加快,降低零件的工作寿命和运动精度。

3. 影响零件的自由装配

例如,轴承盖上各螺钉孔的位置不正确,用螺栓在机座上紧固时,就有可能影响其自由装配。

总之,零件的几何误差对其工作性能的影响不容忽视,它是衡量机器、仪器产品几何的精度重要指标。

4.1.2 零件几何误差的研究对象 —— 几何要素

任何机械零件都是由点、线、面组合而成的,这些构成零件几何特征的点、线、面称为几何要素。图4.2所示的零件就是由多种几何要素组成的。

为了便于研究几何公差和几何误差,零件的几何要素可以从不同的角度进行分类。

1. 按结构特征分

(1)组成要素

组成要素(轮廓要素)是指零件实际表面和表面上的线,或表面模型上的几何要素。例如图4.2中的球面、圆锥面、平面和圆柱面及素线。

图4.2   零件的几何要素

组成要素中按存在状态又可分为:

① 公称组成要素 —— 是指由技术制图或其他方法确定的理论正确组成要素(通常称为理想要素)。例如图4.3(a)中的公称组成要素。

② 实际(组成)要素 —— 是指加工后零件上实际存在的要素,如图4.3(b)所示。

③ 提取组成要素 —— 是指按规定的方法,由实际(组成)要素提取(测得)有限数目的点所形成的实际(组成)要素的近似替代。如图4.3(c)中的提取组成要素。

在评定几何误差时,通常以提取组成要素代替实际(组成)要素。

④ 拟合组成要素 —— 是指按规定的方法由提取组成要素形成的并具有理想形状的组成要素,如图4.3(d)所示。

图4.3   几何要素定义之间的相互关系(摘自 GB/T 18780.1—2002)

（2）尺寸要素

尺寸要素是指由一定大小的线性尺寸或角度尺寸确定的几何形状。如图 4.2 中球形、圆柱形和圆锥形。还有两个相对平行的平表面和楔形等。

（3）导出要素（中心要素）

导出要素是指实际不存在于零件实际表面上的几何要素，其本质不是公称组成要素。例如，图 4.2 中球心是由组成要素球面得到的导出要素（中心点），轴线是由组成要素圆柱面和圆锥面得到的导出要素（中心线）。

导出要素中按存在状态又可分为：

① 公称导出要素 —— 是指由一个或几个公称组成要素导出的中心点、轴线或中心平面。如图 4.3（a）中的公称导出要素。

② 提取导出要素 —— 是指由一个或几个提取组成要素得到的中心点、中心线或中心面。如图 4.3（c）中的提取导出的中心线。

② 拟合导出要素 —— 是指由一个或几个拟合组成要素导出的中心点、轴线或中心平面，如图 4.3（d）所示。

2. 按检测关系分

（1）被测要素

被测要素是指图样上给出了几何公差要求的要素，也就是需要研究和测量的要素。如图 4.1（a）中 ϕd_1 表面及其轴线为被测要素。

被测要素按其功能要求又可分为：

① 单一要素 —— 是指对要素本身给出形状公差要求的被测要素。如图 4.1（a）ϕd_1 表面为单一要素。

② 关联要素 —— 是指相对基准要素有方向、位置或（和）跳动公差功能要求而给出方向公差和位置公差要求的被测要素。如图 4.1（a）中 ϕd_1 轴线为关联要素。

（2）基准要素

基准要素是指图样上规定用来确定被测要素的方向或位置的要素。理想的基准要素称为基准，它是由基准要素建立。如图 4.1（a）中 ϕd_2 的左端面为基准要素。

应当指出，基准要素按本身功能要求可以是单一要素也可以是关联要素。

4.1.3　几何公差特征项目及符号

几何公差的类型、几何公差特征项目及其符号见表 4.1。

几何公差分为形状公差、方向公差、位置公差和跳动公差四种类型。其中形状公差是对单一要素提出的特征项目，因此，与基准不相关；方向公差、位置公差和跳动公差是对关联要素提出的几何公差项目，因此，在大多数情况下都有基准的。

几何公差的附加符号见表 4.2。

表 4.1　几何公差特征项目及符号(摘自 GB/T 1182—2018)

公差类型	特征项目	符号	有无基准	公差类型	特征项目	符号	有无基准
形状公差	直线度	—	无	位置公差	位置度	⊕	无
							有
	平面度	▱	无		同心度（用于中心点）	◎	有
	圆　　度	○	无		同轴度（用于轴线）	◎	有
	圆柱度	⌀	无				
	线轮廓度	⌒	无		对称度	⊜	有
	面轮廓度	⌓	无		线轮廓度	⌒	有
方向公差	平行度	//	有		面轮廓度	⌓	有
	垂直度	⊥	有	跳动公差	圆跳动	↗	有
	倾斜度	∠	有				
	线轮廓度	⌒	有		全跳动	↗↗	有
	面轮廓度	⌓	有				

表 4.2　本标准中和在其他标准中定义的附加符号(摘自 GB/T 1182—2018)

描述	符号	描述	符号
组合规范元素		被测要素标识符	
组合公差带	CZ	区间	←→
独立公差带	SZ	联合要素	UF
不对称公差带		小径	LD
（规定偏置量的）偏置公差带	UZ	大径	MD
公差带约束		中径／节径	PD
（未规定偏置量的）线性偏置公差带	OZ	全周(轮廓)	
（未规定偏置量的）角度偏置公差带	VA	全表面(轮廓)	
拟合被测要素		公差框格	
最小区域(切比雪夫)要素	Ⓒ	无基准的几何规范标注	
最小二乘(高斯)要素	Ⓖ	有基准的几何规范标注	B
最小外接要素	Ⓝ		

续表 4.2

描述	符号	描述	符号
贴切要素	Ⓣ	**辅助要素标识符或框格**	
		任意横截面	ACS
最大内切要素	Ⓧ	相交平面框格	◁// B　◁⊥ B　◁∠ B　◁≡ B
导出要素		定向平面框格	◁// D▷　◁⊥ D▷　◁∠ D▷
中心要素	Ⓐ		
延伸公差带	Ⓟ	方向要素框格	←// C　←⊥ C　←∠ C　←/ C
评定参照要素的拟合			
无约束的最小区域（切比雪夫）拟合被测要素	C	组合平面框格	◯// A
实体外部约束的最小区域（切比雪夫）拟合被测要素	CE	**理论正确尺寸符号**	
		理论正确尺寸(TED)	50
实体内部约束的最小区域（切比雪夫）拟合被测要素	CI	**实体状态**	
		最大实体要求	Ⓜ
无约束的最小二乘（高斯）拟合被测要素	G	最小实体要求	Ⓛ
		可逆要求	Ⓡ
实体外部约束的最小二乘（高斯）拟合被测要素	GE	**状态的规范元素**	
		自由状态(非刚性零件)	Ⓕ
实体内部约束的最小二乘（高斯）拟合被测要素	GI	**基准相关符号**	
最小外接拟合被测要素	N	基准要素标识	□E ▲
最大内切拟合被测要素	X		
参　数		基准目标标识	φ4/A1
偏差的总体范围	T	接触要素	CF
峰值	P	仅方向	＞＜
谷深	V	**尺寸公差相关符号**	
标准差	Q	包容要求	Ⓔ

4.2　几何公差在图样上标注的方法

几何公差在图样上规范标注的内容为公差框格 1,辅助平面和要素框格 2,相邻(补充)标注 3,以及参照线 4 和指引线 5,如图 4.4 所示。

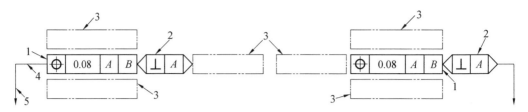

图 4.4　几何公差规范标注内容

几何公差框格应使用参照线、指引线与被测要素相连。如果没有可选的辅助平面或要素标注,参照线应与公差框格的左侧或右侧中点相连。如果有可选的辅助平面和要素标注,参照线应与公差框格的左侧中点或最后一个辅助平面和要素框格的右侧中点相连。此标注同时适用于二维与三维的标注。

4.2.1　公差框格

几何公差要求应标注在划分成两个或三个部分的矩形框格内,见图 4.4,第一个为特征项目符号部分,第二个为公差带、要素与特征部分,第三个为基准部分,基准部分可包含一至三格,这些部分为自左向右顺序排列。

1. 特征项目符号

公差框格第一部分,即第 1 格为几何特征项目符号,见表 4.1。

2. 公差带、要素与特征

公差框格第二部分,即第 2 格为公差带、要素与特征。表 4.3 为用于在公差框格的公差带、要素与特征部分的规范元素,并给出了这些元素应有的组别和标注顺序。除公差带宽度外(强制的),其余的元素都是可选的。在此,只讲公差带,其余的元素(要素与特征)方面的内容以后在标注和检测中介绍。

表 4.3　公差框格的公差带、要素与特征

公差带					公差特征				特征		材料(实体要求)	状态
形状	宽度和范围	组合规范元素	给定偏置量的偏置公差带规范元素	约束规范元素	滤波器		拟合被测要素	导出被测要素	参照拟合	参数		
					类型	指数						
ϕ $S\phi$	0.02 0.02 − 0.01 0.1/75 0.1/75 × 75 0.2/ϕ4 0.2/75 × 30° 0.3/10 × 30°	CZ SZ	UZ + 0.2 UZ − 0.3 UZ + 0.1: + 0.2 UZ + 0.2: − 0.3 UZ − 0.2: − 0.3	OZ VA > <	G S etc.	0.8 ~ 250 0.8 ~ 250 500 ~ 15 500 ~ 15 等	ⓒ ⓖ ⓝ ⓣ ⓧ	Ⓐ Ⓟ Ⓟ25 Ⓟ32−7	C CE Cl G GE Gl X N	P V T Q	Ⓜ Ⓛ Ⓡ	Ⓕ

几何公差带是指由一个或两个理想的几何线要素或面要素所限定的、由一个或多个线的线性尺寸表示其公差值大小的区域,它是限制实际被测要素变动的区域。若被测实际要素全部位于公差带内,则零件合格;反之则不合格。几何公差带具有形状、大小、方向和位置四个特征,该四个特征将在标注中都能体现出来。

几何公差带形状是由被测要素的几何形状、特征项目和标注形式决定。表 4.4 列出了 16 种几何公差带的主要形状。

表 4.4　几何公差带的主要形状

形　状	说　明	形　状	说　明
	两条平行直线之间的区域		一个圆柱面内的区域
	两条等距曲线之间的区域		两同轴圆柱面之间的区域
	两个同心圆之间的区域		两个平行平面之间的区域
	一个圆内的区域		两个等距曲面之间的区域
	一个圆球面内的区域		两个不等距曲面之间的区域
	在一个圆锥面上的两个平行圆之间的区域		两个不平行平面之间的区域
	两个直径相同的平行圆之间的区域		
	一个圆锥内的区域		两条不平行直线之间的区域
	两条不等距曲线之间的区域		

几何公差带大小是用它的宽度或直径表示,由给定的公差值 t 决定。如果公差带是圆形、圆柱形、圆管形,公差值前应标注符号"ϕ",如果是球形,应标注"$S\phi$",图4.5(d) 和(e) 公差值是强制性的规定元素,它应以线性尺寸所使用的单位(mm) 给出。公差带默认具有恒定的宽度。如果公差带宽度在两个值之间发生线性变化,这两数值之间应采用"—"分开,如图4.5(g) 所示,表示在被测要素上从 K 到 N 之间公差值从 0.1 到 0.2 按比例变化。

如果公差带宽度的变化是非线性的,应通过其他方式标注。

公差默认适用于整个被测要素。如果公差适用于整个要素内的任何局部区域,则应使用线性与/或角度单位(如适用) 将局部区域的范围添加在公差值后面,并用斜杠分开,如图 4.5(h) 所示。

几何公差带的方向一般默认为公差值给的公差带宽度方向,即被测要素的法向。对于导出要素(中心线和中心点) 公差带的方向应使用定向平面框格确定。

几何公差带的位置一般默认其中心位于理论正确要素(TEF) 上,TEF 作为参照要素,公差带对称于参照要素。否则,应另有标注。

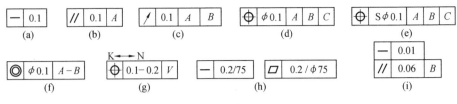

图 4.5   公差框格

3. 基准

公差框格第三部分为基准字母,即第三至第五格,如图 4.5 所示。

关联要素的方向、位置和跳动公差的位置由基准或基准体系来确定。基准分单一基准、公共基准(组合基准)和三基面体系三类。

单一基准是由一个基准要素建立的基准,它从一个单一表面或一个尺寸要素中获得,用一个大写字母表示,如 4.5(b)所示。

公共基准是由两个同时为基准要素建立的组合(作为一个)基准,中间用短横线隔开的不同的大写字母表示,如图 4.5(f)所示。

多基准是由两个或三个单一基准或公共基准建立的基准体系,表示基准的大写字母按基准的优先顺序自左至右填写在公差框格内,如图 4.5(c)和(d)所示。

4.2.2   辅助平面与要素框格

辅助平面与要素框格有相交平面框格、定向平面框格、方向要素框格和组合平面框格四种,这些均可标注在公差框格的右侧。如果需标注其中的若干个,应按相交平面框格、定向平面框格或方向要素框格(此两个不应一同标注)和组合平面框格的顺序标注在公差框格右侧。当标注此类框格中的任何一个时,参照线可连接于公差框格的左侧或右侧,或最后一个可选框格的右侧,如图 4.4 所示。

1. 相交平面框格

相交平面是由零件的提取要素建立的平面,用于标识该面上的线要素(组成要素或中心要素)或提取线上的点要素。

(1)相交平面的作用。用它确定相交平面上线要素要求的方向。

仅当面要素为回转型(如圆锥或圆环)、圆柱型(如圆柱)和平面型(如平面)时,才可构建相交平面族。

(2)相交平面框格。相交平面应使用相交平面框格标注,它作为公差框格的延伸部分标注在其右侧。相交平面框格有四种形式,见表 4.2。用特征符号定义相交平面相对于基准的构建方式,并将其放置在相交平面框格的第一格,其基准字母放置在第二格。

(3)相交平面的应用规则。若几何公差标注中包含相交平面框格,则应符合下列规则:当被测要素是组成要素上的线要素时,应标注相交平面框格,以免产生误解,除非被测要素是圆柱、圆锥或球的直线度或圆度。

当被测要素是在一个给定方向上的所有线要素,而且特征符号并未明确表明被测要素是平面要素还是该要素上的线要素时,应使用相交平面框格表示出被测要素是要素上的线要素及这些线要素的方向,如图 4.6 所示,此时被测要素是

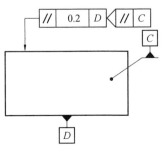

图 4.6   相交平面框格示例

该面要素上与基准 C 平行的所有线要素。

2. 定向平面框格

定向平面是由提取要素建立的平面,用于标识公差带的方向。

(1)定向平面的作用。在下列情况中应标注定向平面框格:

被测要素是中心线或中心点,且公差带的宽度是由两平行平面限定的,或被测要素是中心点,公差带是由一个圆柱限定的,且公差带要相对于其他要素定向,且该要素是基于零件的提取要素构建的,能够标识公差带的方向。

被测要素是矩形局部区域时,也可以标注定向平面。

仅当面要素为回转型、圆柱型和平面型时,才可用于构建定向平面。

(2)定向平面框格。定向平面应使用定向平面框格,它有三种形式,见表 4.2。

(3)定向平面的应用规则。几何公差标注中包含定向平面框格,则应符合下列规则:

当定向平面所定义的角度等于 0° 或 90° 时,应分别使用平行度符号或垂直度符号。

当定向平面所定义的角度不是 0° 或 90° 时,应使用倾斜度符号,并且应明确地定义出定向平面与定向平面框格中的基准之间的理论夹角,如图 4.7 所示。

当公差框格标注有一个或多个基准时,定向平面应按照平行于、垂直于、或保持特定的角度于定向平面框格构建,同时受公差框格内基准的约束(默认 0° 或 90° 角,或使用 TED 明确标

图 4.7 定向平面框格的标注示例

注的角度)。公差框格中的基准在定向平面框格所构建的定向平面之前按特定顺序规定。若定向平面框格所标注的基准也标注在公差框格中,则定向平面框格只受标注在它前面的公差框格内的基准约束。

3. 方向要素框格

方向要素是由零件的提取要素建立的理想要素。用于标识公差带宽度(局部偏差)的方向。

(1)方向要素的作用。当被测要素是组成要素且公差带宽度的方向与面要素不垂直时,应使用方向要素确定公差带宽度的方向。另外,应使用方向要素标注非圆柱体或球体的回转体表面圆度的公差带宽度方向。

在二维标注中,仅当指引线的方向以及公差带宽度的方向使用 TED 标注时,指引线的方向才是公差带宽度的方向。

仅当面要素为回转型、圆柱型和平面型时,才可用于构建方向要素。

(2)方向要素框格。方向要素的框格是公差框格的延伸部分,它标注在其右侧。方向要素框格有四种形式,见表 4.2。

(3)方向要素的应用规则。当被测要素是组成要素,且公差带的宽度与规定的几何要素非法向关系,或对非圆柱体或球体的回转体表面使用圆度公差时,应标注方向要素,见图 4.8。

若几何公差规范中包含方向要素框格,则应符合下列规则:

① 当方向定义为与被测要素的面要素垂直时,应使用跳动符号,并且被测要素(或其导出要素)应在方向要素框格中作为基准标注。

②当方向所定义的角度为等于 0° 或 90° 时,应分别使用平行度符号或垂直度符号。

③当方向所定义的角度不是 0° 或 90° 时,应使用倾斜度符号,而且应明确地定义出方向要素与方向要素框格的基准之间的 TED 夹角。

4. 组合平面框格

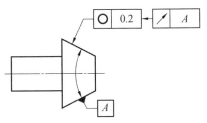

图 4.8　方向要素框格的标注示例

组合平面是由零件上的要素建立的平面,用于定义封闭的组合连续要素。组合连续要素是由单一要素无缝组合在一起的单一要素,它可以是封闭的或非封闭的。

(1) 组合平面的作用。当几何公差标注"全周"符号,应使用组合平面。组合平面可标识一个平行平面族,用来标识"全周"标注所包含的要素。

可用于相交平面的同一类要素也可用于构建组合平面。

(2) 组合平面的框格。组合平面框格是公差框格的延伸部分,它标注在公差框格的右侧。组合平面框格见表 4.2。

(3) 组合平面的应用规则。

当使用"全周"符号标识适用于要素集合的规范时,应标注组合平面。组合平面可标识一组单一要素,与平行于组合平面的任意平面相交为线要素或点要素。图 4.9(a)(b) 为封闭组合且连续的表面上的一组线素上(由组合平面所定义的)的全周图样标注,应将用于标识相交平面的相交平面框格布置在公差框格与组合平面框格之间。图样上的标注要求为组合公差带(CZ),适用于在所有横截面中的线 a、b、c 与 d,见图 4.9(c)。

图 4.9　组合平面框格的标注示例

4.2.3　被测要素的标注方法

1. 被测要素为组成要素的标注

用带箭头的指引线从框格的任意一侧的中间引出,并且必须垂直该框格,它的箭头与被测要素相连。指引线引向被测要素时,可以弯折,一般只弯折一次。

在二维标注中,当公差涉及轮廓线或轮廓面(组成要素)时,箭头终止在该要素的轮廓线上或其延长线上(应与尺寸线明显错开),如图 4.10(a)(b) 所示;箭头也可终止在引出线的横线上,引出线引自被测面,如图 4.10(c) 所示。

在三维标注中,指引线终止在组成要素轮廓上或尺寸线上(但应与尺寸线明显分开)如图 4.10(d)(e) 所示。指引线的终点为指向延长线的箭头以及组成要素上的点。当该面要素可见时,该点为实心的,指引线为实线;当该面要素不可见时,该点是空心的,指引线为虚线。

指引线的终点可以放在使用指引横线上的箭头,并指向该面要素如图 4.10(f) 所示。此时指引线终点为圆点的上述规则也可适用。

图 4.10　被测要素为组成要素的标注

2. 被测要素为导出要素的标注

当导出的中心线、中心面或中心点有公差要求时,指引线箭头应终止在尺寸要素的尺寸线的延长线上,如图 4.11 所示。

图 4.11　被测要素为导出要素的标注

3. 被测要素为中心要素的标注

对于回转体也可用修饰符Ⓐ(中心要素)放置公差框格第二格内,如图4.12所示。

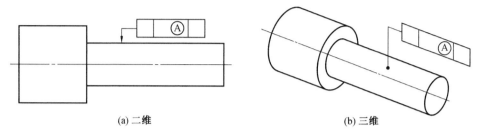

(a) 二维   (b) 三维

图 4.12 中心要素的标注

4.2.4 基准要素的标注方法

基准要素采用基准符号标注。基准符号由一个标注在基准方框内的大写字母用细实线与一个涂黑的三角形相连而组成,如图4.13所示。表示基准的字母也要标注在相应被测要素的公差框格内,无论基准要素的方向如何,基准方格中的字母都应水平书写。

(a)   (b)   (c)

图 4.13 基准符号

1. 基准要素为组成要素的标注

当基准要素是轮廓线或轮廓面(组成要素)时,基准三角形放置在要素的轮廓线或其延长线上(与尺寸线明显错开),也可放置在该轮廓面引出线的水平线上,如图4.14所示。

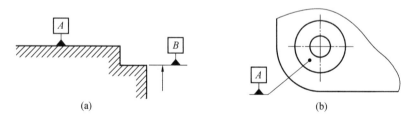

(a)   (b)

图 4.14 基准要素为组成要素的标注

2. 基准要素为导出要素的标注

当基准是导出的中心线、中心面或中心点时,基准三角形应放置在该尺寸线的延长线上,如图4.15(a)所示。如果没有足够的位置标注基准要素尺寸线的箭头,则箭头可用基准三角形代替,如图4.15(b)(c)所示。

(a)   (b)   (c)

图 4.15 基准要素为导出要素的标注

4.2.5　公差框格相邻区域的标注方法

在与公差框格的上、下和水平两个区域内可标注补充的标注,如图 4.16 所示。

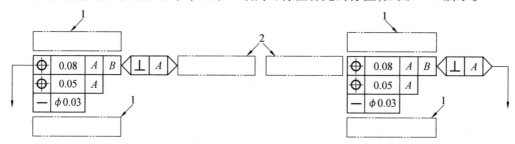

图 4.16　相邻标注区域

1— 上、下相邻的标注区域;2— 水平相邻的标注区域

适用于所有带指引线的公差框格的标注应在上或下部相邻的区域内标注。上下相邻标注区域的标注意义一致时,应采用上部相邻的区域。

仅适用于一个公差框格的标注应在此公差框格的水平相邻区域内标注。图 4.16 所示 2 为水平相邻标注区域的位置,取决于参照线连接在公差框格何端。

当只有一个公差框格时,仅使用一个相邻标注区域,此时优先选用上相邻的标注区域。

在上下相邻标注区域内的标注应左对齐。在水平相邻标注区域内的标注,如果位于公差框格的右侧,则应左对齐;如果位于公差框格的左侧,则应右对齐。

1. 公差框格相邻区域的标注示例

例 4.1　如果被测要素并非公差框格的指引线及箭头所标注的完整要素,则应给出指明被测要素的标注。如图 4.17(a)所示,用任意横截面的符号"ACS"表示被测要素为任何横截面。ACS 仅适用于回转体表面、圆柱表面或棱柱表面。

例 4.2　如果用于多个被测要素,则可使用 $n \times$ 或多根指引线标注被测要素。若将被测要素视为联合要素,则应增加 UF。图 4.17(b)为联合要素的标注示例。

例 4.3　局部要素的标注。用大写字母标出起止点位置。如果该点要素或线要素不在组成要素的边界上,则应用 TED 确定其位置。在公差框格上相邻区域内用区间符号"↔"表示。图 4.17(c)为被测要素是从线 J 开始到线 K 结束的上部面要素的标注示例。

例 4.4　变宽度公差带的标注。公差值一般默认为沿被测要素的长度方向保持定值。

对变宽度公差带的标注可以在被测要素上规定的两个位置之间从一个值到另一个值呈比例变化,两个数值应采用"—"分开标明。图 4.17(d)为使用区间符号的变宽度公差带标注示例。比例变量默认沿着连接两规定位置弧线的距离变化。图 4.17(e)为从 K 到 N 呈线性变化的公差带标注示例。

例 4.5　螺纹、齿轮和花键轴线的标注。如果以螺纹导出轴线为被测要素或基准要素,则默认为螺纹中径圆柱的轴线,否则应标注"MD"表示大径,标注"LD"表示小径,如图 4.17(f)所示。

以齿轮、花键轴线为被测要素或基准要素时,需注明所指的具体要素,如标注"PD"表示中径或节圆直径,"MD"表示大径,"LD"表示小径。

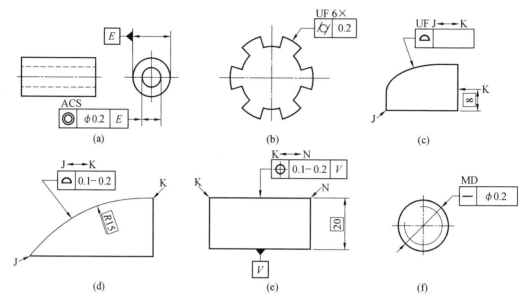

图 4.17   公差框格相邻区域的标注示例

2. 公差框格相邻区域的标注顺序

如果在相邻注区域内有不止一个标注,这些标注应按照以下顺序给出,在每个标注之间应留间隔:

(1)多个被测要素的标注,如 $n \times$ 或 $n \times m \times$,如 $8 \times \phi 10$。

(2)尺寸公差标注,例如 $8 \times 10H7$。

(3)与联合要素无关的"区间"标注,如图 4.17(c)中的底表面和右侧 $\boxed{8}$ 的表面。

(4)表示联合要素的 UF 以及用来表示构建每个联合要素的要素数量的 $n \times$ 的标注,如图 4.17(b)所示。

(5)表示横截面 ACS 的标注,如图 4.17(a)所示。

(6)表示螺纹与齿轮的 LD、PD 或 MD 的标注。

4.2.6   简化标注和附加标注

1. 简化标注

在保证读图方便和不会产生误解的情况下,可以简化几何公差的图样标注。

(1)同一被测要素有多项几何公差要求时,要求可在上、下堆叠的公差框格中给出。例如,图 4.18 为圆柱面有圆度、直线度公差和平行度公差要求的简化标注。将公差框格按公差值从上到下依次递减的顺序排布,参照线应连接于第一个公差框格左侧或右侧的中点,而非公差框格中间的延长线,此标注同时适用于三维的标注。

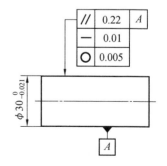

图 4.18   同一被测要素多项公差要求的简化标注

(2)几个单独要素有同一公差带要求时,可使用一个公差框格标注,如图 4.19 所示。图 4.19(a)中用三根指引线与公差框格相连和(b)图中在相邻区域区内标注 $3 \times A$

含义相同,但不可同时使用。

　　(3) 当组合公差带应用于几个独立的要素时,要求在公差框格内公差值后加注组合公差带符号 CZ,所有相关的单独公差带应采用 TED,或缺省的 TED 约束相互相互之间的位置和方向,如图 4.20 所示。

图 4.19　多个单独要素的简化标注

图 4.20　多个要素的组合公差带简化标注

2. 附加标注

(1) 全周与全表面(连续的封闭被测要素)的图样标注

① 全周的图样标注。如果将几何公差规范作为单独的要求应用到横截面的轮廓上,或将其作为单独的要求应用到封闭轮廓所表示的所有要素上,应使用全周符号"○"标注,并放置在公差框格的指引线与参照线的交点上(图 4.21)。在三维和二维标注中应使用组合平面框格。全周要求仅适用于组合平面所定义的面要素,而不是整个零件(图 4.21(c))。图样上所标注的要求作为单独要求适用于四个面要素 a、b、c、与 d,不包括面要素 e 与 f。

图 4.21　全周图样标注

② 全表面的图样标注。如果将几何公差规范作为单独的要求应用到工件的所有组成要素上,应用使用全表面符号"◎"标注。该要求适用于所有的面要素 a、b、c、d、e、f、g、h,并将其视为一个联合要素(图 4.22)。

　　除非基准参照系可锁定所有未受约束的自由度,否则"全周"或"全表面"应与 SZ(独立公差带),CZ(组合公差带)或 UF(联合要素)组合使用。

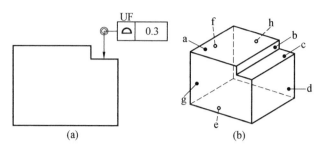

图 4.22　全表面图样标注

（2）局部区域的标注

①用粗长点划线来定义要求的部分表面,应使用理论正确尺寸 TED 定义其位置和尺寸,如图 4.23 所示。

②用阴影区域和粗长点划线来定义被测的部分表面,应使用 TED(或缺省尺寸)定义其位置和尺寸,如图 4.23(c)(d)所示。

图 4.23　局部区域标注

（3）理论正确尺寸的标注

当给出一个要素或一组要素上所标注的位置、方向或轮廓度公差时,分别用来确定其理论正确位置、方向或轮廓的尺寸称为理论正确尺寸(TED)。TED 可以明确标注,或缺省的。基准体系中基准之间的角度也用 TED 标注。理论正确尺寸不包含公差,并标注在一个方框中,如图 4.24 所示。实际要素的位置、方向或轮廓由其公差框格中的公差值控制。

（4）延伸公差带的标注

延伸公差带是指将被测要素的公差带延伸到零件实体之外,控制零件外部的公差,以保证相配零件与该零件配合时能顺利装入。延伸公差带用附加符号(修饰符) Ⓟ 表示,并注出其延伸的范围。

延伸公差带有直接标注和间接标注两种方式。

①直接标注。当使用"虚拟"的组成要素直接在图样上标注被测要素的投影长度,并以此表示延伸要素的相应部分时,该虚拟要素的标注方式应采用细长双点划线,同时延伸的长度应

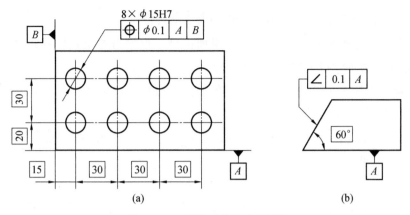

图 4.24　理论正确尺寸的标注

使用前面有修饰符Ⓟ的理论正确尺寸(TED)数值标注,如图 4.25(a)(c)所示。

②对于盲孔可以采用间接标注。当间接地在公差框格中标注延伸被测要素的长度时,数值应标注在修饰符Ⓟ的后面,如图 4.25(b)(d)所示。

在间接标注中,Ⓟ后的第一个数值为到延伸要素最远界限的距离,第二个数值(偏置量)前面有减号,表示到延伸要素最近界限的距离。延伸要素的长度为这两个数值的差值。偏置量若为零则不标,减号也可省略,如图 4.25(b)所示。

图 4.25　延伸公差带的标注

(5)自由状态的标注

对于非刚性零件自由状态下的公差要求,应采用附加符号 Ⓕ 表示,并标注在相应公差值的后面,如图 4.26 所示。

图 4.26　自由状态的标注

（6）最大实体要求、最小实体要求和可逆要求的标注

最大实体要求用附加符号Ⓜ表示。该附加符号可根据需要单独或者同时标注在相应公差值和（或）基准字母的后面，如图4.27所示。

最小实体要求用附加符号Ⓛ表示。该附加符号可根据需要单独或者同时标注在相应公差值和（或）基准字母的后面，如图4.28所示。

图4.27　最大实体要求的标注

图4.28　最小实体要求的标注

可逆要求用附加符号Ⓡ表示。

当可逆要求用于最大实体要求时，应在被测要素公差框格中的公差值后面标注双重符号Ⓜ Ⓡ，如图4.29（a）所示。

图4.29　可逆要求的标注

当可逆要求用于最小实体要求时，应在被测要素公差框格中的公差值后面标注双重符号Ⓛ Ⓡ，如图4.29（b）所示。

4.2.7　几何公差及其图样标注示例

几何公差是实际被测要素对图样上给定的理想形状、理想方向和理想位置的允许变动量。即形状公差是指实际单一要素的形状所允许的变动量；方向、位置和跳动公差是指实际关联要素相对于基准（或基准和理论正确尺寸）的方向或位置所允许的变动量。

1. 形状公差

形状公差是控制被测要素为线要素或面要素。形状公差有直线度、平面度、圆度和圆柱度等主要几何公差特征项目。

直线度的被测要素可以是组成要素或导出要素，其公称被测要素的属性与形状为明确给定的直线或一组直线要素，属线要素。

平面度的被测要素可以是组成要素或导出要素，其公称被测要素的属性和形状为明确给定的平表面，属面要素。

圆度的被测要素是组成要素，其公称被测要素的属性与形状为明确给定的圆周线或一组圆周线，属线要素。圆柱要素的圆度要求可应用在与被测要素轴线垂直的横截面上。球形要素的圆度要求可用在包含球心的横截面上；非圆柱体或球体的回转体表面应标注方向要素（框格）。

圆柱度的被测要素是组成要素，其公称被测要素的属性与形状为明确给定的圆柱表面中，属面要素。

形状公差的标注示例及其公差带定义见表4.5。

表 4.5　直线度、平面度、圆度和圆柱度公差的标注示例及公差带定义（摘自 GB/T 1182—2018）

特征项目	标注示例及解释	公差带定义
直线度公差	在由相交平面框格规定的平面内,上表面的提取(实际)线应限定在间距等于0.1 的两平行直线之间 (a) 二维 (b) 三维	公差带为在平行于(相交平面框格给定的)基准 A 的给定平面内与给定方向上、间距等于公差值 t 的两平行直线所限定的区域 注:a— 基准 A;b— 任意距离;c— 平行于基准 A 的相交平面
直线度公差	圆柱表面的提取(实际)棱边应限定在间距等于0.1 mm 的两平行平面之间 (a) 2D　　　(b) 3D	公差带为间距等于公差值 t 的两平行面所限定的区域
直线度公差	圆柱面的提取(实际)中心线应限定在直径等于 $\phi0.08$ mm 的圆柱面内 (a) 二维　　(b) 三维	由于公差值前加注了直径符号 ϕ,所以定义的公差带为直径等于公差值 ϕt 的圆柱面所限定的区域
平面度公差	提取(实际)表面应限定在间距等于 0.08 mm 的两平行面之间 (a) 二维　　　(b) 三维	公差带为间距等于公差值 t 的两平行平面所限定的区域

续表4.5

特征项目	标注示例及解释	公差带定义
圆度公差	在圆柱面与圆锥面的其任意横截面内,提取(实际)圆周应限定在半径差等于0.03 mm的两共面同心圆之间。这是圆柱表面的缺省应用方式,而对于圆锥表面则应使用方向要素框格进行标注	公差带为在给定横截面内,半径差等于公差值 t 的两个同心圆所限定区域
圆柱度公差	提取(实际)圆柱表面应限定在半径差等于0.1 mm的两同轴圆柱面之间	公差带为半径差等于公差值 t 的两个同轴圆柱面所限定的区域

2. 方向公差

方向公差的被测要素可以是组成要素或导出要素,其公称被测要素的属性可以是线性要素、一组线性要素或面要素。公称被测要素的形状由直线或平面要素明确给定。当被测要素是公称平面,且被测要素是该平面上的一组直线时,应标注相交平面框格。应使用缺省的 TED(0° 或 90°)定义锁定在公称被测要素与基准之间的 TED 角度。

方向公差有平行度、垂直度和倾斜度等主要特征项目。方向公差是指实际关联要素相对于基准要素的理想方向的允许变动量。它们有被测平面相对于基准平面(面对面)、被测平面相对于基准直线(面对线)、被测直线相对于基准平面(线对面)和被测直线相对于基准直线(线对线)四种形式。

方向公差带有形状和大小要求外,还有规定的方向要求。

　　方向公差带能把同一被测要素的形状误差控制在方向公差带内。因此,对某一被测要素给出方向公差后,仅在对其形状精度有进一步要求时,才另外给出形状公差,但其公差值要小于方向公差值。例如图 4.30 所示。

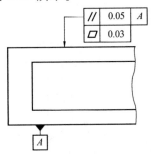

图 4.30　被测表面同时有平行度和平面度公差要
　　　　　求的标注

　　常用的平行度、垂直度和倾斜度的标注示例及公差带的定义见表 4.6。

表 4.6　常用平行度、垂直度和倾斜度公差的标注示例及公差带的定义(摘自 GB/T 1182—2018)

续表4.6

特征项目		标注示例及解释	公差带定义
平行度公差	线对基准线的平行度	提取(实际)中心线应限定在平行于基准轴线 A、直径等于 φ0.03 的圆柱面内 (a) 二维　　(b) 三维	若公差值前加注了符号 φ,则公差带为平行于基准轴线、直径等于公差值 φt 的圆柱面所限定的区域 基准A
	线对基准体系的平行度	提取(实际)中心线应限定在间距等于0.1、平行于基准轴线 A 的两平行平面之间。限定公差带的平面均平行于由定向平面框格规定的基准平面 B。基准 B 为基准 A 的辅助基准 (a) 二维　　(b) 三维	公差带为间距等于公差值 t、平行于两基准且沿规定方向的两平行平面所限定的区域 基准B 基准A
	线对基准体系的平行度	每条由相交平面框格规定的,平行于基准面 B 的提取(实际)线,应限定在间距等于0.02、平行于基准平面 A 的两平行线之间。基准 B 为基准 A 的辅助基准 (a) 二维 (b) 三维	公差带为间距等于公差值 t 的两平行直线所限定的区域。该两平行直线平行于基准平面 A 且处于平行于基准平面 B 的平面内 基准B 基准A

续表4.6

特征项目		标注示例及解释	公差带定义
垂直度公差	面对基准面的垂直度	提取(实际)面应限定在间距等于0.08、垂直于基准平面 A 的两平行平面之间 (a) 二维　　(b) 三维	公差带为间距等于公差值 t、垂直于基准平面 A 的两平行平面所限定的区域 基准 A
	面对基准线的垂直度	提取(实际)面应限定在间距等于0.08的两平行平面之间。该两平行平面垂直于基准轴线 A (a) 二维　　(b) 三维	公差带为间距等于公差值 t 且垂直于基准轴线的两平行平面所限定的区域 基准 A
	线对基准面的垂直度	圆柱面的提取(实际)中心线应限定在直径等于 $\phi0.01$、垂直于基准平面 A 的圆柱面内 (a) 二维　　(b) 三维	若公差值前加注符号 ϕ，则公差带为直径等于公差值 ϕt，轴线垂直于基准平面的圆柱面所限定的区域 基准 A
	线对基准线的垂直度	提取(实际)中心线应限定在间距等于0.06、垂直于基准轴 A 的两平行平面之间 (a) 二维　　(b) 三维	公差带为间距等于公差值 t、垂直于基准轴线的两平行平面所限定的区域 基准 A

续表4.6

特征项目		标注示例及解释	公差带定义
垂直度公差	线对基准体系的垂直度	圆柱面的提取(实际)中心线应限定在间距等于0.1的两平行平面之间。该两平行平面垂直于基准平面 A,且方向由基准平面 B 规定。基准 B 为基准 A 的辅助基准 (a) 二维 (b) 三维	公差带为间距等于公差值 t 的两平行平面所限定的区域。该两平行平面垂直于基准平面 A 且平行于辅助基准 B
倾斜度公差	面对基准面的倾斜度	提取(实际)表面应限定在间距等于0.08的两平行平面之间。该两平行平面按理论正确角度40°倾斜于基准平面 A (a) 二维　　(b) 三维	公差带为间距等于公差值 t 的两平行平面所限定的区域。该两平行平面按规定角度倾斜于基准平面
	线对公共基准线的倾斜度	提取(实际)中心线应限定在间距等于0.08的两平行平面之间。该两平行平面按理论正确角度60°倾斜于公共基准轴线 A－B (a) 二维 (b) 三维	公差带为间距等于公差值 t 的两平行平面所限定的区域。该两平行平面按规定角度倾斜于基准轴线。被测线与基准线在不同的平面内

3. 位置公差

位置公差主要有同心度、同轴度、对称度和位置度等特征项目。

同心度与同轴度的被测要素是导出要素,其公称被测要素的属性与形状是点要素,一组点要素或直线要素。当所标注的要素的公称状态为直线,且被测要素为一组点时,应标注 ACS(任意横截面)。此时,每个点的基准也是同一横截面上的一个点。锁定在公称被测要素与基准之间的角度与线性尺寸则由缺省的 TED 给定。

对称度的被测要素可以是组成要素或导出要素。其公称被测要素的形状与属性可以是点要素、一组点要素、直线、一组直线或平面。当所标注的要素的公称状态为平面,且被测要素为该表面上的一组直线时,应标注相交平面框格。当所标注的要素的公称状态为直线,且被测要素为线要素上的一组点要素时,应标注 ACS。此时,每个点的基准都是在同一横截面上的一个点。在公差框格中应至少标注一个基准,且该基准可锁定公差带的一个未受约束的转换。锁定公称被测要素与基准之间的角度及线性尺寸可由缺省的 TED 给定。

如果所有相关线性 TED 均为零,对称度公差则可应用在所有位置度公差的场合。

位置度的被测要素可以是组成要素或导出要素,其公称被测要素的属性为一个组成要素或导出的点、直线或平面,或为导出曲线或导出曲面。公称被测要素的形状除直线与平面外,应通过图样上完整的标注明确给定。

位置公差带能把同一被测要素的形状误差和方向误差都控制在位置公差带区域内。因此,对某一被测要素给出位置公差后,一般不再给出形状公差和方向公差。若对形状或方向精度有进一步要求,则另行给出形状公差或方向公差,应遵守形状公差值小于方向公差值,方向公差值小于位置公差值的原则,如图 4.31 所示。

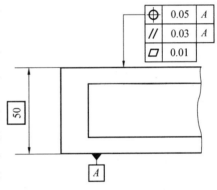

图 4.31   被测表面同时有平面度、平行度和位置度公差要求的标注示例

常用的同心度、同轴度、对称度和位置度公差标注示例及公差带定义见表 4.7。

表 4.7   常用同心度、同轴度、对称度和位置度公差标注示例及公差带定义

(摘自 GB/T 1182—2018)

特征项目		标注示例及解释	公差带定义
同心度和同轴度公差	点的同心度	在任意横截面内,内圆的提取(实际)中心应限定在直径等于 $\phi0.1$、以基准点 A(在同一横截面内)为圆心的圆周内 (a) 二维 (b) 三维	公差带为直径等于公差值 ϕt 的圆周所限定的区域。公差值之前应使用符号"ϕ"。该圆周公差带的圆心与基准点重合 基准点 A

续表4.7

特征项目		标注示例及解释	公差带定义
同心度和同轴度公差	轴线的同轴度	被测圆柱的提取(实际)中心线应限定在直径等于 $\phi0.1$、以基准轴线 A 为轴线的圆柱面内 (a) 二维　　(b) 三维	因为公差值之前使用了符号"ϕ",所以公差带为直径等于公差值 ϕt 的圆柱面所限定的区域。该圆柱面的轴线与基准轴线重合
对称度公差	中心平面的对称度	提取(实际)中心面应限定在间距等于0.08、对称于公共基准中心平面 $A{-}B$ 的两平行平面之间 (a) 二维　　(b) 三维	公差带为间距等于公差值 t、对称于基准中心平面的两平行平面所限定的区域 公共基准中心平面 $A{-}B$
位置度公差	导出点的位置度	提取(实际)球心应限定在直径等于 $S\phi0.3$ 的圆球面内。该圆球面的中心与基准平面 A、基准平面 B、基准中心平面 C 及被测球所确定的理论正确位置一致 (a) 二维　　(b) 三维	因为公差值前加注 $S\phi$ 所以公差带为直径等于公差值 $S\phi t$ 的圆球面所限定的区域。该圆球面的中心位置由相对于基准 A、B、C 的理论正确尺寸确定 基准A　基准C　基准B

续表4.7

特征项目		标注示例及解释	公差带定义
位置度公差	线的位置度	各条刻线的提取(实际)中心线应限定在距离等于0.1、对称于基准面A、B与被测线所确定的理论正确位置的两平行平面之间	六个被测要素的每个公差带为间距等于公差值t,对称于要素中心线的两平行平面所限定的区域。中心平面的位置由相对于基准A、B的理论正确尺寸确定,仅适用于一个方向
	平表面的位置度	提取(实际)表面应限定在间距等于0.05的两平行平面之间。该两平行平面对称于由基准平面A、基准轴线B与该被测表面所确定的理论正确位置	公差带为间距等于公差值t的两平行平面所限定的区域。该两平行平面对称于由相对于基准A、B的理论正确尺寸所确定的理论正确位置

4.轮廓度公差

轮廓度公差有线轮廓度公差和面轮廓度公差两个特征项目。

与基准不相关的轮廓度公差为形状公差,相对于基准或相对于基准体系的轮廓度公差为方向公差或位置公差。

线轮廓度的被测要素可以是组成或导出要素,其公称被测要素的属性由线要素或一组线要素明确给定;其公称被测要素的形状,除直线外,则应通过图样上完整的标注明确给定。

　　面轮廓度的被测要素可以是组成要素或导出要素,其公称被测要素的属性是由面要素明确给定;其公称被测要素的形状除平面外,应通过图样上完整的标注明确给定。

　　线轮廓度公差和面轮廓度公差标注示例及公差带定义见表4.8。

表4.8　线、面轮廓度公差标注示例及公差带定义(摘自 GB/T 1182—2018)

特征项目		标注示例及解释	公差带定义
线轮廓度公差	与基准不相关的线轮廓度	在任一平行于基准平面A的截面内,如相交平面框格所规定的,提取(实际)轮廓线应限定在直径等于0.04,圆心位于理论正确几何形状上的一系列圆的两等距包络线之间。可使用 UF 表示组合要素上的三个圆弧部分应组成联合要素 (a) 二维 (b) 三维	公差带为直径等于公差值t,圆心位于具有理论正确几何形状上的一系列圆的两包络线所限定的区域
	相对于基准体系的线轮廓度	在任一由相交平面框格规定的平行于基准平面A的截面内,提取(实际)轮廓线应限定在直径等于0.04、圆心位于由基准平面A与基准平面B确定的被测要素理论正确几何形状线上的一系列圆的两等距包络线之间 (a) 二维 (b) 三维	公差带为直径等于公差值t、圆心位于由基准平面A与基准平面B确定的被测要素理论正确几何形状上的一系列圆的两包络线所限定的区域

续表4.8

特征项目	标注示例及解释	公差带定义
面轮廓度公差 · 与基准不相关的面轮廓度	提取(实际)轮廓面应限定在直径等于0.02、球心位于被测要素理论正确几何形状表面上的一系列圆球的两等距包络面之间 (a) 二维　(b) 三维	公差带为直径等于公差值 t、球心位于理论正确几何形状上的一系列圆球的两个包络面所限定的区域
面轮廓度公差 · 相对于基准的面轮廓公差	提取(实际)轮廓面应限定在直径距离等于0.1、球心位于由基准平面 A 确定的被测要素理论正确几何形状上的一系列圆球的两等距包络面之间 (a) 二维 (b) 三维	公差带为直径等于公差值 t、球心位于由基准平面 A 确定的被测要素理论正确几何形状上的一系列圆球的两包络面所限定的区域 基准A

5.跳动公差

跳动公差是按特定的测量方法定义的综合位置公差。

跳动公差带是由控制被测要素为圆柱体的圆柱面、端面,圆锥体的圆锥面和曲面等组成要素(轮廓要素)。跳动公差的基准要素为轴线。

跳动公差有圆跳动公差和全跳动公差两个特征项目。

圆跳动的被测要素是组成要素,其公称被测要素的形状与属性由圆环线或一组圆环线明确给定,属线性要素。

圆跳动是指任一被测要素的提取要素(轮廓要素)绕基准轴线做无轴向移动的相对回转一周时,由测头在给定计值方向上测得的最大与最小示值之差。圆跳动公差是指上述测得示值之差的允许变动量。

根据测量方向的不同,圆跳动公差分为径向圆跳动(指示表的测杆轴线垂直于基准轴线)、轴向圆跳动(测杆轴线平行于基准轴线)、斜向圆跳动(测杆轴线垂直于圆锥表面)

和给定方向的圆跳动(测杆轴线倾斜于基准轴线某一给定角度)。

全跳动的被测要素是组成要素。公称被测要素的形状与属性为平面或回转体表面。公差带保持被测要素的公称形状,但对于回转体表面不约束径向尺寸。

全跳动是指实际被测的提取要素绕基准轴线做无轴向移动的相对回转一周,同时测头沿给定方向的理想直线连续移动过程中,由测头在给定计值方向上测得的最大与最小示值之差。全跳动公差是指上述测得示值之差的允许变动量。

全跳动公差分为径向全跳动和轴向全跳动。

常用跳动公差的标注示例及公差带定义见表4.9。

表4.9　常用跳动公差的标注示例及公差带定义(摘自 GB/T 1182—2018)

特征项目	标注示例及解释	公差带定义
径向圆跳动	在任一平行于基准平面 B、垂直于基准轴线 A 的横截面上,提取(实际)圆应限定在半径差等于 0.1、圆心在基准轴线 A 上的两共面同心圆之间 (a) 二维　(b) 三维	公差带为在平行于基准平面 B 任一垂直于基准轴线 A 的横截面内、半径差等于公差值 t、圆心在基准轴线上的两同心圆所限定的区域
轴向圆跳动	在与基准轴线 D 同轴的任一圆柱形截面上,提取(实际)圆应限定在轴向距离等于 0.1 的两个等圆之间 (a) 二维 (b) 三维	公差带为与基准轴线同轴的任一半径的圆柱截面上、间距等于公差值 t 的两圆所限定的圆柱面区域 1— 基准 D;2—公差带;3— 与基准 D 同轴的任意直径

(注: "圆跳动公差" 为第二行第一列纵向标题)

续表4.9

特征项目		标注示例及解释	公差带定义
圆跳动公差	斜向圆跳动	在与基准轴线 C 同轴的任一圆锥截面上,提取(实际)线应限定在素线方向间距等于 0.1 的两不等圆之间,并且截面的锥角与被测要素垂直。 当被测要素的素线不是直线时,圆锥截面的锥角要随所测圆的实际位置而改变,以保持与被测要素垂直 (a) 二维 (b) 三维	公差带为与基准轴线同轴的任一圆锥截面上、间距等于公差值 t 的两圆所限定的圆锥面区域。 除非另有规定,公差带的宽度应沿规定几何要素的法向
	给定方向的圆跳动	在相对于方向要素(给定角度 α)的任一圆锥截面上,提取(实际)线应限定在圆锥截面内间距等于 0.1 的两圆之间 (a) 二维 (b) 三维	公差带为在轴线与基准轴线同轴的、具有给定锥角的任一圆锥截面上,间距等于公差值 t 的两不等圆所限定的区域

续表4.9

特征项目		标注示例及解释	公差带定义
全跳动公差	径向全跳动	提取(实际)表面应限定在半径差等于0.1、与公共基准轴线 A – B 同轴的两圆柱面之间 (a) 二维 (b) 三维	公差带为半径差等于公差值 t、与基准轴线同轴的两圆柱面所限定的区域 公共基准A–B
	轴向全跳动	提取(实际)表面应限定在间距等于0.1、垂直于基准轴线 D 的两平行平面之间(与端面垂直度公差的含义相同) (a) 二维 (b) 三维	公差带为间距等于公差值 t、垂直于基准轴线的两平行平面所限定的区域 提取表面 基准D ϕd

　　常用跳动公差带的形状、大小、方向和位置从表4.9标注示例和公差带的定义中能体现出来。

　　跳动公差带能综合控制同一被测要素的形状、方向和位置误差。例如,径向圆跳动公差带可以同时控制同轴度误差和圆度误差;径向全跳动公差带可以同时控制同轴度误差和圆柱度误差;轴向全跳动公差带可以同时控制端面对基准轴线的垂直度误差和平面度误差。

　　对某要素采用跳动公差时,若不能满足功能要求,则可另行给出形状、方向和位置公差,其公差值应遵循形状公差小于方向公差,方向公差小于位置公差,位置公差小于跳动公差的原则。

4.3　独立原则和相关公差要求

机械零件的同一被测要素既有尺寸公差要求,又有几何公差要求,处理两者之间关系应遵循的独立原则和相关公差要求。独立原则是指同一要素的尺寸公差和几何公差彼此无关的公差要求;相关公差要求是指同一要素的尺寸公差和几何公差相互有关的公差要求,而相关公差要求又分为包容要求、最大实体要求、最小实体要求和可逆要求。设计时,根据使用要求选用独立原则或不同的相关公差要求。

4.3.1　有关公差原则和规则的一些术语与定义

1. 体外作用尺寸

体外作用尺寸(EFS)是指在被测要素的给定长度上,与实际内表面(孔)体外相接的最大理想面(最大理想轴)或与外表面(轴)体外相接的最小理想面(最小理想孔)的直径或宽度。内、外表面(孔、轴)的体外作用尺寸分别用符号 D_{fe}、d_{fe} 表示。图 4.32(a)所示为单一要素的体外作用尺寸。

(a) 单一要素的作用尺寸

(b) 关联要素的作用尺寸

图 4.32　作用尺寸

对于关联要素,体现其体外作用尺寸理想面的轴线(或中心平面),必须与基准保持图样上规定的方位关系。图 4.32(b)所示体现理想面的轴线必须垂直基准平面 A。

由图 4.32 可见,有几何误差 $f_{几何}$ 的内表面(孔)的体外作用尺寸小于其实际尺寸,有几何误差 $f_{几何}$ 的外表面(轴)的体外作用尺寸大于其实际尺寸,可表示为

$$D_{fe} = D_a - f_{几何} \tag{4.1}$$

$$d_{fe} = d_a + f_{几何} \tag{4.2}$$

2. 体内作用尺寸

体内作用尺寸(IFS)是指在被测要素的给定长度上,与实际内表面(孔)体内相接的最小理想面或与外表面(轴)体内相接最大理想面的直径或宽度。内、外表面(孔、轴)的体内作用尺寸分别用符号 D_{fi}、d_{fi} 表示。

由图 4.32(a)可见,有几何误差的内表面(孔)的体内作用尺寸大于其实际尺寸,有几何误差的外表面(轴)的体内作用尺寸小于其实际尺寸,可表示为

$$D_{fi} = D_a + f_{几何} \tag{4.3}$$

$$d_{fi} = d_a - f_{几何} \tag{4.4}$$

3. 最大实体状态和最大实体尺寸

最大实体状态(MMC)是指当尺寸要素的提取要素在给定长度上的局部尺寸处处位于极限尺寸且具有材料最多(实体最大)时的状态。实际要素在最大实体状态下的极限尺寸称为最大实体尺寸(MMS)。内、外表面的最大实体尺寸分别用符号 D_M、d_M 表示。

内、外表面的最大实体尺寸(圆孔最小直径、轴最大直径)分别为

$$D_M = D_{min} \tag{4.5}$$

$$d_M = d_{max} \tag{4.6}$$

4. 最小实体状态和最小实体尺寸

最小实体状态(LMC)是指提取组成要素在给定长度上局部尺寸处位于极限尺寸且使其具有材料最少(实体最小)时的状态。实际要素在最小实体状态下的极限尺寸称为最小实体尺寸(LMS)。内、外表面的最小实体尺寸分别用符号 D_L、d_L 表示。

内、外表面的最小实体尺寸(圆孔最大直径、轴最小直径)分别为

$$D_L = D_{max} \tag{4.7}$$

$$d_L = d_{min} \tag{4.8}$$

5. 最大实体实效尺寸和最大实体实效状态

最大实体实效尺寸(MMVS)是指尺寸要素的最大实体尺寸(MMS)和其导出要素(中心线或中心平面)的几何公差(形状、方向或位置)共同作用所产生的尺寸。内、外表面(孔、轴)的最大实体实效尺寸分别用符号 D_{MV}、d_{MV} 表示。

内、外表面(孔、轴)的最大实体实效尺寸分别为

$$D_{MV} = D_M - t_{几何} Ⓜ \tag{4.9}$$

$$d_{MV} = d_M - t_{几何} Ⓜ \tag{4.10}$$

最大实体实效状态(MMVC)是指拟合要素的尺寸为其最大实体实效尺寸(MMVS)时的状态,它是要素的理想状态。当几何公差是方向(或位置)公差时,MMVC 受拟合要素的方向(或位置)所约束,如图 4.32(b)所示。

6. 最小实体实效尺寸和最小实体实效状态

最小实体实效尺寸(LMVS)是指尺寸要素的最小实体尺寸(LMS)和其导出要素(中心线或中心平面)的几何公差(形状、方向或位置)共同作用产生的尺寸。内、外表面(孔、轴)的最小实体实效尺寸分别用符号 D_{LV}、d_{LV} 表示。

内、外表面(孔、轴)的最小实体实效尺寸分别为

$$D_{LV} = D_L + t_{几何} Ⓛ \tag{4.11}$$

$$d_{LV} = d_L + t_{几何} Ⓛ \tag{4.12}$$

最小实体实效状态(LMVC)是指拟合要素的尺寸为其最小实体实效尺寸(LMVS)时的状态,它是要素的理想状态。它也受其拟合要素的方向或位置所约束。

7. 边界

边界是指由设计给定的具有理想形状的极限包容面(圆柱面或两平行平面)。单一要素的边界没有方向和位置的约束,关联要素的边界应与基准保持图样上给定的方向或位置关系。该极限包容面的直径或宽度称为边界尺寸(BS)。

根据设计要求,边界尺寸分为:最大实体边界(MMB)、最小实体边界(LMB)、最大实体实效边界(MMVB)和最小实体实效边界(LMVB)四种。例如,最大实体边界(MMB)是指具有理想形状且边界尺寸为最大实体尺寸(MMS)的包容面,要素的实际轮廓不得超出 MMB。

例4.6　按图 4.33(a)(b) 加工轴、孔零件,测得直径尺寸为 $\phi16$,其轴线的直线度误差为 $\phi0.02$;按图(c)(d) 加工轴、孔零件,测得直径尺寸为 $\phi16$,其轴线的垂直度误差为 $\phi0.08$。试求出这四种情况的最大实体尺寸、最小实体尺寸、体外作用尺寸、体内作用尺寸、最大实体实效尺寸和最小实体实效尺寸。图 4.33 中,最大实体要求和最小实体要求只能标注一个。

图 4.33　例 4.1 图

解　(1) 按图 4.33(a) 加工零件,根据有关公式可计算得:

$d_M = d_{max} = 16$;$d_L = d_{min} = 16 + (-0.07) = 15.93$。$d_{fe} = d_a + f_{几何} = 16 + 0.02 = 16.02$;$d_{fi} = d_a - f_{几何} = 16 - 0.02 = 15.98$。$d_{MV} = d_M + t_{几何}Ⓜ = 16 + 0.04 = 16.04$;$d_{LV} = d_L - t_{几何}Ⓛ = 15.93 - 0.04 = 15.89$。

(2) 按图 4.33(b) 加工零件,根据有关公式可计算得:

$D_M = D_{min} = 16.05$;$D_L = D_{max} = 16.12$。$D_{fe} = D_a - f_{几何} = 16 - 0.02 = 15.98$;

$D_{fi} = D_a + f_{几何} = 16 + 0.02 = 16.02$。$D_{MV} = D_M - t_{几何}Ⓜ = 16.05 - 0.04 = 16.01$

$D_{LV} = D_L + t_{几何}Ⓛ = 16.12 + 0.04 = 16.16$。

(3) 按图 4.33(c) 加工零件,同理可算出:

$d_M = 15.95; d_L = 15.88$。$d_{fe} = 16.08; d_{fi} = 15.92$。$d_{MV} = 16.05; d_{LV} = 15.78$。

（4）按图 4.33（d）加工零件，同理可算出：

$D_M = 16; D_L = 16.07$。$D_{fe} = 15.92; D_{fi} = 16.08$。$D_{MV} = 15.9; D_{LV} = 16.17$。

4.3.2　独立原则

独立原则是在缺省情况下,确定尺寸公差和几何公差相互关系应遵循的基本原则。图样上对某要素注出的和未注的尺寸公差与几何公差要求均是各自独立,彼此无关,应分别满足各自的公差要求,否则在图样上应予以注出。

图 4.34 为独立原则的标注示例。轴的局部实际尺寸应在上极限尺寸与下极限尺寸之间,即 $\phi149.96 \sim \phi150$ 之间,轴的素线直线度误差不得超过 0.015,其圆度误差不得超过 0.008。

图 4.34　独立原则标注示例

独立原则一般用于对零件的几何公差有其特殊的功能要求的等场合。例如,机床导轨的直线度公差、平行度公差,检验平板的平面度公差等。

4.3.3　包容要求

包容要求适用于单一要素,如圆柱表面或两平行表面。采用包容要求的单一要素,应在其尺寸极限偏差或尺寸公差带代号之后加注符号 Ⓔ,如图 4.35（a）所示。包容要求表示实际要素应遵守其最大实体边界（即尺寸为最大实体尺寸的边界）,其局部实际尺寸不得超出最小实体尺寸。

图 4.35（a）的图样标注表示,不论是其圆柱表面有形状误差（图 4.35（b））,还是其轴线有形状误差（图 4.35（c））,其体外作用尺寸均必须在最大实体边界（MMB）内,该边界的尺寸（BS）为最大实体尺寸 $\phi150$。其局部实际尺寸不得小于最小实体尺寸,为 $\phi149.96$。图 4.35（d）为表达上述关系的动态公差图,它表示轴线直线度误差允许值 t 随轴实际尺寸 d_a 变化的规律。

（c）

图 4.35　包容要求标注示例及解释

包容要求常常用于有配合性质要求的场合,若配合的轴、孔均采用包容要求,则不会因为轴、孔的形状误差影响配合性质,即能保证所需要的最小间隙或最大过盈。

对轴或孔有包容要求时,其合格判据由式(4.13) ~ (4.16) 给出。

其中轴的合格判据由式(4.13) 或式(4.14) 给出。

$$\begin{cases} d_{fe} \leqslant d_M \\ d_a \geqslant d_L \end{cases} \tag{4.13}$$

将式(4.2)、式(4.6)、式(4.8) 分别代入式(4.13),有

$$\begin{cases} d_{fe} = d_a + f_{几何} \leqslant d_M = d_{max} \\ d_a \geqslant d_L = d_{min} \end{cases} \tag{4.14}$$

孔的合格判据由式(4.15) 或式(4.16) 给出。

$$\begin{cases} D_{fe} \geqslant D_M \\ D_a \leqslant D_L \end{cases} \tag{4.15}$$

将式(4.1)、式(4.5)、式(4.7) 分别代入式(4.15),有

$$\begin{cases} D_{fe} = D_a - f_{几何} \geqslant D_M = D_{min} \\ D_a \leqslant D_L = D_{max} \end{cases} \tag{4.16}$$

例 4.7　按尺寸 $\phi 50_{-0.039}^{\ 0}$ Ⓔ 加工一个轴,图样上该尺寸按包容要求加工,加工后测得该轴的实际尺寸 $d_a = \phi 49.97$ mm,其轴线直线度误差 $f_{几何} = \phi 0.02$ mm,判断该零件是否合格。

解　按包容要求来判断。

依题意可得　　　　　　$d_{max} = \phi 50$ mm　　$d_{min} = \phi 49.961$ mm

由式(4.14) 有

$$\begin{cases} d_{fe} = d_a + f_{几何} = \phi 49.97 + \phi 0.02 = \phi 49.99 < d_M = d_{max} = \phi 50 \\ d_a = \phi 49.97 > d_L = d_{min} = \phi 49.961 \end{cases}$$

满足式(4.14),故该零件合格。

例 4.8　按尺寸 $\phi 50_{\ 0}^{+0.039}$ Ⓔ 加工一个孔,图样上该尺寸按包容要求加工,加工后测得该孔实际尺寸 $D_a = \phi 50.02$ mm,其轴线直线度误差 $f_{几何} = \phi 0.01$ mm,判断该零件是否合格。

解　按包容要求来判断。

依题意可得　　　　$D_{max} = \phi 50.039$ mm,　　$D_{min} = \phi 50$ mm

由式(4.16) 有

$$\begin{cases} D_{fe} = D_a - f_{几何} = \phi 50.02 - \phi 0.01 = \phi 50.01 > D_M = D_{min} = \phi 50 \\ D_a = \phi 50.02 < D_L = D_{max} = \phi 50.039 \end{cases}$$

满足式(4.16),故该零件合格。

4.3.4　最大实体要求

最大实体要求适用于尺寸要素的尺寸及其导出要素,即中心要素有几何公差的综合要求。它是控制被测要素的实际轮廓不得超越最大实体实效边界的一种相关公差要求。当其实际尺寸偏离最大实体尺寸时,允许其中心要素的几何误差值超出图样上标注的公差值(尺寸公差补偿几何公差)。最大实体要求既适用于被测要素也适用于基准要素,此时应在公差框格中标注符号Ⓜ,标注方法如图 4.27 所示。

当其中心要素的几何误差小于图样上标注的几何公差时,又允许其实际尺寸超出最

大实体尺寸,即允许几何公差补偿给尺寸公差,即为可逆要求。将可逆要求应用于最大实体要求时,应在其几何公差框格中最大实体要求的符号Ⓜ后标注符号Ⓡ,但Ⓡ不适用于基准要素。具体标注方法如图 4.29(a) 所示。

应注意可逆要求不能单独使用,必须与最大实体要求(或最小实体要求)一起使用,它是最大实体要求(或最小实体要求)的附加要求,表示尺寸公差可以在实际几何误差小于几何公差之间的差值范围内增大。

1. 最大实体要求应用于被测要素

图 4.36 为最大实体要求应用于被测要素为单一要素的例子。当轴的实际尺寸偏离最大实体状态时,轴线的直线度公差可以得到尺寸的补偿,偏离多少补偿多少。例如,轴的实际尺寸 $d_a = \phi 19.98$,则此时直线度公差应该为

$$t = 给定值 + 补偿值 = \phi 0.1 + (\phi 20 - \phi 19.98) = \phi 0.1 + \phi 0.02 = \phi 0.12$$

当轴的实际尺寸处处等于最大实体尺寸时,轴线的直线度误差允许值等于图样上给定公差值,如图 4.36(b) 所示。

显然,允许最大的几何公差值为轴的实际尺寸等于最小实体尺寸时,即

$$t_{max} = 给定值 + 最大补偿值 = \phi 0.1 + (\phi 20 - \phi 19.967) = \phi 0.1 + \phi 0.033 = \phi 0.133$$

图 4.36(c) 为采用最大实体要求时轴线直线度误差允许值 t 随 d_a 变化的动态公差图。若可逆要求用于最大实体要求,图样标注为 ─│$\phi 0.1$ⓂⓇ,其动态公差图如图 4.36(d) 所示。

图 4.36 　最大实体要求标注示例及解释

① 对轴或孔有最大实体要求时,其合格判据由式(4.17) ~ (4.20)给出。其中轴的合格判据由式(4.17)或式(4.18)给出。

$$\begin{cases} d_{fe} \leqslant d_{MV} \\ d_L \leqslant d_a \leqslant d_M \end{cases} \tag{4.17}$$

将有关公式分别代入式(4.17),则

$$\begin{cases} d_{fe} = d_a + f_{几何} \leqslant d_{MV} = d_{max} + t_{几何} \, \text{®} \\ d_L = d_{min} \leqslant d_a \leqslant d_M = d_{max} \end{cases} \tag{4.18}$$

孔的合格判据由式(4.19)或式(4.20)给出。

$$\begin{cases} D_{fe} \geqslant D_{MV} \\ D_M \leqslant D_a \leqslant D_L \end{cases} \tag{4.19}$$

将有关公式代入式(4.19),有

$$\begin{cases} D_{fe} = D_a - f_{几何} \geqslant D_{MV} = D_{min} - t_{几何} \, \text{Ⓜ} \\ D_M = D_{min} \leqslant D_a \leqslant D_L = D_{max} \end{cases} \tag{4.20}$$

② 可逆要求用于最大实体要求时,其合格判据由式(4.21) ~ (4.24)给出。

其中轴的合格判据由式(4.21)或式(4.22)给出。

$$\begin{cases} d_{fe} \leqslant d_{MV} \\ d_a \geqslant d_L \end{cases} \tag{4.21}$$

$$\begin{cases} d_{fe} = d_a + f_{几何} \leqslant d_{MV} = d_{max} + t_{几何} \, \text{Ⓜ} \text{®} \\ d_a \geqslant d_L = d_{min} \end{cases} \tag{4.22}$$

孔的合格判据由式(4.23)或式(4.24)给出。

$$\begin{cases} D_{fe} \geqslant D_{MV} \\ D_a \leqslant D_L \end{cases} \tag{4.23}$$

$$\begin{cases} D_{fe} = D_a - f_{几何} \geqslant D_{MV} = D_{min} - t_{几何} \, \text{Ⓜ} \text{®} \\ D_a \leqslant D_L = D_{max} \end{cases} \tag{4.24}$$

2. 最大实体要求的零几何公差

当被测要素采用最大实体要求,且几何公差值为零时,则称为"零几何公差",它是最大实体要求的特例,如图 4.37(a)所示,图 4.37(b)为其动态公差图。

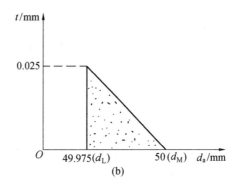

图 4.37　零几何公差标注示例及解释

将 $t_{几何} = 0$ 分别代入式(4.17) ~ (4.20),则分别可得到式(4.25) ~ (4.28),其中式(4.25)或式(4.26)可以判断轴合格否,式(4.27)或式(4.28)可判断孔合格否。

$$\begin{cases} d_{fe} \leqslant d_M \\ d_a \geqslant d_L \end{cases} \tag{4.25}$$

$$\begin{cases} d_{fe} = d_a + f_{几何} \leqslant d_M = d_{max} \\ d_a \geqslant d_L = d_{min} \end{cases} \tag{4.26}$$

$$\begin{cases} D_{fe} \geqslant D_M \\ D_a \leqslant D_L \end{cases} \tag{4.27}$$

$$\begin{cases} D_{fe} = D_a - f_{几何} \geqslant D_M = D_{min} \\ D_a \leqslant D_L = D_{max} \end{cases} \tag{4.28}$$

将式(4.25)~(4.28)分别与式(4.13)~(4.16)进行比较,可以发现它们的形式完全一致,只是前者仅适合于被测要素是单一要素,后者适合于被测要素是关联要素。关联要素采用最大实体要求的零几何公差标注时,要求其实际轮廓处处不得超越最大实体边界,且该边界应与基准保持图样上给定的几何关系,要素实际轮廓的局部实际尺寸不得超越最小实体尺寸。

3. 最大实体要求应用于基准要素

最大实体要求应用于基准要素是指基准要素尺寸公差与被测要素方向、位置公差的关系采用最大实体要求。这时应在被测要素几何公差框格中的基准字母后面标注符号Ⓜ,如图4.38所示,以表示被测要素的方向、位置公差与基准要素的尺寸公差相关。

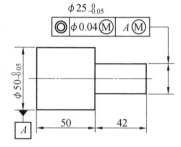

图4.38　最大实体要求应用于基准要素的标注示例

(1)基准要素本身也可采用独立原和相关公差要求

① 当基准要素的导出要素注有几何公差,且几何公差值后面标注符号Ⓜ时,基准要素的边界为最大实体实效边界(MMVB),边界尺寸为MMVS,它等于最大实体尺寸加上(对于外尺寸要素)或减去(对于内尺寸要素)该几何公差值。

② 当基准要素的导出要素没有标注几何公差(图4.38),或者注有几何公差,但几何公差值后面没有标注符号Ⓜ时,基准要素的边界为最大实体边界(MMB),边界尺寸为MMS。

(2)在一定条件下,允许基准要素的尺寸公差补偿被测要素的方向、位置公差

在基准要素遵守的边界的范围内,当实际基准要素的体外作用尺寸偏离这边界的尺寸时,允许该实际基准要素在这边界范围内浮动,允许浮动量的大小等于体外作用尺寸与边界尺寸两者的差值,最大可达到其尺寸公差值。这种浮动就允许基准要素的尺寸公差补偿被测要素的方向、位置公差,前提是基准要素和被测要素的实际轮廓都不得超出各自应遵守的边界,并且基准要素的实际尺寸应在其极限尺寸范围内。

对于只要求可装配性的零件,常常采用最大实体要求,这样可以充分利用图样上给出的公差,当被测要素或基准要素偏离最大实体状态时,几何公差可以得到补偿值,从而提高零件的合格率,故有显著的经济效益。但关联要素采用最大实体要求的零几何公差标注时的适用场合与包容要求相同,且可保证可装配性。

4.3.5　最小实体要求

最小实体要求适用于尺寸要素的尺寸及其导出要素,即中心要素有几何公差的综合要求。它是控制被测要素的实际轮廓处于其最小实体实效边界之内的一种公差要求。当其实际

尺寸偏离最小实体尺寸时,允许其中心要素几何误差值超出图样上标注的公差值(尺寸公差补偿几何公差)。最小实体要求既适用于被测要素也适用于基准要素,此时应在公差框格内标注符号Ⓛ,标注方法如图4.28所示。

当其中心要素几何误差小于给出的几何公差,又允许其实际尺寸超出最小实体尺寸,即允许几何公差补偿给尺寸公差(可逆要求),将可逆要求应用于最小实体要求时,应在其几何公差框格中最小实体要求的符号Ⓛ后标注符号Ⓡ,如图4.29(b)所示。

1. 最小实体要求应用于被测要素

图4.39(a)为被测要素采用最小实体要求的例子。被测要素的实际尺寸应该在$\phi19.8\sim\phi20$之间。当被测要素的实际尺寸等于最小实体尺寸$\phi19.8$时,轴线的垂直度误差允许值等于图样上给定的公差值为$\phi0.1$,若被测要素实际尺寸$d_a=\phi19.9$,此时允许的垂直度公差为

$t=$ 给定值 + 补偿值 $=\phi0.1+(\phi19.9-\phi19.8)=\phi0.1+\phi0.1=\phi0.2$

当被测要素处于最大实体尺寸时,有最大的垂直度公差,即

$t_{max}=$ 给定值 + 最大补偿值 $=\phi0.1+(\phi20-\phi19.8)=\phi0.1+\phi0.2=\phi0.3$

图4.39(b)为表达上述关系的动态公差图。若可逆要求用于最小实体要求时,图样标注为$\boxed{\perp\ \phi0.1\ Ⓛ\ Ⓡ}$,其动态公差图如图4.39(c)所示。

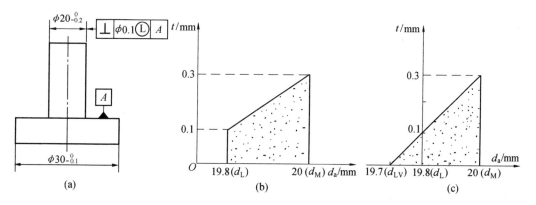

图4.39　最小实体要求标注示例及解释

① 对轴或孔有最小实体要求时,其合格判据由式(4.29)～(4.32)给出。

其中轴的合格判据式(4.29)或式(4.30)给出。

$$\begin{cases}d_{fi}\geqslant d_{LV}\\ d_L\leqslant d_a\leqslant d_M\end{cases}\quad(4.29)$$

将有关公式代入式(4.29),有

$$\begin{cases}d_{fi}=d_a-f_{几何}\geqslant d_{LV}=d_L-t_{几何}Ⓛ\\ d_L=d_{min}\leqslant d_a\leqslant d_M=d_{max}\end{cases}\quad(4.30)$$

孔的合格判据由式(4.31)或式(4.32)给出。

$$\begin{cases}D_{fi}\leqslant D_{LV}\\ D_Mb\leqslant D_a\leqslant D_L\end{cases}\quad(4.31)$$

将有关公式分别代入式(4.31),有

$$\begin{cases} D_{\mathrm{fi}} = D_{\mathrm{a}} + f_{\text{几何}} \leqslant D_{\mathrm{LV}} = D_{\max} + t_{\text{几何}} \text{ⓛ} \\ D_{\min} = D_{\mathrm{M}} \leqslant D_{\mathrm{a}} \leqslant D_{\mathrm{L}} = D_{\max} \end{cases} \tag{4.32}$$

② 对轴或孔既有最小实体要求又有可逆要求时,其合格判据由式(4.33)~(4.36)给出。

其中轴的合格判据由式(4.33)或式(4.34)给出。

$$\begin{cases} d_{\mathrm{fi}} \geqslant d_{\mathrm{LV}} \\ d_{\mathrm{a}} \leqslant d_{\mathrm{M}} \end{cases} \tag{4.33}$$

将有关公式代入式(4.33),有

$$\begin{cases} d_{\mathrm{fi}} = d_{\mathrm{a}} - f_{\text{几何}} \geqslant d_{\mathrm{LV}} = d_{\min} - t_{\text{几何}} \text{ⓛⓡ} \\ d_{\mathrm{a}} \leqslant d_{\mathrm{M}} = d_{\max} \end{cases} \tag{4.34}$$

孔的合格判据由式(4.35)式(4.36)给出。

$$\begin{cases} D_{\mathrm{fi}} \leqslant D_{\mathrm{LV}} \\ D_{\mathrm{a}} \geqslant D_{\mathrm{M}} \end{cases} \tag{4.35}$$

将有关公式分别代入式(4.35),有

$$\begin{cases} D_{\mathrm{fi}} = D_{\mathrm{a}} + f_{\text{几何}} \leqslant D_{\mathrm{LV}} = D_{\max} + t_{\text{几何}} \text{ⓛⓡ} \\ D_{\mathrm{a}} \geqslant D_{\mathrm{M}} = D_{\min} \end{cases} \tag{4.36}$$

2.最小实体要求应用于基准要素

最小实体要求应用于基准要素是指基准要素的尺寸公差与被测要素的方向、位置公差的关系采用最小实体要求。这时应在被测要素几何公差框格中的基准字母的后面标注符号ⓛ(图4.40),以表示被测要素的方向、位置公差与基准要素的尺寸公差相关。这表示在基准要素遵守的最小实体边界的范围内,当实际基准要素的体内作用尺寸偏离这边界的尺寸时,允许基准要素的尺寸公差补偿被测要素的方向、位置公差,前提是基准要素和被测要素的实际轮廓都不得超出各自应遵守的边界,并且基准要素的实际尺寸应在其极限尺寸范围内。

图4.40　最小实体要求应用于基准要素的标注示例

当基准要素的导出要素注有几何公差,且几何公差值后面标注符号ⓛ时,基准要素的边界为最小实体实效边界,边界尺寸为最小实体实效尺寸,它等于最小实体尺寸减去(对于外尺寸要素)或加上(对于内尺寸要素)该几何公差值。

当基准要素的导出要素没有标注几何公差,或者注有几何公差,但几何公差值后面没有标注符号ⓛ时,基准要素的边界为最小实体边界,边界尺寸为最小实体尺寸。

对于只靠过盈传递扭矩的配合零件,无论在装配中孔、轴中心要素的几何误差发生了什么变化,都必须保证一定的过盈量,此时应考虑孔、轴均应满足最小实体要求。

应用最小实体要求的目的是保证零件的最小壁厚和设计强度。

　　总而言之,在保证功能要求的前提下,力求最大限度地提高工艺性和经济性,这是正确运用公差原则与公差要求的关键所在。

4.4　几何精度的设计

　　对机械零件几何精度的设计是机械精度设计的重要内容。那些对几何精度有较高要求的要素,如何选择特征项目、基准要素、相关公差要求和公差数值,就是几何精度设计的内容。用一般加工工艺就能达到的几何精度要求的要素应采用未注几何公差,以简化图样标注。

4.4.1　几何公差特征项目的选用

　　选择几何公差特征项目的依据是零件的工作性能要求、零件在加工过程中产生几何误差的可能性及检验是否方便等。

　　例如,机床导轨的直线度或平面度公差要求,是为了保证工作台运动时平稳和较高的运动精度。与滚动轴承内孔相配合的轴颈,规定圆柱度公差和轴肩的轴向圆跳动公差,是为了保证滚动轴承的装配精度和旋转精度,同理,对轴承座也有这两项几何公差要求。对齿轮箱体上的轴承孔规定同轴度公差,是为了控制对箱体镗孔加工时容易出现的孔的同轴度误差和位置度误差。对轴类零件规定径向圆跳动或全跳动公差,既可以控制零件的圆度或圆柱度误差,又可以控制同轴度误差,这是从检测方便考虑的。轴向圆跳动公差在忽略平面度误差时,它可以代替端面对轴线垂直度的要求,诸如此类的例子不胜枚举。设计者只有在充分地明确所设计零件的精度要求、熟悉零件的加工工艺和有一定的检测经验的情况下,才能对零件提出合理、恰当的几何公差特征项目。

4.4.2　独立原则和相关公差要求的选用

　　对同一零件上同一要素,既有尺寸公差要求又有几何公差要求时,要确定它们之间的关系,即确定选用独立原则或选用相关公差要求。

　　如前所述,当对零件有特殊功能要求时,采用独立原则。例如,对测量用的平板要求其工作面的平面度要好,因此要求平面度公差。对检验直线度误差用的刀口直尺,要求其刃口直线度公差。独立原则是处理几何公差和尺寸公差关系的基本原则,应用较为普遍。

　　为了严格保证零件的配合性质,即保证相配合件的极限间隙或极限过盈以满足设计要求,对重要的配合常采用包容要求。例如,齿轮的内孔与轴的配合,如需严格地保证其配合性质,则齿轮内孔与轴颈应采用包容要求。当采用包容要求时,几何误差由尺寸公差来控制,若用尺寸公差控制几何误差仍满足不了要求,则可以在采用包容要求的前提下,对几何公差提出更严格的要求,当然,此时的几何公差值只能占尺寸公差值的一部分。

　　对于仅需保证零件的可装配性,而为了便于零件的加工制造时,可以采用最大实体要求和可逆要求等。例如,法兰盘上或箱体盖上孔的位置度公差采用最大实体要求,螺钉孔与螺钉之间的间隙可以给孔间位置度公差以补偿值,从而降低加工成本,利于装配。

　　对于要保证最小壁厚不小于某个极限值和表面至理想中心的最大距离不大于某个极限等功能要求时,可选用最小实体要求。

4.4.3　基准要素的选用

在确定被测要素的方向、位置和跳动精度时,必须同时确定基准要素。基准要素的选择主要根据零件的功能和设计要求,并兼顾基准统一原则和零件结构特征,通常可以从下面几方面来考虑:

① 从设计考虑,应根据零件形体的功能要求及要素间的几何关系来选择基准。例如,对于旋转的轴件,常选用与轴承配合的轴颈或轴两端的中心孔作为基准。

② 从加工工艺考虑,应选择零件加工时在工夹具中定位的相应要素作为基准。

③ 从测量考虑,应选择零件在测量、检验时在计量器具中定位的相应要素作为基准。

④ 从装配关系考虑,应选择零件相互配合、相互接触的表面作为基准。

基准要素一般应有较高的形状精度,它的长度较大、面积较大和刚度较大。比较理想的基准是设计、加工、测量和装配基准选择同一要素,即基准统一的原则。

4.4.4　几何公差值的选用

几何公差的国家标准中,对几何公差值一种以公差框格的形式注出,另一种统一给出未注公差。对于几何公差要求不高,用一般的机械加工方法和加工设备都能保证加工精度,或由线性尺寸公差或角度公差所控制的几何公差已能保证零件的使用要求时,不必将几何公差在图样上注出,而用未注公差来控制,这样既可以简化制图,又突出了注出公差的要求。而对于零件几何公差要求较高,应采用注出公差值;或者功能要求允许大于未注公差值,而较大的公差值会给工厂带来经济效益时,这个公差值应采用注出公差值。

1. 未注几何公差值的规定

对于线轮廓度、面轮廓度、倾斜度、位置度和全跳动的未注几何公差,均由各要素的注出或未注的线性尺寸公差或角度公差控制,对这些项目的未注公差不必做特殊的标注。

圆度的未注公差值等于直径尺寸公差值,但不能大于表 4.17 中的圆跳动公差值。

对圆柱度的未注公差值不做规定。圆柱度误差由圆度、相应线的平行度误差组成,而其中每一项误差均由它们的注出公差或未注公差控制。

对于直线度、平面度、垂直度、对称度和圆跳动的未注公差,标准中规定了 H、K、L 三个公差等级,其中 H 级最高,L 级最低。选用时应在技术要求中注出标准号及公差等级代号,如

未注几何公差按 GB/T 1184 – K

表 4.10 ~ 4.13 给出了常用的几何公差特征项目的未注公差等级及其公差值。

表 4.10　直线度、平面度未注公差值(摘自 GB/T 1184—1996)　　　　mm

公　差 等　级	公　称　长　度　范　围					
	~ 10	> 10 ~ 30	> 30 ~ 100	> 100 ~ 300	> 300 ~ 1 000	> 1 000 ~ 3 000
H	0.02	0.05	0.1	0.2	0.3	0.4
K	0.05	0.1	0.2	0.4	0.6	0.8
L	0.1	0.2	0.4	0.8	1.2	1.6

注:对于直线度,应按其相应线的长度选择公差值;平面度应按其表面的较长边或圆表面的直径选择公差值。

表 4.11　垂直度未注公差值（摘自 GB/T 1184—1996）　　mm

公 差 等 级	公 称 长 度 范 围			
	~ 100	> 100 ~ 300	> 300 ~ 1 000	> 1 000 ~ 3 000
H	0.2	0.3	0.4	0.5
K	0.4	0.6	0.8	1
L	0.6	1	1.5	2

注：取形成直角的两边中较长的一边作为基准要素，较短的一边作为被测要素；若两边长度相等，则可取其中任一边作基准要素。

表 4.12　对称度未注公差值（摘自 GB/T 1184—1996）　　mm

公 差 等 级	公 称 长 度 范 围			
	~ 100	> 100 ~ 300	> 300 ~ 1 000	> 1 000 ~ 3 000
H	0.5			
K	0.6		0.8	1
L	0.6	1	1.5	2

注：取对称两要素中较长者作为基准要素，较短者作为被测要素；若两要素长度相等，则可取其中任一要素为基准要素。

表 4.13　圆跳动未注公差值（摘自 GB/T 1184—1996）　　mm

公 差 等 级	圆 跳 动 公 差 值
H	0.1
K	0.2
L	0.5

注：① 本表可用于同轴度的未注公差值，在极限情况下，其未注公差值可等于径向圆跳动的未注公差值。应选两轴线中较长者为基准轴线，若两轴线相等，则可任选其中一轴线为基准轴线。

　② 对圆跳动，应以设计或工艺给出的支承面为基准要素，否则应取两要素中较长者为基准要素，若两要素的长度相等，则可取任一要素为基准要素。

2. 注出几何公差值的规定

几何公差特征项目的注出公差等级及其公差值见表 4.14 ~ 4.18。

表 4.14　直线度、平面度公差值（摘自 GB/T 1184—1996）　　μm

主参数 L/mm	公 差 等 级											
	1	2	3	4	5	6	7	8	9	10	11	12
≤ 10	0.2	0.4	0.8	1.2	2	3	5	8	12	20	30	60
> 10 ~ 16	0.25	0.5	1	1.5	2.5	4	6	10	15	25	40	80
> 16 ~ 25	0.3	0.6	1.2	2	3	5	8	12	20	30	50	100
> 25 ~ 40	0.4	0.8	1.5	2.5	4	6	10	15	25	40	60	120
> 40 ~ 63	0.5	1	2	3	5	8	12	20	30	50	80	150
> 63 ~ 100	0.6	1.2	2.5	4	6	10	15	25	40	60	100	200
> 100 ~ 160	0.8	1.5	3	5	8	12	20	30	50	80	120	250
> 160 ~ 250	1	2	4	6	10	15	25	40	60	100	150	300
> 250 ~ 400	1.2	2.5	5	8	12	20	30	50	80	120	200	400
> 400 ~ 630	1.5	3	6	10	15	25	40	60	100	150	250	500

注：棱线和回转表面轴线、素线以其长度的公称尺寸为主参数 L。矩形平面以其较长边、圆平面以其直径的公称尺寸为主参数 L。

表 4.15   圆度、圆柱度公差值（摘自 GB/T 1184—1996）   μm

主 参 数 d(D)/mm	公 差 等 级												
	0	1	2	3	4	5	6	7	8	9	10	11	12
≤ 3	0.1	0.2	0.3	0.5	0.8	1.2	2	3	4	6	10	14	25
> 3 ~ 6	0.1	0.2	0.4	0.6	1	1.5	2.5	4	5	8	12	18	30
> 6 ~ 10	0.12	0.25	0.4	0.6	1	1.5	2.5	4	6	9	15	22	36
> 10 ~ 18	0.15	0.25	0.5	0.8	1.2	2	3	5	8	11	18	27	43
> 18 ~ 30	0.2	0.3	0.6	1	1.5	2.5	4	6	9	13	21	33	52
> 30 ~ 50	0.25	0.4	0.6	1	1.5	2.5	4	7	11	16	25	39	62
> 50 ~ 80	0.3	0.5	0.8	1.2	2	3	5	8	13	19	30	46	74
> 80 ~ 120	0.4	0.6	1	1.5	2.5	4	6	10	15	22	35	54	87
> 120 ~ 180	0.6	1	1.2	2	3.5	5	8	12	18	25	40	63	100
> 180 ~ 250	0.8	1.2	2	3	4.5	7	10	14	20	29	46	72	115
> 250 ~ 315	1.0	1.6	2.5	4	6	8	12	16	23	32	52	81	130
> 315 ~ 400	1.2	2	3	5	7	9	13	18	25	36	57	89	140
> 400 ~ 500	1.5	2.5	4	6	8	10	15	20	27	40	63	97	155

注：回转表面、球和圆以其直径的公称尺寸为主参数 $d(D)$。

表 4.16   平行度、垂直度、倾斜度公差值   （摘自 GB/T 1184—1996）   μm

主参数 L、d(D)/mm	公 差 等 级											
	1	2	3	4	5	6	7	8	9	10	11	12
≤ 10	0.4	0.8	1.5	3	5	8	12	20	30	50	80	120
> 10 ~ 16	0.5	1	2	4	6	10	15	25	40	60	100	150
> 16 ~ 25	0.6	1.2	2.5	5	8	12	20	30	50	80	120	200
> 25 ~ 40	0.8	1.5	3	6	10	15	25	40	60	100	150	250
> 40 ~ 63	1	2	4	8	12	20	30	50	80	120	200	300
> 63 ~ 100	1.2	2.5	5	10	15	25	40	60	100	150	250	400
> 100 ~ 160	1.5	3	6	12	20	30	50	80	120	200	300	500
> 160 ~ 250	2	4	8	15	25	40	60	100	150	250	400	600
> 250 ~ 400	2.5	5	10	20	30	50	80	120	200	300	500	800
> 400 ~ 630	3	6	12	25	40	60	100	150	250	400	600	1 000

注：① 主参数 L 为给定平行度时轴线或平面的长度的公称尺寸，给定垂直度、倾斜度时被测要素长度的公称尺寸。

② 主参数 $d(D)$ 为给定面对线垂直度时，被测要素的轴（孔）直径的公称尺寸。

表 4.17   同轴度、对称度、圆跳动和全跳动公差值（摘自 GB/T 1184—1996）   μm

主参数 d(D)、B、L/mm	公 差 等 级											
	1	2	3	4	5	6	7	8	9	10	11	12
≤ 1	0.4	0.6	1.0	1.5	2.5	4	6	10	15	25	40	60
> 1 ~ 3	0.4	0.6	1.0	1.5	2.5	4	6	10	20	40	60	120
> 3 ~ 6	0.5	0.8	1.2	2	3	5	8	12	25	50	80	150
> 6 ~ 10	0.6	1	1.5	2.5	4	6	10	15	30	60	100	200
> 10 ~ 18	0.8	1.2	2	3	5	8	12	20	40	80	120	250
> 18 ~ 30	1	1.5	2.5	4	6	10	15	25	50	100	150	300
> 30 ~ 50	1.2	2	3	5	8	12	20	30	60	120	200	400
> 50 ~ 120	1.5	2.5	4	6	10	15	25	40	80	150	250	500
> 120 ~ 250	2	3	5	8	12	20	30	50	100	200	300	600
> 250 ~ 500	2.5	4	6	10	15	25	40	60	120	250	400	800

注：① 主参数 $d(D)$ 为给定同轴度时轴直径公称尺寸，或给定圆跳动、全跳动时轴（孔）直径公称尺寸。

② 圆锥体斜向圆跳动公差的主参数为圆锥大、小直径的公称尺寸的平均值。

③ 主参数 B 为给定对称度时宽度的公称尺寸。

④ 主参数 L 为给定两孔对称度时的孔心距的公称尺寸。

表 4.18   位置度公差值数系（摘自 GB/T 1184—1996）   μm

1	1.2	1.5	2	2.5	3	4	5	6	8
1×10^n	1.2×10^n	1.5×10^n	2×10^n	2.5×10^n	3×10^n	4×10^n	5×10^n	6×10^n	8×10^n

注：n 为正整数。

3. 几何公差值的选用原则

几何公差值的选用,主要根据零件的功能要求、结构特征、工艺上的可能性等因素综合考虑。此外还应考虑下列情况:

① 在同一要素上给出的形状公差值应小于方向公差值和位置公差值。一般应满足:$t_形 < t_{方向} < t_{位置}$。如要求平行的两个表面,其平面度公差值应小于平行度公差值。

② 圆柱形零件的形状公差值(轴线直线度除外)一般情况下应小于其尺寸公差值。

③ 平行度公差值应小于其相应的距离公差值。

④ 对某些情况,考虑到加工的难易程度和除主参数外其他参数的影响,在满足零件功能的要求条件下,可适当降低1到2级选用。如孔相对于轴、细长比较大的轴或孔、跨距较大的轴或孔、宽度较大(一般大于 1/2 长度)的零件表面、线对线和线对面相对于面对面的平行度、线对线和线对面相对于面对面的垂直度等。

对于用螺栓或螺钉连接两个或两个以上零件孔组的各孔位置度公差,可根据螺栓或螺钉与通孔间的最小间隙 X_{min} 确定。

用螺栓连接时,各个被连接零件上孔均为通孔,位置度公差值 t 按下式计算

$$t = X_{min} \tag{4.37}$$

用螺钉连接时,被连接零件中有一个零件上的孔为螺孔,而其余零件上的孔都为通孔,则通孔的位置度公差值 t 按下式计算

$$t = 0.5X_{min} \tag{4.38}$$

位置度公差计算值应加以圆整,并按表 4.18 进行规范。

表 4.19 和表 4.20 可供选用几何公差等级时参考。

几何公差的选用示例请参阅 12.1.1 ~ 12.1.3 节。

表 4.19　几种主要加工方法所能达到的直线度、平面度公差等级

加工方法		公差等级											
		1	2	3	4	5	6	7	8	9	10	11	12
车	粗												
	细												
	精												
铣	粗												
	细												
	精												
刨	粗												
	细												
	精												
磨	粗												
	细												
	精												
研磨	粗												
	细												
	精												
刮研	粗												
	细												
	精												

表 4.20   几种主要加工方法所能达到的同轴度公差等级

加 工 方 法		公 差 等 级										
		1	2	3	4	5	6	7	8	9	10	11
车、镗	孔				─	─	─	─	─	─		
	轴			─	─	─	─	─	─			
铰						─	─	─				
磨	孔		─	─	─	─	─					
	轴			─	─	─	─					
珩 磨		─	─	─								
研 磨		─	─	─								

4.5   几何误差及其检测

4.5.1   形状误差及其评定

1. 形状误差

形状误差是指被测要素的提取要素对其理想要素的变动量。若形状误差值不大于相应的形状公差值,则认为合格。

理想要素的形状由理论正确尺寸确定,或由参数化方程定义及理论正确尺寸和参数化方程定义。理想要素的位置由对被测要素的提取要素进行拟合得到。拟合的方法有最小区域法,符号为C(也称切比雪夫法);最小二乘法,符号为G;最小外接法,符号为 N 和最大内切法,符号为X;等等。如果工程图样上无相应的符号专门规定,获得理想要素位置的拟合方法则默认为最小区域法。

最小区域法(C)和最小二乘法(G)根据约束条件不同分为无约束(工程图样上采用缺省标注)、实体外约束(符号为 CE 和 GE)和实体内约束(符号为 CI 和 GI)三种情况。

形状误差值评估时可用的参数有峰谷参数(符号为T)(图样上采用缺省标注,即默认的评估参数)、峰高参数(符号为 P)、谷深参数(符号为 V)和均方根参数(符号为 Q)。

以圆度为例说明形状误差理想要素位置的拟合方法和评估时可用参数在工程图样上的标注方式。

如图4.41所示,理想要素位置的获得方法和形状误差值的评估参数均采用了缺省标注,规范要求采用最小区域法 C 拟合确定理想要素的位置,采用峰谷参数 T 作为评估参数。

图 4.41   圆度图样标注及解释(1)

图 4.42 中的符号 G 表示获得理想要素位置的拟合方法采用最小二乘法,形状误差值的评估参数采用了缺省标注,评估参数默认为峰谷参数 T。

(a) 图样标注 (b) 解释

图 4.42　圆度图样标注及解释(2)

图 4.43 中的符号 G 表示获得理想要素位置的拟合方法采用最小二乘法,符号 V 表示形状评估误差值的参数为谷深参数。

(a) 图样标注 (b) 解释

图 4.43　圆度图样标注及解释(3)

2. 形状误差评定的最小区域法

最小区域法是指采用切比雪夫法(Chebyshev)对被测要素的提取要素进行拟合得到理想要素位置的方法,即被测要素的提取要素相对于理想要素的最大距离为最小。采用该理想要素包容被测要素的提取要素时,具有最小宽度 f 或直径 d 的包容区域称为最小包容区域(简称最小区域)。图 4.44(a) 所示为实体外约束(CE) 的最小包容区域的宽度 f;图 4.44(b) 所示为实体内约束(CI) 的最小包容区域的宽度 f;图 4.44(c) 所示为形状误差值无约束(C) 的最小包容区域的宽度 f。最小区域的宽度 f 等于被测要素上最高的峰点到理想要素的距离值(P) 与被测要素上最低的谷点到理想要素的距离值(V) 之和(T)。

图 4.45 所示为形状误差的最小包容直径 d 等于被测要素上的点到理想要素的最大距离值 l 的 2 倍。

一般情况下,各形状误差项目最小区域的形状分别与各自的公差带形状一致,但宽度(或直径)由被测提取要素本身决定。

在满足零件功能要求的前提下,也可以采用其他近似的评定方法评定形状误差值。但这样评定的数值将大于或等于最小区域法评定的形状误差值,因此有可能把合格品误判为废品,这是不经济的。

(a) 实体外约束(CE)　　　　(b) 实体内约束(CI)　　　　(c) 无约束(C)

图 4.44　形状误差值为最小区域的宽度

3.形状误差的判别法

（1）给定平面内直线度误差值评定

① 最小区域判别法。在给定平面内,由两条平行直线包容被测要素的提取要素时,成高低(或低高)相间三点接触,即相间准则。如图 4.46 所示,这两条平行直线之间的区域为最小区域,该区域的宽度 f 为直线度误差值。

② 两端点连线法。以测得的误差曲线首尾两点连线为理想要素,作平行于该连线的两条平行直线将被测的实际要素包容,此两条平行直线间的纵坐标距离(按误差读取方向不变的原则)为直线度误差 f',如图 4.47(a) 所示。按最小区域法可得出直线度误差值 f,显然有 $f' > f$。只有两端点连线在误差图形的一侧时, $f' = f$(此时两端点连线符合最小区域法),如图 4.47(b)(c) 所示。

图 4.45　形状误差值为最小区域的直径

图 4.46　直线度误差最小区域判别准则
〇—最高点;□—最低点

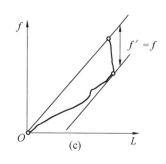

图 4.47　直线度误差的评定

例 4.9　用 SK100 框式水平仪测量导轨的直线度误差,依次测得各点读数(已换算成线值,单位为 μm) 分别为 $+20, -10, +40, -20, -10, -10, +20, +20$,试确定其直线度误差值。

解　用水平仪测得的值为在测量长度上各等距两点的相对差值,需计算出各点相对零点的高度差值,即各点的累积值,计算结果列入表 4.21 中。

表 4.21 例 4.4 测量数据

测量点序号	0	1	2	3	4	5	6	7	8
读数值/μm	0	+20	−10	+40	−20	−10	−10	+20	+20
累计值/μm	0	+20	+10	+50	+30	+20	+10	+30	+50

由测得数据作的误差图形如图 4.48 所示。

① 两端点连线法。将 0 点和 8 点的纵坐标 0 点和 A 点连线成 OA,作包容且平行 OA 的两条平行线 Ⅰ,从坐标图上得到直线度误差 $f' = 58.75$ μm。

② 最小区域法。按最小区域的相间准则(本例符合低—高—低准则),作两条平行直线 Ⅱ,从坐标图得到直线度误差 $f = 45$ μm。

直线度误差的最常用测量方法是用自准直仪测量(见《机械精度设计与检测基础实验指导书与课程大作业》)。

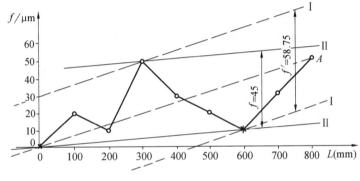

图 4.48 例 4.4 图解

(2)平面度误差的评定

① 最小区域判别法。由两个平行平面包容提取表面时,至少有三点或四点分别与两个平行平面相接触,且满足下列两种形式之一,则这两个平行平面之间的区域即为最小区域,该区域的宽度即为符合最小区域的平面度误差值。

a. 三角形准则。有三个高(低)点与一个平面接触,有一个低(高)点与另一个平面接触,并且这一个低(高)点的投影落在上述三个高(低)点形成的三角形内,或者落在这个三角形的一条边上,如图 4.49(a)所示。

b. 交叉准则。有两个高点和两个低点分别与两个平行平面接触,并且两个高点的连线和两个低点的连线在空间呈交叉状态,如图 4.49(b)所示。

(a) 三角形准则　　　　　　　　　　　　　(b) 交叉准则

图 4.49 平面度误差最小区域判别准则

○—最高点; □—最低点

② 三点法。从实际被测平面上任选三个远点(不在同一直线上的相距较远的三个点)所形成的平面作为测量的理想平面,作平行该理想平面的两平行平面包容实际平面,该两平行平面的距离即为平面度误差值。

③ 对角线法。过实际被测平面上一条对角线且平行于另一条对角线的平面为测量的理想平面,作平行该理想平面的两平行平面包容实际平面,两平行平面间的距离即为平面度误差值。

② 或 ③ 两种方法在实际测量中,任选的三点或两条对角线两端点的高度应分别相等,平面度误差为测得的最高点读数和最低点读数之差的绝对值。显然,②、③ 两种方法都不符合最小区域法,是一种近似方法,其数值比最小区域法稍大,且不是唯一的,但由于其处理方法较简单,在生产中有时也应用。

按最小区域法确定的误差值不超过其公差值可判定该项要求合格,否则为不合格。按三点法和对角线法确定的误差值不超过其公差值可判该项要求合格,否则既不能判定该项要求合格,也不能判定其不合格,应以最小区域法来判断。

使用上述三种评定方法的前提是将被测平面上各点的随机测得值进行坐标换算。如图 4.50 所示,以框图中最上一行为转轴旋转一次,再以左数第一列为转轴旋转一次,经过这两次旋转后,每一个原始测量值加上相应的旋转量 P、Q 值后,即可得到各点相对理想平面的坐标值,从而按判别准则求得平面度误差值。应该指出的是,经过这样的坐标变换后,虽然每个测点的坐标值有所改变,但是它们之间的相互高、低关系并没有改变。另外,当按最小区域法评定平面度误差时,由于有三角形准则、交叉准则两种判别准则,当缺乏足够的实践经验时,可能经过一次估计和旋转后达不到目的,这时需重新进行估计和旋转,直到符合判断准则为止。而当按三点法和对角线法评定时,因其评定结果是近似的,所以可能得到不同的结果。

0	P	$2P$	$3P$	$\cdots$	nP
Q	$P+Q$	$2P+Q$	$3P+Q$	$\cdots$	$nP+Q$
$2Q$	$P+2Q$	$2P+2Q$	$3P+2Q$	$\cdots$	$nP+2Q$
$3Q$	$P+3Q$	$2P+3Q$	$3P+3Q$	$\cdots$	$nP+3Q$
$\vdots$	$\vdots$	$\vdots$	$\vdots$		$\vdots$
nQ	$P+nQ$	$2P+nQ$	$3P+nQ$	$\cdots$	$nP+nQ$

图 4.50   被测表面上各测点的旋转量

例 4.10   用指示表测得一平面相对其测量基准面的坐标值如图 4.51 所示(单位为 μm),试按上述三种评定方法确定其平面度误差值。

0	$+4$	$+6$
-3	$+20$	-9
-10	-3	$+8$

图 4.51   例 4.5 测量数据

解   (1)最小区域法

根据测得原始坐标值分析,可暂估三个低点(0、-9、-10)和一个高点(+20)可能构成三角形准则,按图 4.50 旋转方法,可列出下列两个方程式

$$\begin{cases} 0 = -10 + 2Q \\ -9 + 2P + Q = -10 + 2Q \end{cases}$$

解方程可得 $Q = +5, P = +2$,则旋转后的数据如图 4.52 右图所示。符合三角形准则的三低一高(等值的三个最低点 0 和最高点 27),故可计算出平面度误差为

$$f = |(+27) - 0| = 27 \ (\mu m)$$

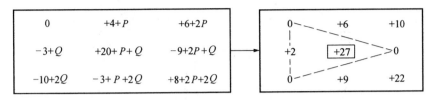

图 4.52　最小区域法

（2）三点法

任取图 4.51 中 + 4，− 10，− 9 三点，按图 4.50 旋转法可列出下列两个方程式

$$\begin{cases} + 4 + P = − 9 + 2P + Q \\ − 10 + 2Q = + 4 + P \end{cases}$$

解方程可得 $P = + 4, Q = + 9$，则旋转后的数据如图 4.53 右图所示。按三点法（等值的 3 个点 + 8）可求得平面度误差为

$$f' = | + 34 − 0 | = 34 \ (\mu m)$$

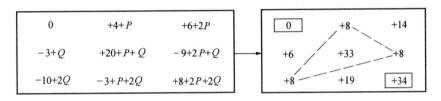

图 4.53　三点法

（3）对角线法

取图 4.51 中对角线（0，+ 8）和（+ 6，− 10），按图 4.50 旋转方法，可列出下列两个方程式

$$\begin{cases} 0 = + 8 + 2P + 2Q \\ + 6 + 2P = − 10 + 2Q \end{cases}$$

解方程可得 $P = − 6, Q = + 2$，则旋转后的数据如图 4.54 右图所示。按对角线法（0 ~ 0 和 − 6 ~ − 6），可求得平面度误差为

$$f'' = | (+ 16) − (− 19) | = 35 \ (\mu m)$$

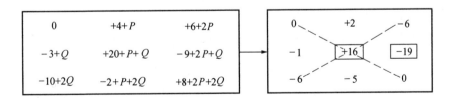

图 4.54　对角线法

由上述三种计算法可看出 $f < f' < f''$，可见最小区域法得出的平面度误差值最小，而且是唯一的。

平面度的常用测量方法是用指示表测量，详见《机械精度设计与检测基础实验指导书与课程大作业》。

（3）圆度误差的评定

① 最小区域判别法。两同心圆包容被测提取轮廓时，至少有四个实测点内外相间地在

交叉准则

图 4.55　圆度误差最小区域判别准则
○—与外圆接触的点；□—与内圆接触的点

两个圆周上,如图 4.55 所示,则这两个同心圆之间的区域即为最小包容区域。该两个同心圆的半径差为符合最小区域的圆度误差值 f。

②最小外接法。对被测实际圆作一直径为最小的外接圆,再以此圆的圆心为圆心作一内切圆,则此两个同心圆的半径差作为圆度误差值 f'。

③最大内切法。对被测实际圆作一直径为最大的内切圆,再以此圆的圆心为圆心作一外接圆,则此两个同心圆的半径差作为圆度误差值 f''。

④最小二乘圆法。最小二乘圆是被测实际圆上各点至该圆的距离的平方和为最小的圆,以该圆的圆心为圆心,作两个包容实际圆的同心圆,则此两个同心圆的半径差作为圆度误差值 f'''。

上述四种判别方法的结果是不同的,其中①为最小区域法,得出的数值最小,而且也是唯一的。最小区域法所得圆度误差值与公差值比较可直接得出该项要求合格与否的结论。②、③、④为近似法,若按近似法确定的误差值不超过其公差值,则可认为该项要求合格,否则不能判断其合格与否。在比较先进的圆度仪上测量圆度误差时,仪器可以自动打印出上述四种判别方法的示值。在没有圆度仪时可用分度头与千分表逐点测量圆度误差,具体测量方法和数据处理详见《机械精度设计与检测基础实验指导书与课程大作业》。

4.5.2　方向误差及其评定

1. 方向误差

方向误差是指被测要素的提取要素对具有确定方向的理想要素的变动量。理想要素的方向由基准或基准和理论正确尺寸确定。

在工程图样中,如方向公差值后面带有最大内切Ⓧ、最小外接Ⓝ、最小二乘Ⓖ、最小区域Ⓒ、贴切Ⓣ等符号时,表示的是对被测要素的拟合要素的方向公差要求,否则,是指对被测要素本身的方向公差要求。见图 4.56(a)所示为对贴切要素的平行度公差要求的标注及解释示例。符号Ⓣ表示此规范是对被测要素的拟合要素的方向公差要求,在上表面被测长度范围内,采用贴切法对被测要素的提取要素(或滤波要素)进行拟合得到被测要素的拟合要素(即贴切要素),对该贴切要素相对于基准要素 A 的平行度公差值为 0.1 mm。图 4.56(b)所示为对被测要素本身的平行度公差要求标注及解释示例。在上表面被测长度范围内,被测要素相对于基准要素 A 的平行度公差值为 0.1 mm。

2. 方向误差评定的最小区域法

方向误差值用定向最小包容区域(简称定向最小区域)的宽度或直径表示。定向最小区域是指用由基准和理论正确尺寸确定方向的理想要素包容被测要素的提取要素时,具有最小宽度 f 或直径 d 的包容区域,如图 4.57 所示。

(a) 贴切要素的平行度公差要求

(b) 被测要素的平行度公差要求

图 4.56　方向公差标注和解释示例

(a) 误差值为最小区域的宽度

(b) 误差值为最小区域的直径

图 4.57　定向最小区域

　　各个方向误差项目的定向最小区域形状分别与各自的公差带形状一致,但宽度(或直径)由被测提取要素本身决定。

　　3. 方向误差的最小区域判别法

　　(1) 平面(或直线) 对基准平面的平行度

　　由定向两平行平面包容被测要素的提取要素时,至少有两个实测点与之接触:一个为最高点,一个为最低点,如图 4.58 所示。则这两平行平面间的区域为定向最小区域,其宽度为平面(或直线) 对基准平面的平行度误差值 f。

　　(2) 平面对基准平面的垂直度

　　由定向两平行平面包容被测提取表面时,至少有两点或三点与之接触,在基准平面上的投影具有下列形式之一,如图 4.59 所示。则这两平行平面间的区域为定向最小区域,其宽度为平面对基准平面的垂直度误差值 f。

图 4.58　面(或线)对基准平面的平行度误差判别准则

○— 最高点；□— 最低点

图 4.59　面对基准平面的垂直度误差判别准则

○— 最左边的点；□— 最右边的点

4.5.3　位置误差及其评定

1.位置误差

位置误差是指被测要素的提取要素对具有确定位置的理想要素的变动量,理想要素的位置由基准和理论正确尺寸确定。

在工程图样中,如位置公差值后面带有最大内切Ⓧ、最小外接Ⓝ、最小二乘Ⓖ、最小区域Ⓒ、贴切Ⓣ等符号时,表示的是对被测要素的拟合要素的位置公差要求,否则,是指对被测要素本身的位置公差要求。

2.位置误差评定的最小区域法

位置误差值用定位最小包容区域(简称定位最小区域)的宽度 f 或直径 d 表示。定位最小区域是指用由基准和理论正确尺寸确定位置的理想要素包容被测要素的提取要素时,具有最小宽度 f 或直径 d 的包容区域,如图 4.60 所示。

各个位置误差项目的定位最小区域形状分别与各自的公差带形状一致,但宽度(或直径)由被测提取要素本身决定。

3.位置误差的最小区域判别法

以同轴度为例说明位置误差的最小区域判别的方法。

同轴度的最小区域判别法用以基准轴线为轴线的圆柱面包容提取中心线,提取中心线与该圆柱面至少有一点接触,则该圆柱面内的区域即为同轴度误差的最小包容区域。则这圆柱的直径 d 为同轴度的误差值,如图 4.61 所示。

(a) 误差值为最小区域的宽度   (b) 误差值为最小区域圆柱的直径

(c) 误差值为最小区域圆的直径

图 4.60   定位最小区域

图 4.61   同轴度误差判别准则

4.5.4 几何误差的检测原则

由于被测零件的结构特点、尺寸大小和精度要求以及检测设备条件等的不同,对同一几何误差项目可以用不同的方法来检测。从检测原理上将常用的几何误差检测方法归纳为下列五种检测原则。

1. 与理想要素比较原则

与理想要素比较原则是指实际被测要素与其理想要素进行比较,从而获得几何误差值。在测量中,理想要素用模拟方法来体现,如以平板工作面、水平液面、光束扫描平面等作为理想平面;以一束光线、拉紧的细钢丝、刀口尺的刀刃等作为理想直线;线、面轮廓度测量中的样板也是理想线、面轮廓的体现。根据此原则进行检测,可以得到与定义概念一致的误差值,故该原则是一基本检测原则。

2. 测量坐标值原则

测量坐标原则是指利用计量器具的坐标系,测出实际被测要素上各测点对该坐标系的坐标值,经过数据处理后可以获得几何误差值。

该原则可以测量除跳动外的各项几何误差。根据被测要素的几何特征,可以选用直角坐标系、极坐标系和圆柱坐标系等进行测量。此原则的数据处理往往很烦琐,但随着电子计算机技术的发展,该原则也将得到广泛应用。

3. 测量特征参数原则

测量特征参数原则是指测量实际被测要素上具有代表性的参数,用它表示几何误差值。按这些参数决定的几何误差值通常与定义概念不符合,而是近似值。

例如,用两点法测量圆柱面的圆度误差,在一个横截面内的几个方向上测量直径,取相互垂直的两直径差值中的最大值之半作为该截面内的圆度误差值。

由于用测量特征参数来表示几何误差值的测量方法容易实现,并不需要烦琐的数据处理,故该原则在生产车间中常被采用。

4. 测量跳动原则

测量跳动原则是指实际被测要素绕基准轴线回转过程中,沿给定方向测其对某参考点或线的变动量。变动量是指示器最大与最小读数之差。此原则仅限于用在跳动测量,由于这种测量方法简便,故生产中常采用。

5. 边界控制原则

边界控制原则适用于采用最大实体要求和包容要求的场合。

按最大实体要求或包容要求给出几何公差时,就给定了最大实体实效边界或最大实体边界,要求被测要素的实际轮廓不得超出该边界。

边界控制原则是用功能量规或光滑极限量规通规的工作表面模拟体现图样上给定的边界来检验实际被测要素。若被测要素的实际轮廓能被量规通过,则表示合格,否则表示不合格。例如,检验花键的位置度误差,可用花键功能量规检验;检验零件同轴度误差,可用同轴度量规(详见《机械精度设计与检测基础实验指导书与课程大作业》)。当最大实体要求应用于被测要素对应的基准要素时,可以使用同一功能量规检验该基准要素。

习　题　四

一、思考题

1. 零件的几何误差研究对象是什么?几何要素根据什么分类?又如何分类?

2. 几何公差特征项目有几项?它们的名称和符号是什么?

3. 几何公差带具有哪些特征?它与尺寸公差带相比有何异同点?

4. ⟨// B⟩、⟨// B⟩、⟨// C⟩ 和 ○// A,说明上述平面框格的名称及其作用。

5. 什么是评定形状误差的最小包容区域(简称最小区域)?按最小区域评定几何误差有何意义?

6. 什么是几何公差的独立原则和相关公差要求?说明它们的表示方法和应用场合。

7. 选用几何公差包括哪些内容?什么时候选用未注几何公差?未注几何公差在图样上如何表示?

8. | ○ | 0.01 |、| ○ | 0.01G |、| ○ | 0.01GP | 和 | // | 0.1 | Ⓣ | A | 与 | // | 0.1 | A |,解

释在工程图样上这五种形式的标注含义。

二、作业题

1. 说明图 4.62 所示零件中底面 a、端面 b、孔表面 c 和孔的轴线 d 分别是什么要素（被测要素、基准要素、单一要素、关联要素、组成要素、导出要素）？

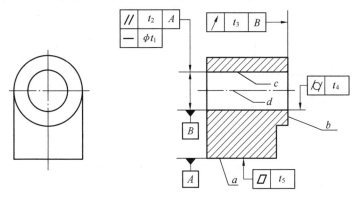

图 4.62　作业题 1 图

2. 用文字说明图 4.63 中标注的各项几何公差的含义（说明被测要素和基准要素是什么？几何公差项目符号名称、公差值和基准），画出各项几何公差的公差带（公差带形状、大小和基准）。

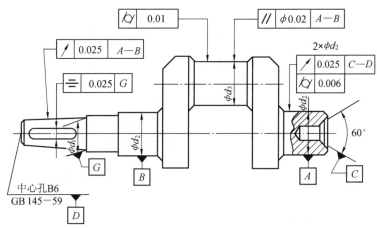

图 4.63　作业题 2 图

3. 图 4.64 所示为单列圆锥滚子轴承内圈，将下列几何公差要求标注在零件图上：

① 圆锥截面圆度公差为 6 级（注意此为几何公差等级）。

② 圆锥素线直线度公差为 7 级（$L = 50$ mm）。

③ 圆锥面对孔 $\phi 80H7$ 轴线的斜向圆跳动公差值为 0.02 mm。

④ $\phi 80H7$ 孔表面的圆柱度公差值为 0.005 mm。

⑤ 右端面对左端面的平行度公差值为 0.004 mm。

⑥ $\phi 80H7$ 遵守单一要素的包容要求。

⑦ 其余几何公差按 GB/T 1184 中的 K 级要求。

4. 在不改变几何公差项目的前提下，要求改正图 4.65 中标注的错误（按改正后的答案重新画图，重新标注）。

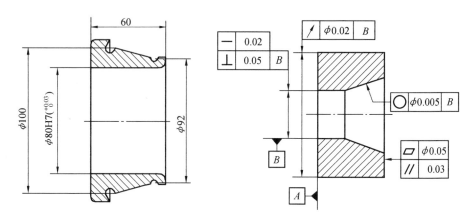

图 4.64　作业题 3 图　　　　　　　图 4.65　作业题 4 图

5. 图 4.66 中的垂直度公差各遵守什么公差原则或公差要求？说明它们的尺寸误差和几何误差的合格条件。若图 (b) 加工后测得圆柱尺寸为 ϕ19.985 mm，轴线的垂直度误差为 ϕ0.06 mm，该圆柱是否合格？为什么？

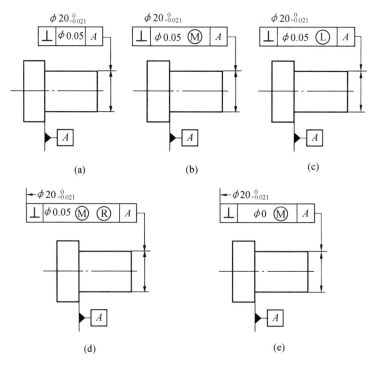

图 4.66　作业题 5 图

6. 用 SK100 框式水平仪测量某机床导轨的直线度误差，依次测得各点的读数为（μm）：+ 6，+ 6，0，− 1.5，− 1.5，+ 3，+ 3，+ 9。试在坐标纸上按最小区域法和两端点连线法分别求出该机床导轨的直线度误差值。

7. 图 4.67(a)(b) 为对某两块平板用指示表测平面度误差经按最小区域法处理后所得的数据（μm），试确定其平面度误差评定准则及其误差值。

- 2	+ 10	+ 6
- 3	- 5	+ 4
+ 10	+ 3	+ 10

（a）

+ 7	+ 6	0
- 9	+ 4	- 9
- 4	- 5	+ 7

（b）

图 4.67　作业题 7 图

8. 图 4.68（a）（b）（c）为对某三块平板用指示表测得平面度误差的原始数据（μm），试求每块平板的平面度误差值（可选用三点法或对角线法）。

0	- 5	- 15
+ 20	+ 5	- 10
0	+ 10	0

（a）

0	+ 15	+ 7
- 12	+ 20	+ 4
+ 5	- 10	+ 2

（b）

- 10	0	+ 10
- 30	- 20	- 10
- 50	- 40	- 30

（c）

图 4.68　作业题 8 图

第 5 章

表面粗糙度轮廓设计与检测

5.1 概　　述

5.1.1　表面粗糙度轮廓的定义

　　一般用垂直于零件实际表面的平面与该零件实际表面相交所得到的轮廓为评估对象,它称为表面轮廓,是一条轮廓曲线,如图 5.1(a) 所示,用表面轮廓来研究零件的表面几何形状误差。

　　在机械加工过程中,由于刀具或砂轮切削后遗留的刀痕、切削过程中切屑分离时的塑性变形以及机床的振动等原因,会使被加工零件的表面产生微小峰谷。这些微小峰谷的高低程度和间距状况称为表面粗糙度轮廓(简称表面粗糙度),它是一种微观几何形状误差。表面粗糙度应与表面形状误差(宏观几何形状误差)和表面波纹度轮廓(简称波纹度)区别开,通常波距小于 1 mm 的属于表面粗糙度,波距在 1 ~ 10 mm 的属于表面波纹度,波距大于 10 mm 的属于形状误差,如图 5.1(b) 所示。

(a) 表面轮廓　　　　　　　　　　(b) 表面几何形状误差组成

图 5.1　表面轮廓和表面几何形状误差组成

5.1.2　表面粗糙度轮廓对机械零件使用性能的影响

表面粗糙度轮廓对机械零件使用性能及其寿命影响较大,尤其对在高温、高速和高压条件下工作的机械零件影响更大,其影响主要表现在以下几个方面:

1. 对摩擦和磨损的影响

表面粗糙的两个零件,当它们接触并有相互运动时,峰顶间的接触作用就会产生摩擦阻力,使零件磨损。零件越粗糙,阻力就越大,零件磨损也越快。

但需指出,零件表面越光滑,磨损量不一定越小。因为零件的耐磨性除受表面粗糙度影响外,还与磨损下来的金属微粒的刻划,以及润滑油被挤出和分子间的吸附作用等因素有关。所以,特别光滑的表面磨损量反而增大。实验证明,磨损量与表面粗糙度 Ra(高度参数)之间的关系如图 5.2 所示。

图 5.2　磨损量与 Ra 关系的曲线

2. 对配合性质的影响

对于间隙配合,相互运动的表面因其粗糙不平而迅速磨损,致使配合的间隙增大;对于过盈配合,表面轮廓峰顶在装配时易被挤平,实际有效过盈减小,致使连接强度降低。因此,表面粗糙度影响配合性质的稳定性。

3. 对抗疲劳强度的影响

零件表面越粗糙,凹痕越深,波谷的曲率半径也越小,谷底处产生应力集中,使疲劳强度降低。特别是当零件承受交变载荷时,由于应力集中的影响,使疲劳强度降低,导致零件表面产生裂纹而损坏。

4. 对抗腐蚀性的影响

粗糙的表面,易使腐蚀性物质存积在表面的微观凹谷处,并渗入到金属内部,如图 5.3 所示,致使腐蚀加剧。因此,提高零件表面粗糙度的质量,可以增强其抗腐蚀的能力。

图 5.3　粗糙表面腐蚀示意图

此外,表面粗糙度对零件其他使用性能如结合的密封性、接触刚度、对流体流动的阻力以及对机器、仪器的外观质量及测量精度等都有很大影响。因此,为保证机械零件的使用性能,在对零件进行机械精度设计时,必须合理地提出表面粗糙度的要求。为保证零件的互换性,我国颁布了有关的表面粗糙度国家标准有《产品几何技术规范(GPS)　表面结构　轮廓法　术语、定义及表面结构参数》(GB/T 3505—2009)、《产品几何技术规范(GPS) 表面结构　轮廓法　粗糙度参数及其数值》(GB/T 1031—2009)和《产品几何技术规范(GPS)　技术产品文件中表面结构的表示法》(GB/T 131—2006)等。

5.2　表面粗糙度轮廓的评定

经加工获得的零件表面的表面粗糙度轮廓是否满足使用要求,需要进行测量和评定。

5.2.1　基本术语及定义

1. 取样长度(lr)

取样长度是用于判别被评定轮廓的不规则特征的 X 轴方向上的长度,是测量或评定表面粗糙度时所规定的一段基准线长度,它至少包含五个以上轮廓峰和谷,如图 5.4 所示,取样长度 lr 的方向与轮廓走向一致。

规定取样长度的目的在于限制和减弱其

图 5.4　取样长度和评定长度
lr— 取样长度;ln— 评定长度

他几何形状误差,特别是表面波度对测量的影响。一般表面越粗糙,取样长度就越大。取样长度的标准化值见表 5.5。

2. 评定长度(ln)

评定长度是用于判别被评定轮廓的 X 轴方向上的长度。由于零件表面粗糙度不均匀,为了合理可靠地反映表面粗糙度特征,在测量和评定时所规定的一段最小长度称为评定长度(ln)。

评定长度可包含一个或几个连续的取样长度,如图 5.4 所示。一般情况下,取 $ln = 5lr$;若被测表面比较均匀,可取 $ln < 5lr$;若均匀性差,可取 $ln > 5lr$,ln 的标准化值见表5.5。

3. 轮廓滤波器

轮廓滤波器是指把表面轮廓(图 5.1 所示实际表面轮廓)分成长波和短波成分的滤波器,它们所能抑制的波长为截止波长。

(1)长波滤波器

长波滤波器 λ_c 是指确定粗糙度和波纹度之间界限的滤波器。通过它把波长较大的波纹度的波长成分加以抑制或排除掉。长波滤波器的截止波长为 λ_c,它等于取样长度 lr,即 $\lambda_c = lr$。

(2)短波滤波器

短波滤波器 λ_s 是指确定粗糙度和比粗糙度更短的波长之间界限的滤波器。通过它把比粗糙度更短的波长成分加以抑制,从而呈现表面粗糙度轮廓,以对其进行测量和评定。短波滤波器的截止波长为 λ_s。

(3)传输带

传输带是指从短波截止波长 λ_s 至长波截止波长 λ_c 这两个极限值之间的波长范围。截止波长 λ_s 和 λ_c 的标准化值见表 5.5。

4. 中线

中线是具有几何轮廓形状并划分轮廓的基准线,基准线有下列两种:

(1)轮廓最小二乘中线(m)

轮廓最小二乘中线是指在一个取样长度内,使轮廓线上各点至该线的距离 Z_i 的平方和为最小($Z_1^2 + Z_2^2 + \cdots + Z_i^2 + \cdots + Z_n^2 = \min$)的线,即 $\int_0^{lr} Z^2(x)\,\mathrm{d}x$ 为最小,如图 5.5 所示。

(2)轮廓算术平均中线

轮廓算术平均中线是指在一个取样长度内,与轮廓走向一致,并将实际轮廓划分为上

下两部分,使上下两部分面积相等的
线,即 $F_1 + F_2 + \cdots + F_n = S_1 + S_2 + \cdots + S_m$,如图 5.5 所示。

图 5.5　轮廓中线

在轮廓图形上确定最小二乘中线的位置比较困难,可用轮廓算术平均中线,通常用目测估计确定轮廓算术平均中线。

5.2.2　评定参数

为了满足对零件表面不同的功能要求,《产品几何量技术规范(GPS)　表面结构　轮廓法　术语、定义及表面结构参数》(GB/T 3505—2009)从表面微观几何形状的幅度、间距和混合三个方面的特征,规定了相应的评定参数。

1. 幅度参数(高度参数)

(1) 轮廓的算术平均偏差 Ra

如图 5.5 所示,在一个取样长度内纵坐标值 $Z(x)$ 绝对值的算术平均值,用符号 Ra 表示,即

$$Ra = \frac{1}{lr}\int_0^{lr} |Z(x)|\, \mathrm{d}x \tag{5.1}$$

或近似为

$$Ra = \frac{1}{n}\sum_{i=1}^{n} |Z_i| \tag{5.2}$$

测得的 Ra 值越大,则表面越粗糙。Ra 能客观地反映表面微观几何形状误差,但因受到计量器具功能限制,不宜用作过于粗糙或太光滑表面的评定参数。

(2) 轮廓的最大高度 Rz

如图 5.6 所示,在一个取样长度内,最大轮廓峰高 Zp 和最大轮廓谷深 Zv 之和的高度,用符号 Rz 表示。即

$$Rz = Zp + Zv \tag{5.3}$$

式中,Zp(图中 $Zp = Zp_6$)、Zv(图中 $Zv = Zv_2$)都取正值。

图 5.6　轮廓的最大高度

幅度参数(Ra、Rz)是标准规定在零件图上必须标注 Ra 或 Rz,故称为基本参数。

2. 间距参数

某个轮廓峰与相邻轮廓谷的组合称为轮廓单元,如图 5.7 所示,在一个取样长度内,中线与各个轮廓单元相交线段的长度称为轮廓单元宽度,用符号 Xsi 表示。

轮廓单元的平均宽度 Rsm:在一个取样长度内轮廓单元宽度 Xsi 的平均值,用符号 Rsm 表示,即

$$Rsm = \frac{1}{m}\sum_{i=1}^{m} Xsi \tag{5.4}$$

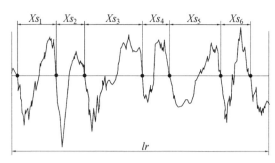

图 5.7　轮廓单元的宽度

3. 混合参数(形状参数)

轮廓的支承长度率 $Rmr(c)$:如图 5.8 所示,在给定水平位置 C 上轮廓的实体材料长度 $Ml(c)$ 与评定长度的比率,用符号 $Rmr(c)$ 表示,即

$$Rmr(c) = \frac{Ml(c)}{ln} \tag{5.5}$$

所谓轮廓的实体材料长度 $Ml(c)$,如图 5.8(a) 所示,是指在评定长度内,一条平行于 X 轴的直线从峰顶线向下移一个给定的水平截距 c 时,与轮廓相截所得的各段截线长度之和,即

$$Ml(c) = b_1 + b_2 + \cdots + b_i + \cdots + b_n = \sum_{i=1}^{n} b_i \tag{5.6}$$

图 5.8　支承比率曲线

轮廓的水平截距 c 可用微米或用它占轮廓最大高度百分比表示。由图 5.8(a) 可以看出,支承长度率是随着水平截距的大小而变化的,其关系曲线称支承长度率曲线,如图 5.8(b) 所示。支承长度率曲线对于反映表面耐磨性具有显著的功效。从图中可以明显看出支承长度率的变化趋势,且比较直观。

间距参数(Rsm) 与混合参数 $Rmr(c)$,相对基本参数而言,它们称为附加参数。它们是只有少数零件的重要表面有特殊使用要求时才选用的附加评定参数,不能独立采用。

5.3　表面粗糙度轮廓的设计

5.3.1　表面粗糙度轮廓的参数数值

表面粗糙度轮廓的参数值已经标准化,设计时应按《产品几何技术规范(GPS)　表面结构　轮廓法　表面粗糙度参数及其数值》(GB/T 1031—2009) 规定的表面粗糙度参数及其数值中选取,必要时也可以选用补充系列中的数值。

幅度参数值列于表 5.1 和表 5.2 中,间距参数值列于表 5.3 中,混合参数值列于表 5.4 中。

表 5.1　轮廓的算术平均偏差 *Ra* 的数值(摘自 GB/T 1031—2009)　　μm

基本系列			补充系列				
0.012	0.4	12.5	0.008	0.063	0.50	4.0	32
0.025	0.8	25	0.010	0.080	0.63	5.0	40
0.05	1.6	50	0.016	0.125	1.00	8.0	63
0.1	3.2	100	0.020	0.160	1.25	10.0	80
0.2	6.3		0.032	0.25	2.0	16.0	
			0.040	0.32	2.5	20	

注:补充系列摘自 GB/T 1031—2009 附录。

表 5.2　轮廓的最大高度 *Rz* 的数值(摘自 GB/T 1031—2009)　　μm

基本系列			补充系列				
0.025	1.6	100	0.032	0.32	4.0	40	500
0.05	3.2	200	0.040	0.50	5.0	63	630
0.1	6.3	400	0.063	0.63	8.0	80	1 000
0.2	12.5	800	0.080	1.00	10.0	125	1 250
0.4	25	1 600	0.125	1.25	16.0	160	
0.8	50		0.160	2.0	20	250	
			0.25	2.5	32	320	

注:补充系列摘自 GB/T 1031—2009 附录。

表 5.3　轮廓单元的平均宽度 *Rsm* 的数值(摘自 GB/T 1031—2009)　　mm

基本系列			补充系列				
0.006	0.2	3.2	0.002	0.016	0.125	1.00	8.0
0.012 5	0.4	6.3	0.003	0.020	0.160	1.25	10.0
0.025	0.8	12.5	0.004	0.023	0.25	2.0	
0.05	1.6		0.005	0.040	0.32	2.5	
0.1			0.008	0.063	0.5	4.0	
			0.010	0.080	0.63	5.0	

注:补充系列摘自 GB/T 1031—2009 附录。

表 5.4　轮廓的支承长度率 *Rmr*(*c*) 的数值(摘自 GB/T 1031—2009)　　%

10	15	20	25	30	40	50	60	70	80	90

注:选用支承长度率 *Rmr*(*c*) 时,必须同时给出轮廓截面高度 *C* 的数值。它可用微米或 *Rz* 的百分数表示,*Rz* 的百分数系列如下:5%、10%、15%、20%、25%、30%、40%、50%、60%、70%、80%、90%。

在一般情况下,测量 *Ra*、*Rz* 和 *Rsm* 时,推荐按表 5.5 选用对应的传输带、取样长度及评定长度值,此时在图样上可省略标注。当有特殊要求不能选用表 5.5 中数值时,应在图样上标注出传输带、取样长度及评定长度值。

表5.5　*Ra*、*Rz* 和 *Rsm* 的标准取样长度 *lr* 和评定长度 *ln*

（摘自 GB/T 1031—2009、GB/T 6062—2009 和 GB/T 10610—2009）

| *Ra*/μm | *Rz*/μm | *Rsm*/mm | 传输带 | *lr* | *ln* = 5 × *lr*/mm |
			λs − λc/mm	*lr* = λc/mm	
≥ 0.008 ~ 0.02	≥ 0.025 ~ 0.1	≥ 0.013 ~ 0.04	0.002 5 − 0.08	0.08	0.4
> 0.02 ~ 0.1	> 0.1 ~ 0.5	> 0.04 ~ 0.13	0.002 5 − 0.25	0.25	1.25
> 0.1 ~ 2	> 0.5 ~ 10	> 0.13 ~ 0.4	0.002 5 − 0.8	0.8	4
> 2 ~ 10	> 10 ~ 50	> 0.4 ~ 1.3	0.008 − 2.5	2.5	12.5
> 10 ~ 80	> 50 ~ 320	> 1.3 ~ 4	0.025 − 8	8	40

注：λs 和 λc 分别为短波和长波滤波器截止波长；λs 至 λc 的波长范围表示滤波器传输带。取样长度 *lr* = λc。

5.3.2　表面粗糙度轮廓参数的选用

1. 评定参数的选用

（1）对幅度参数的选用

一般情况下可以从幅度参数 *Ra* 和 *Rz* 中任选一个，但在常用值范围内（*Ra* 为0.025 ~ 6.3 μm），优先选用 *Ra*。因为通常采用电动轮廓仪测量零件表面的 *Ra* 值，其测量范围为 0.02 ~ 8 μm。

Rz 通常用光学仪器 —— 双管显微镜或干涉显微镜测量。粗糙度要求特别高或特别低（*Ra* < 0.025 μm 或 *Ra* > 6.3 μm）时，选用 *Rz*。*Rz* 用于测量部位小、峰谷小或有疲劳强度要求的零件表面的评定。

图 5.9　微观形状对质量的影响

图 5.9 中，三种表面的轮廓最大高度参数相同，但使用质量显然不同，由此可见，只用幅度参数不能全面反映零件表面微观几何形状误差。

（2）对间距参数和混合参数的选用

对附加评定参数 *Rsm* 和 *Rmr(c)*，一般不能作为独立参数选用，只有少数零件的重要表面有特殊使用要求时才附加选用，同时还要选用 *Ra* 或 *Rz*。

单元的平均宽度 *Rsm* 主要在对涂漆性能，冲压成形时抗裂纹、抗振、抗腐蚀、减小流体流动摩擦阻力等有要求时附加选用。

支承长度率 *Rmr(c)* 主要在耐磨性、接触刚度要求较高等场合附加选用。

2. 参数值的选用

表面粗糙度参数值的选用原则首先是满足功能要求，其次是考虑经济性及工艺的可能性。在满足功能要求的前提下，参数的允许值应尽可能大些（除 *Rmr(c)* 外）。在工程实际中，由于表面粗糙度和功能的关系十分复杂，因而很难准确地确定参数的允许值，在具体设计时，一般多采用经验统计资料，用类比法来选用。

根据类比法初步确定表面粗糙度轮廓幅度参数极限值后，再根据工作条件做适当调整。选用时应注意以下原则：

① 同一零件上,工作表面的 Ra 或 Rz 值比非工作表面小。

② 摩擦表面 Ra 或 Rz 值比非摩擦表面小。

③ 运动速度高、单位面积压力大,以及受交变应力作用的重要零件的圆角沟槽的表面粗糙度值都应较小。

④ 配合性质要求高的配合表面(如小间隙配合的配合表面)、受重载荷作用的过盈配合表面的表面粗糙度值都应较小。

⑤ 在确定表面粗糙度幅度参数值时,应注意它与尺寸公差和形状公差协调。可参考下列比例关系确定:

$$t_形 \approx 0.6T_尺 \qquad 则 \ Ra \leqslant 0.05T_尺 \qquad Rz \leqslant 0.2T_尺$$
$$t_形 \approx 0.4T_尺 \qquad 则 \ Ra \leqslant 0.025T_尺 \qquad Rz \leqslant 0.1T_尺$$
$$t_形 \approx 0.25T_尺 \qquad 则 \ Ra \leqslant 0.012T_尺 \qquad Rz \leqslant 0.05T_尺$$
$$t_形 < 0.25T_尺 \qquad 则 \ Ra \leqslant 0.15t_形 \qquad Rz \leqslant 0.6t_形$$

根据上述比例关系计算的数值,从表5.1和表5.2中选取最接近的标准化值。

⑥ 一般情况,尺寸公差值越小,几何公差值、表面粗糙度的 Ra 或 Rz 值应越小,同一公差等级时,轴的表面粗糙度数值应比孔小。对于同一公差等级的不同尺寸的孔或轴,小尺寸的孔或轴的表面粗糙度数值比大尺寸要求小一些。

⑦ 要求防腐蚀、密封性能好或要求外表美观的表面粗糙度数值应较小。

⑧ 凡有关标准已对表面粗糙度要求做出规定(如与滚动轴承配合的轴颈和外壳孔的表面粗糙度),则应按该标准确定表面粗糙度参数值。

表5.6～表5.8分别列出了表面粗糙度轮廓的表面特征、经济加工方法和应用举例,轴和孔的表面粗糙度参数推荐值以及各种加工方法可能达到的表面粗糙度,供类比法选用时参考。

表 5.6　表面粗糙度轮廓的表面特征、经济加工方法及应用举例

表面微观特性		$Ra/\mu m$	加工方法	应　用　举　例
粗糙表面	微见刀痕	≤ 20	粗车、粗刨、粗铣、钻、毛锉、锯断	半成品粗加工过的表面,非配合的加工表面,如轴端面、倒角、钻孔、齿轮和皮带轮侧面、键槽底面、垫圈接触面
半光表面	微见加工痕迹	≤ 10	车、刨、铣、镗、钻、粗铰	轴上不安装轴承、齿轮处的非配合表面,紧固件的自由装配表面,轴和孔的退刀槽
半光表面	微见加工痕迹	≤ 5	车、刨、铣、镗、磨、拉、粗刮、滚压	半精加工表面,箱体、支架、盖面、套筒等和其他零件结合而无配合要求的表面,需要发蓝的表面等
半光表面	看不清加工痕迹	≤ 2.5	车、刨、铣、镗、磨、拉、刮、压、铣齿	接近于精加工表面,箱体上安装轴承的镗孔表面,齿轮的工作面
光表面	可辨加工痕迹方向	≤ 1.25	车、镗、磨、拉、刮、精铰、磨齿、滚压	圆柱销、圆锥销,与滚动轴承配合的表面,普通车床导轨面,内、外花键定心表面
光表面	微辨加工痕迹方向	≤ 0.63	精铰、精镗、磨、刮、滚压	要求配合性质稳定的配合表面,工作时受交变应力的重要零件,较高精度车床的导轨面
光表面	不可辨加工痕迹方向	≤ 0.32	精磨、珩磨、研磨、超精加工	精密机床主轴锥孔、顶尖圆锥面、发动机曲轴、凸轮轴工作表面,高精度齿轮齿面

续表 5.6

表面微观特性		$Ra/\mu m$	加工方法	应 用 举 例
极光表面	暗光泽面	≤0.16	精磨、研磨、普通抛光	精密机床主轴轴颈表面,一般量规工作表面,汽缸套内表面,活塞销表面
	亮光泽面	≤0.08	超精磨、精抛光、镜面磨削	精密机床主轴轴颈表面,滚动轴承的滚珠,高压油泵中柱塞和柱塞套配合表面
	镜状光泽面	≤0.04		
	镜 面	≤0.01	镜面磨削、超精研	高精度量仪、量块的工作表面,光学仪器中的金属镜面

表 5.7 轴和孔的表面粗糙度轮廓参数推荐值

表 面 特 征			$Ra/\mu m$ 不 大 于		
轻度装卸零件的配合表面(如挂轮、滚刀等)	公差等级	表 面	公 称 尺 寸/mm		
			到 50	大于 50 到 500	
	5	轴	0.2	0.4	
		孔	0.4	0.8	
	6	轴	0.4	0.8	
		孔	0.4 ~ 0.8	0.8 ~ 1.6	
	7	轴	0.4 ~ 0.8	0.8 ~ 1.6	
		孔	0.8	1.6	
	8	轴	0.8	1.6	
		孔	0.8 ~ 1.6	1.6 ~ 3.2	

过盈配合的配合表面 ①装配按机械压入法 ②装配按热处理法	公差等级	表 面	公 称 尺 寸/mm		
			到 50	大于 50 到 120	大于 120 到 500
	5	轴	0.1 ~ 0.2	0.4	0.4
		孔	0.2 ~ 0.4	0.8	0.8
	6 ~ 7	轴	0.4	0.8	1.6
		孔	0.8	1.6	1.6
	8	轴	0.8	0.8 ~ 1.6	1.6 ~ 3.2
		孔	1.6	1.6 ~ 3.2	1.6 ~ 3.2
	—	轴	1.6		
		孔	1.6 ~ 3.2		

精密定心用配合的零件表面	表 面	径 向 跳 动 公 差/μm					
		2.5	4	6	10	16	25
		$Ra/\mu m$ 不 大 于					
	轴	0.05	0.1	0.1	0.2	0.4	0.8
	孔	0.1	0.2	0.2	0.4	0.8	1.6

续表 5.7

表　面　特　征		$Ra/\mu m$　不　大　于		
滑动轴承的配合表面	表　面	公　差　等　级		液体湿摩擦条件
		6 ~ 9	10 ~ 12	
		$Ra/\mu m$ 不　大　于		
	轴	0.4 ~ 0.8	0.8 ~ 3.2	0.1 ~ 0.4
	孔	0.8 ~ 1.6	1.6 ~ 3.2	0.2 ~ 0.8

表 5.8　各种常用加工方法可能达到的表面粗糙度轮廓

加工方法		表　面　粗　糙　度　$Ra/\mu m$													
		0.012	0.025	0.05	0.100	0.20	0.40	0.80	1.60	3.20	6.30	12.5	25	50	100
砂模铸造											▬	▬	▬	▬	▬
压力铸造							▬	▬	▬	▬	▬	▬			
模锻								▬	▬	▬	▬	▬	▬		
挤压							▬	▬	▬	▬	▬	▬			
刨削	粗									▬	▬	▬	▬	▬	
	半精							▬	▬	▬	▬	▬			
	精						▬	▬	▬	▬	▬				
插削									▬	▬	▬	▬	▬		
钻孔									▬	▬	▬	▬	▬		
金刚镗孔				▬	▬	▬	▬	▬							
镗孔	粗									▬	▬	▬	▬	▬	
	半精							▬	▬	▬	▬				
	精						▬	▬	▬	▬					
端面铣	粗								▬	▬	▬	▬	▬		
	半精							▬	▬	▬	▬	▬			
	精						▬	▬	▬	▬	▬				
车外圆	粗									▬	▬	▬	▬	▬	
	半精								▬	▬	▬	▬			
	精						▬	▬	▬	▬	▬				
磨平面	粗							▬	▬	▬	▬				
	半精						▬	▬	▬						
	精				▬	▬	▬	▬							
研磨	粗					▬	▬	▬							
	半精			▬	▬	▬	▬								
	精	▬	▬	▬	▬										

5.4　表面粗糙度轮廓的图形符号、代号及其注法

图样上所标注的表面粗糙度轮廓符号、代号,是该表面完工后的要求。表面粗糙度轮廓的标注应符合《技术产品文件中表面结构的表示法》(GB/T 131—2006)的规定。

5.4.1　表面粗糙度轮廓的图形符号

在技术产品文件中对表面粗糙度轮廓的技术要求应按标准规定的图形符号表示。表面粗糙度轮廓的图形符号分为基本图形符号、扩展图形符号、完整图形符号和工件轮廓各表面的图形符号,见表5.9。

表5.9　表面粗糙度轮廓的图形符号及其含义

名　　称	符　　号	含　　义
基本图形符号 (简称基本符号)		由两条不等长的相交直线构成,其夹角为60°。 未指定工艺方法获得的表面。仅用于简化代号标注,没有补充说明时不能单独使用
扩展图形符号		用去除材料方法获得的表面。如通过机械加工方法获得的表面
		用不去除材料方法获得的表面;也可用于表示保持上道工序形成的表面
完整图形符号		在基本图形符号和扩展图形符号的长边上加一横线,用于标注表面粗糙度特征的补充信息
工件轮廓各表面的图形符号		在完整图形符号上加一圆圈,表示在图样某个视图上构成封闭轮廓的各表面有相同的表面粗糙度要求。它标注在图样中工件的封闭轮廓线上,如果标注会引起歧义时,各表面应分别标注

5.4.2　表面粗糙度轮廓技术要求在零件图上的注法

1. 表面粗糙度轮廓技术要求在完整图形符号上标注

为了明确表面粗糙度技术要求,除了标注表面粗糙度单一要求外,必要时还应标注补充要求。单一要求是指粗糙度参数及其数值;补充要求是指传输带、取样长度、加工工艺、表面纹理和加工余量等。在完整的图形符号中,对上述要求应注写在图5.10所示的指定位置上。

2. 表面粗糙度轮廓技术要求在完整图形符形中的注法

表面粗糙度轮廓技术要求在完整图形上注法如图5.10和图5.11所示。

(1)位置 a 处——注写表面粗糙度幅度参数 Ra 或 Rz,该要求是不能省略的。它包括表面粗糙度参数代号、极限值和传输带或取样长度等,如图5.11所示。

图 5.10　表面粗糙度轮廓技术
　　　　　要求的标注位置

图 5.11　表面粗糙度单一要求的标注

图 5.11 中标注的内容详细说明如下：

① 上限或下限的标注。在完整图形符号中，表示双向极限时应标注上限符号"U"和下限符号"L"，上限在上方，下限在下方，如图 5.11 和表 5.10(3) 所示。如果同一参数具有双向极限要求，在不引起歧义时，可以省略"U"和"L"的标注，见表 5.10(8)。当只有单向极限要求时，若为单向上限值，则均可省略"U"的标注，见表 5.10(7)；若为单向下限值，则必须加注"L"，见表 5.10(4)。

② 传输带和取样长度的标注。传输带是指两个滤波器（短波滤波器和长波滤波器）的截止波长值之间的波长范围（即评定时的波长范围）。长波滤波器的截止波长值也就是取样长度 lr，见表 5.10(6) 中 $lr = 0.8$ mm。传输带标注时，短波滤波器的截止波长值在前，长波滤波器的截止波长值在后，并用连字号"－"隔开，见表 5.10(8)。在某些情况下，在传输带中只标注两个滤波器中的一个，若未标注滤波器也存在，则使用它的默认截止波长值。如果只标注一个滤波器，也应保留连字号"－"来区分是短波还是长波滤波器的截止值，见表 5.10(6)。

③ 参数代号的标注。表面粗糙度参数代号标注在传输带或取样长度后，它们之间加一斜线"/"隔开，见表 5.10(5)(6)。

④ 评定长度 ln 的标注。如果采用默认的评定长度，即采用 $ln = 5lr$，则评定长度可省略标注。如果评定长度不等于 $5lr$，则应在相应参数代号后注出取样长度 lr 的个数，见表 5.10(6)($ln = 3lr$)。

⑤ 极限值判断规则和极限值的标注。参数极限值的判断原则有"16% 规则"和"最大规则"两种。"16% 规则"是所有表面结构要求标注的默认规则（省略标注），其含义是同一评定长度内幅度参数所有的实测值中，大于上限值的个数少于总数的 16%，且小于下限值的个数少于总数的 16%，则认为合格。"最大规则"是指在整个被测表面上，幅度参数所有实测值都不大于上限值，则认为合格。采用"最大规则"时，应在参数代号后增加标注一个"max"的标记，见表 5.10(2)(3)。

为了避免误解，在参数代号和极限值之间应插入一个空格。

表面粗糙度的其他要求（图 5.10 中位置 b、c、d 和 e 处）可根据零件功能需要标注。

(2) 位置 b 处 —— 注写表面粗糙度附加参数，见表 5.10(7)。如果要注写两个附加参数要求，图形符号应在垂直方向扩大，以空出足够空间。此时，a、b 的位置随之上移。

(3) 位置 c 处 —— 注写加工方法、表面处理、涂层和其他加工工艺要求等（如车、磨、镀等加工表面），见表 5.10(7)。

（4）位置 d 处 —— 注写所要求的表面纹理。标准规定了加工纹理，见表 5.11。

（5）位置 e 处 —— 注写所要求的加工余量（单位为 mm），见表 5.10（8）。

表 5.10　表面粗糙度轮廓的标注示例

序号	标注示例	含　义
1	$\sqrt{Rz\ 0.4}$	表示不允许去除材料，单向上限值，默认传输带，轮廓的最大高度 0.4 μm，评定长度为 5 个取样长度（默认），"16% 规则"（默认）
2	$\sqrt{\begin{array}{l}Rz\ max\ 0.2\\Rmr(50)\end{array}}$	表示去除材料，单向上限值，默认传输带，轮廓最大高度的最大值 0.2 μm，评定长度为 5 个取样长度（默认），"最大规则"。附加支承长度率 $Rmr(50)$
3	$\sqrt{\begin{array}{l}U\ Ra\ max\ 3.2\\L\ Ra\ 0.8\end{array}}$	表示不允许去除材料，双向极限值，两极限值均使用默认传输带，上限值：算术平均偏差 3.2 μm，评定长度为 5 个取样长度（默认），"最大规则"；下限值：算术平均偏差 0.8 μm，评定长度为 5 个取样长度（默认），"16% 规则"（默认）
4	$\sqrt{L\ Ra\ 1.6}$	表示任意加工方法，单向下限值，默认传输带，算术平均偏差 1.6 μm，评定长度为 5 个取样长度（默认），"16% 规则"（默认）
5	$\sqrt{0.008-0.8/Ra\ 3.2}$	表示去除材料，单向上限值，传输带 0.008 ～ 0.8 mm，算术平均偏差 3.2 μm，评定长度为 5 个取样长度（默认），"16% 规则"（默认）
6	$\sqrt{-0.8/Ra\ 3\ \ 3.2}$	表示去除材料，单向上限值，传输带：根据《产品几何技术规范（GPS）　表面结构　轮廓法　接触（触针）式仪器的标称特性》（GB/T 6062—2009），λ_s = 0.002 5（默认）～λ_c = 0.8 mm，取样长度 0.8 mm，算术平均偏差 3.2 μm，评定长度包含 3 个取样长度（即 ln = 0.8 mm × 3 = 2.4 mm），"16% 规则"（默认）
7	$\overset{铣}{\underset{\perp}{\sqrt{\begin{array}{l}Ra\ 0.8\\-2.5/Rz\ 3.2\\Rsm\ 0.05\end{array}}}}$	表示去除材料，两个单向上限值：① 默认传输带和评定长度，算术平均偏差 0.8 μm，"16% 规则"（默认）；② 传输带：根据 GB/T 6062，0.008（默认）～ 2.5 mm，默认评定长度，轮廓的最大高度 3.2 μm，"16% 规则"（默认）。表面纹理垂直于视图所在的投影面。加工方法为铣削。附加轮廓单元平均宽度 Rsm 为 0.05 mm
8	$3\sqrt{\begin{array}{l}0.008-4/Ra\ 50\\0.008-4/Ra\ 6.3\end{array}}$	表示去除材料，双向极限值：上限值 Ra = 50 μm，下限值 Ra = 6.3 μm；上、下极限传输带均为 0.008 ～ 4 mm；默认的评定长度均为 l_n = 4 × 5 = 20 mm；"16% 规则"（默认）。加工余量为 3 mm
9	$\sqrt{\quad}$　$\sqrt{Y}$　$\sqrt{Z}$	简化符号：符号及所加字母的含义由图样中的标注说明

表 5.11　表面纹理的标注(摘自 GB/T 131—2006)

符　号	解释和示例	
═	纹理平行于视图所在的投影面	纹理方向
⊥	纹理垂直于视图所在的投影面	纹理方向
✕	纹理呈两斜向交叉且与视图所在的投影面相交	纹理方向

5.4.3　表面粗糙度轮廓技术要求在图样上的标注示例

　　表面粗糙度轮廓技术要求对零件的每一表面一般只标注一次,并尽可能标注在相应的尺寸及其公差的同一视图上。除非另有说明,所标注的表面粗糙度轮廓要求只是对完工零件表面的要求。表面粗糙度轮廓要求在图样上的标注方法示例见表 5.12。

表 5.12　表面粗糙度轮廓技术要求在图样上的标注方法示例

要　求	图　例	说　明
表面粗糙度要求的注写方向		表面粗糙度的注写和读取方向与尺寸的注写及读取方向一致

续表 5. 12

要　　求	图　　例	说　　明
表面粗糙度要求标注在轮廓线上或指引线上		表面粗糙度要求可标注在轮廓线上,其符号应从材料外指向并接触表面
		必要时,表面粗糙度符号也可用箭头或黑点的指引线引出标注
表面粗糙度要求在特征尺寸线上的标注		在考虑不引起误解的情况下,表面粗糙度要求可以标注在给定的尺寸线上
表面粗糙度要求在几何公差框格上的标注		表面粗糙度可标注在几何公差框格的上方,也可标注在框格上面注出了被测要素尺寸的上方

续表 5.12

要　　求	图　　例	说　　明
表面粗糙度要求在延长线上的标注		表面粗糙度可以直接标注在延长线上,或用带箭头的指引线引出标注。 　圆柱和棱柱表面的表面粗糙度要求只标一次
		如果棱柱的每个表面有不同的表面粗糙度要求,则应分别单独标注
大多数表面(包括全部)有相同表面粗糙度要求的简化标注		如果工件的多数表面有相同的表面粗糙度要求,则其要求可统一标注在标题栏附近。此时,表面粗糙度要求的符号后面要加上圆括号,并在圆括号内给出基本符号
		如果工件全部表面有相同的表面粗糙度要求,则其要求可统一标注在标题栏附近

续表 5.12

要　求	图　例	说　明
多个表面有相同的表面粗糙度要求或图纸空间有限时的简化标注	在图纸空间有限时的简化标注 (a)未指定工艺方法的多个表面结构要求的简化注法 (b)要求去除材料的多个表面结构要求的简化注法 (c)不允许去除材料的多个表面结构要求的简化注法	可用带字母的完整符号,以等式的形式,在标题栏附近,对有相同表面粗糙度要求的表面进行简化标注 可用表面粗糙度基本符号(a)和扩展图形符号(b)(c),以等式的形式给出多个表面有相同的表面粗糙度要求
键槽表面的表面粗糙度要求的注法		键槽宽度两侧面的表面粗糙度要求标注在键槽宽度的尺寸线上:单向上限值 $Ra = 3.2\ \mu m$;键槽底面的表面粗糙度要求标注在带箭头的指引线上:单向上限值 $Ra = 6.3\ \mu m$(其他要求:极限值的判断原则、评定长度和传输带等均为默认)
倒角、倒圆表面的表面粗糙度要求的注法		倒圆表面的表面粗糙度要求标注在带箭头的指引线上:单向上限值 $Ra = 1.6\ \mu m$;倒角表面的表面粗糙度要求标注在其轮廓延长线上:单向上限值 $Ra = 6.3\ \mu m$
两种或多种工艺获得的同一表面的注法		由几种不同的工艺方法获得的同一表面,当需要明确每种工艺方法的表面粗糙度要求时,可按照左图进行标注。第一道工序:单向上限值 $Rz = 1.6\ \mu m$;第二道工序:镀铬表面粗糙度无要求;第三道工序:单向上限值(仅在 50 mm 内)$Rz = 6.3\mu m$

5.5　表面粗糙度轮廓的检测

表面粗糙度的检测方法主要有比较法、光切法、针描法、干涉法、激光反射法、激光全息法、印模法和三维几何表面测量法等。

1. 比较法

比较法是将被测表面与已知其评定参数值的粗糙度样板相比较,当被测表面精度较高时,可借助于放大镜、比较显微镜进行比较,以提高检测精度。比较样板的选择应使其材料、形状和加工方法与被测工件尽量相同。

视觉比较适宜于检测 Ra 值为 $0.16 \sim 100\ \mu m$ 的外表面。

触觉比较是用手指甲的感觉来判别,适宜于检测 Ra 值为 $1.25 \sim 10\ \mu m$ 的外表面。

比较法简单实用,适合于车间条件下判断较粗糙的表面。比较法的判断准确程度与检验人员的技术熟练程度有关。

2. 光切法

光切法是利用"光切原理"测量表面粗糙度的方法。

光切法测量原理示意图如图 5.12 所示。由光源发出的光线经狭缝后形成一个光带,此光带以与被测表面成夹角为 45°的方向 A 与被测表面相截,被测表面的轮廓影像沿 B 向反射后可由显微镜中观察得到图 5.12(b)。其光路系统如图 5.12(c)所示,光源 1 通过聚光镜 2、狭缝 3 和物镜 5,以 45°角的方向投射到工件表面 4 上,形成一条窄细光带。光带边缘的形状,即光束与工件表面的交线,也就是工件在 45° 截面上的轮廓形状,此轮廓曲线的波峰在 S_1 点反射,波谷在 S_2 点反射,通过物镜 5,分别成像在分划板 6 上的 S''_1 和 S''_2 点,从目镜 7 可观察到其峰、谷影像高度差为 h''。由仪器的测微装置可读出此值,按定义测出评定参数 Rz 的数值。

按光切原理设计制造的表面粗糙度测量仪器称为光切显微镜(或双管显微镜),其测量范围 Rz 为 $0.8 \sim 80\ \mu m$。

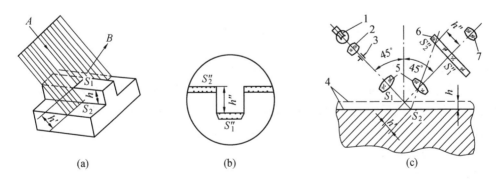

图 5.12　光切法测量原理示意图

1— 光源;2— 聚光镜;3— 狭缝;4— 工件表面;5— 物镜;6— 分划板;7— 目镜

3. 针描法

针描法是利用仪器的触针在被测表面上轻轻划过,被测表面的表面粗糙度将使触针作垂直方向的位移,再通过传感器将位移量转换成电量,经信号放大后送入计算机,在显示器上示出被测表面粗糙度的评定参数值。也可由记录器绘制出被测表面轮廓的误差图形,其工作原理如图5.13所示。

按针描法原理设计制造的表面粗糙度测量仪器通常称为轮廓仪。根据转换原理的不同,轮廓仪可以有电感式轮廓仪、电容式轮廓仪、压电式轮廓仪等。轮廓仪可测 Ra、Rz、Rsm 及 $Rmr(c)$ 等多个参数。

图 5.13　针描法测量原理示意图

除上述轮廓仪外,还有光学触针轮廓仪,它是非接触测量,可以防止划伤零件表面,这种仪器通常直接显示 Ra 值,其测量范围为 $0.02 \sim 5 \ \mu m$。

4. 干涉法

干涉法是利用光波干涉原理测量表面粗糙度的方法。根据干涉原理设计制造的仪器称为干涉显微镜,其基本光路系统如图5.14(a)所示。由光源1发出的光线经平面镜2反射向上,至半透半反分光镜3后分成两束。一束向上射至被测表面4返回,另一束向左射至参考镜5返回。此两束光线会合后形成一组干涉条纹。干涉条纹的弯曲程度反映了被测表面不平度的状况,如图5.14(b)所示。仪器的测微装置可按定义测出相应的评定参数 Rz 值,其测量范围为 $0.025 \sim 0.8 \ \mu m$。

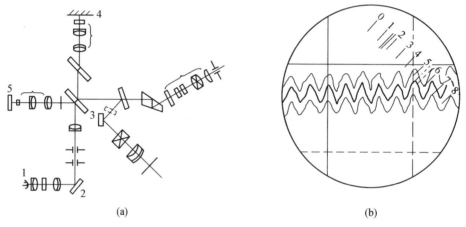

(a)　　　　　　　　　　　　　　(b)

图 5.14　干涉法测量原理示意图

5. 激光反射法

激光反射法的基本原理是激光束以一定的角度照射到被测表面,除了一部分光被吸收以外,大部分被反射和散射。反射光与散射光的强度及其分布与被照射表面的表面粗糙度状况有关。通常,反射光较为集中形成明亮的光斑,散射光则分布在光斑周围形成较弱的光带。较为光洁的表面,光斑较强、光带较弱且宽度较小;较为粗糙的表面则光斑较弱、光带较强且宽度较大。

6. 激光全息法

激光全息法的基本原理是用激光照射被测表面,利用相干辐射,拍摄被测表面的全息照片,即一组表面轮廓的干涉图形,然后用硅光电池测量黑白条纹的强度分布,测出黑白条纹的反差比,从而评定被测表面的粗糙程度。当激光波长 $\lambda = 632.8 \ nm$ 时,其测量范围为 $0.05 \sim 0.8 \ \mu m$。

7. 印模法

印模法是用塑性材料将被测表面复制下来,然后再对印模进行测量。常用的印模材料有川蜡、石蜡、赛璐珞、低熔点合金等。由于印模材料不可能完全填满被测表面的谷底，取下印模时又会使波峰被破坏，因此印模的幅度参数值通常比被测表面的幅度参数实际值要小些，应根据实验结果进行修正。印模法适用于内表面粗糙度的检测。

8.三维几何表面测量

表面粗糙度的一维和二维测量只能反映表面不平度的某些几何特征，把它作为表征整个表面的统计特征是很不充分的，只有用三维评定参数才能真实地反映被测表面的实际特征。为此国内外都在致力于研究开发三维几何表面测量技术，现已将光纤法、微波法和电子显微镜等测量方法成功地应用于三维几何表面的测量。

习　题　五

一、思考题

1. 表面粗糙度轮廓的含义是什么？对零件的工作性能有哪些影响？

2. 试述测量和评定表面粗糙轮廓时取样长度、评定长度和传输带的含义。

3. 轮廓中线的含义和作用是什么？为什么规定了取样长度还要规定评定长度？两者之间有什么关系？

4. 表征表面粗糙度轮廓的幅度参数有哪些？试述它们的含义和测量方法。

5. 表面粗糙度轮廓的选用原则是什么？如何选用？

6. 常用的表面粗糙度轮廓测量方法有哪几种？电动轮廓仪、光切显微镜、干涉显微镜各适用于测量哪些参数？

7. 表面粗糙度轮廓的图样标注中，什么情况注出评定参数的上限值、下限值？什么情况要注出最大值？上限值和下限值与最大值如何标注？

二、作业题

1. 解释图5.15中标注的各表面粗糙度轮廓技术要求的含义。

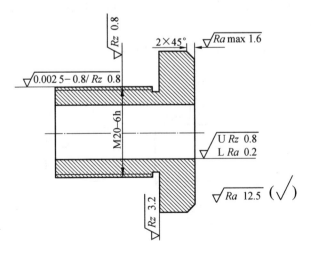

图 5.15　作业题1图

2. 用类比法分别确定 $\phi50t5$ 轴和 $\phi50T6$ 孔的配合表面粗糙度轮廓幅度参数 Ra 的上限值。

3. 在一般情况下，$\phi40H7$ 和 $\phi6H7$ 相比，$\phi40\dfrac{H6}{f5}$ 和 $\phi40\dfrac{H6}{s5}$ 相比，其表面何者选用较小的粗糙度的上限值。

4. 用双管显微镜测量表面粗糙度轮廓，在各取样长度 lr_i 内测量微观不平度幅度数值，见表 5.13，若目镜测微计的分度值 $i=0.6~\mu\mathrm{m}$，试计算 Rz 值。

表 5.13　作业题 4 的数据

lr_i	lr_1	lr_2	lr_3	lr_4
最高点（格）	438	453	516	541
	458	461	518	540
	452	451	518	538
	449	448	520	536
	467	460	521	537
最低点（格）	461	468	534	546
	460	474	533	546
	477	472	530	550
	477	471	526	558
	478	458	526	552

5. 参看带孔齿坯图 5.16，试将下列的表面粗糙度轮廓的技术要求标注在图上（未指明要求的项目皆为默认的标准化值）。

（1）齿顶圆 a 的表面粗糙度轮廓幅度参数 Ra 的上限值为 2 $\mu\mathrm{m}$。

（2）齿坯的两端面 b 和 c 的表面粗糙度参数 Ra 的判断规则采用最大规则，其上限值为 3.2 $\mu\mathrm{m}$。

（3）$\phi30$ 孔最后一道工序为拉削加工，表面粗糙度轮廓幅度参数 Rz 的上限值为 2.5 $\mu\mathrm{m}$，并注出加工纹理方向。

（4）尺寸为 8 ±0.018 键槽两侧面表面粗糙度轮廓参数 Ra 的上限值为 3.2 $\mu\mathrm{m}$，键槽底面 Ra 的上限值为 6.3 $\mu\mathrm{m}$。

（5）其余表面的表面粗糙度轮廓参数 Ra 的上限值为 25 $\mu\mathrm{m}$。

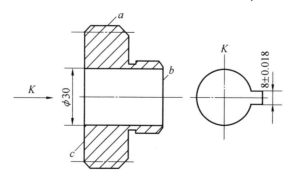

图 5.16　作业题 5 图

第 **6** 章

滚动轴承与孔、轴结合的精度设计

滚动轴承是由专门的滚动轴承制造厂生产的标准部件,在机器和仪器中起着支承作用,可以减小运动副的摩擦、磨损,提高机械效率。滚动轴承与孔、轴结合的精度设计,就是根据滚动轴承的精度合理确定滚动轴承外圈与相配轴承座孔的配合,内圈与相配轴颈的配合及轴承座孔和轴颈的尺寸公差、几何公差以及表面粗糙度轮廓幅度参数值,以保证滚动轴承的工作性能和使用寿命。

6.1 概　述

为了研究滚动轴承与孔、轴结合的精度设计,首先要了解滚动轴承的组成、种类及其精度等级等内容。

6.1.1 滚动轴承的组成及种类

滚动轴承的基本结构由内圈、外圈、滚动体和保持架组成,如图 6.1 所示。轴承的内径 d 与轴颈结合,外径 D 与外壳孔结合,滚动体承受载荷,并使轴承形成滚动摩擦,保持架将滚动体均匀分开,使每个滚动体轮流承载并在内外滚道上滚动。

滚动轴承的种类很多,按滚动体形状分为球轴承和滚子轴承;按承载的作用力方向分为向心轴承、向心推力轴承(角接触轴承)和推力轴承。

图 6.1　向心球轴承结构

6.1.2 滚动轴承的公差等级及其应用

1. 滚动轴承的公差等级

滚动轴承的公差等级是根据其外形尺寸精度和旋转精度确定的。GB/T307.3—2017把向心轴承的公差等级分为普通级、6、5、4、2 五级,圆锥滚子轴承的公差等级分为普通级、6X、5、4、2 五级,推力轴承的公差等级分为普通级、6、5、4 四级。它们依次由低到高,2级最高,普通级最低。

滚动轴承的尺寸精度是指轴承内径(d)、外径(D)和宽度(B)尺寸的公差。轴承内、外圈为薄壁零件,在制造后自由状态存放时易变形(常呈椭圆形),但当轴承内圈与轴颈、外圈与外壳孔装配后,这种变形又会得到矫正。因此,为了有利于制造,标准中对 2、4 级向心轴承的内、外圈直径,不仅规定了单一径向平面平均内径偏差 Δd_{mp} 和单一径向平面平均外径偏差 ΔD_{mp},还规定了单一内孔直径偏差 Δd_s 和单一外径偏差 ΔD_s,在制造和验收过程中,它们的单一内孔直径和单一外径也不能超过其极限尺寸;而对 5、6、普通级轴承仅用单一径向平面内、外径变动量来限制其单一内孔直径和单一外径。对于轴承宽度尺寸精度,规定了内圈单一宽度偏差 ΔB_s,外圈单一宽度偏差 ΔC_s 及外圈凸缘单一宽度偏差 ΔC_{1s}。各级轴承的外形尺寸公差见表 6.1。

　　轴承的旋转精度是指轴承内、外圈做相对运动时跳动误差的大小,包括成套轴承内、外圈的径向跳动、端面对滚道的跳动和内圈基准端面对内孔的跳动以及成套轴承外圈的径向跳动等。

表 6.1　向心轴承(圆锥滚子轴承除外)公差(摘自 GB/T 307.1—2017)

内　圈　技　术　条　件											
公称内径 d/mm		外　形　尺　寸　公　差/μm									
		内　径								宽　度	
		$t_{\Delta d_{mp}}$				$t_{\Delta d_{mp}}$、$t_{\Delta d_S}$				$t_{\Delta B_S}$	
		普通级		6		5		4		2		全部	正常
超过	到	U	L	U	L	U	L	U	L	U	L	U	L
18	30	0	−10	0	−8	0	−6	0	−5	0	−2.5	0	−120
30	50	0	−12	0	−10	0	−8	0	−6	0	−2.5	0	−120
50	80	0	−15	0	−12	0	−9	0	−7	0	−4	0	−150
80	120	0	−20	0	−15	0	−10	0	−8	0	−5	0	−200
120	180	0	−25	0	−18	0	−13	0	−10	0	−7	0	−250
180	250	0	−30	0	−22	0	−15	0	−12	0	−8	0	−300

外　圈　技　术　条　件											
公称内径 D/mm		外　形　尺　寸　公　差/μm									
		外　径								宽　度	
		$t_{\Delta D_{mp}}$				$t_{\Delta D_{mp}}$、$t_{\Delta D_S}$				$t_{\Delta C_S}$、$t_{\Delta C_{1S}}$	
		普通级		6		5		4		2		全部	
超过	到	U	L	U	L	U	L	U	L	U	L	U	L
30	50	0	−11	0	−9	0	−7	0	−6	0	−4		
50	80	0	−13	0	−11	0	−9	0	−7	0	−4		
80	120	0	−15	0	−13	0	−10	0	−8	0	−5	与同一轴承	
120	150	0	−18	0	−15	0	−11	0	−9	0	−5	内圈的 $t_{\Delta B_S}$	
150	180	0	−25	0	−18	0	−13	0	−10	0	−7	相同	
180	250	0	−30	0	−20	0	−15	0	−11	0	−8		
250	315	0	−35	0	−25	0	−18	0	−13	0	−8		

注:U— 上偏差;L— 下偏差。

2.各个公差等级的滚动轴承的应用

轴承精度的选择主要依据有两点:一是对轴承部件提出的旋转精度要求,如径向跳动和轴向跳动值。例如,若机床主轴径向跳动要求为 0.01 mm,可选用 5 级轴承;径向跳动为 0.001 ~ 0.005 mm 时,可选用 4 级轴承。二是转速的高低,转速高时,由于与轴承结合的旋转轴(或轴承座孔)可能随轴承的跳动而跳动,势必造成旋转不平稳,产生振动和噪声。因此,转速高的,应选用公差等级高的滚动轴承。此外,为保证主轴部件有较高的精度,可以采用不同等级的搭配方式。例如,机床主轴的后支承比前支承用的滚动轴承精度低一级,即后轴内圈的径向跳动值要比前轴承的稍大些。

滚动轴承的各个公差等级的应用大致如下:

普通级轴承用在中等精度、中等转速和旋转精度要求不高的一般机构中,它在机械产品中应用十分广泛。如普通机床中的变速机构、进给机构、水泵、汽车、拖拉机的变速机构、普通减速器、压缩机等一般通用机器中所用的轴承。

6、6X(中等级)级轴承应用于旋转精度和转速较高的旋转机构中。例如,普通机床的主轴轴承(前支承采用 5 级,后支承多采用 6 级)、精密机床传动轴使用的轴承。

5、4(精密级)级轴承应用于旋转精度和转速高的旋转机构中。如精密机床的主轴轴承、精密仪器和机械使用的轴承。

2(超精级)级轴承应用于旋转精度和转速很高的旋转机构中。例如,精密坐标镗床、高精度齿轮磨床的主轴轴承、高精度仪器和高转速机构中使用的轴承。

6.1.3　滚动轴承和与其配合的孔、轴公差带

1.滚动轴承内、外径公差带

GB/T 307.1—2017 对其内、外径公差带规定为:公差带在以轴承内、外圈的单一平面平均直径(d_{mp},D_{mp})为零线的下方,且上偏差都为零。内、外径的公差值与内、外径尺寸的大小和轴承的公差等级有关,其数值见表 6.1。各公差等级轴承的内、外径公差带如图 6.2 所示。

由于滚动轴承是标准部件,它的内、外径与轴颈和轴承座孔的配合表面无须再加工。为了便于互换和大量生产,轴承内径与轴颈的配合按基孔制,轴承外径与轴承座孔的配合按基轴制配合。

由图 6.2 可见,滚动轴承内圈孔的公差带在零线下方,这种特殊的基准孔公差带不同于 GB/T 1800. 1—2020 中基本偏差代号为 H 的基准孔公差带。因

图 6.2　轴承内、外圈公差带图

此,当轴承内圈孔与一些过渡配合的基本偏差代号 k、m、n 等的轴颈配合时,形成了具有小过盈的过盈配合,而不是过渡配合;与间隙配合的基本偏差代号 g、h 的轴颈配合时,则形成了过渡配合。

2.与滚动轴承配合的轴和轴承座孔的常用公差带

按 GB/T 275—2015 规定,普通级公差轴承与轴和轴承座孔配合的常用尺寸公差带图如图 6.3 所示。

为了实现不同松紧的配合性质要求,标准规定了普通级滚动轴承与轴相配合的 17 种常用公差带,与轴承座孔相配合的 16 种常用公差带(图 6.3),它们都是从 GB/1801—2009

中的常用孔、轴公差带中选取。

(a) 与轴配合的常用公差带

(b) 与轴承座孔配合的常用公差带

图 6.3　普通级公差轴承与轴和轴承座孔配合的常用公差带

由图 6.3(a) 可见，滚动轴承内圈孔与轴的配合比 GB/T 1800.1—2009 中基孔制同名配合偏紧，与 g5、g6 和 h5、h6、h7、h8 轴配合由间隙配合变成过渡配合；与 k5、k6、m5、m6、n6 轴配合由过渡配合变成具有小过盈的过盈配合，其余配合也有所偏紧。

标准规定的轴和轴承座孔的公差带适用范围为：

① 对轴承的旋转精度和运转平稳性无特殊要求。

② 轴为实体或厚壁空心的。

③ 轴与轴承座孔的材料为钢或铸铁。

④ 轴承的工作温度不超过 100 ℃ 的场合。

轴与轴承座孔的标准公差等级与轴承本身公差等级密切相关，与普通级、6 级轴承配合的轴一般取 IT6，轴承座孔一般取 IT7。对旋转精度和运转平稳有较高要求的场合，轴取 IT5，轴承座孔取 IT6。与 5 级轴承配合的轴和轴承座孔均取 IT6，要求高的场合取 IT5；

与 4 级轴承配合的轴取 IT5，轴承座孔取 IT6；要求更高的场合轴取 IT4，轴承座孔取 IT5。

6.2　滚动轴承与孔、轴结合的精度设计

滚动轴承是标准部件，它由专业化的工厂生产。由表 6.1 所示，因此，滚动轴承与轴承座孔(简称孔)、轴结合的精度设计就是确定：① 与孔、轴配合的依据；② 孔、轴尺寸公差等级和基本偏差(公差带)；③ 孔、轴的几何公差和表面粗糙度轮廓幅度参数值。

6.2.1　配合选用的依据

正确合理地选用滚动轴承与轴和孔的配合，对保证机器正常运转、提高轴承的使用寿命、充分发挥其承载能力关系很大。因此，选用轴与孔公差带时，要以作用在轴承上载荷(也称负荷)的类型、大小，轴承的类型和尺寸，工作条件，轴和孔材料以及轴承装拆等为依据。

1. 载荷类型

由于滚动轴承是一种把相对转动的轴支承在壳体上的标准部件，机械构件中的轴一般都可传递动力，因此滚动轴承的内圈和外圈(统称套圈)都要受到力载荷的作用。对于工程中轴承所受的合成径向载荷进行分析可知，在轴承运转时，轴承所受的合成径向载荷可有以下两种情况：① 作用在轴承上的合成径向载荷为一定值向量 P_0，该向量与该轴承的外圈或内圈相对静止，如图 6.4(a) 或(b) 所示；② 作用在轴承上的合成径向载荷，是由一个与轴承某套圈相对静止的定值向量 P_0 和一个较小的相对旋转的定值向量 P_1 合成的。其中与轴承外圈相对静止定值向量，如图 6.4(c) 所示，与轴承内圈相对静止定值向量，如图 6.4(d) 所示。

图 6.4　轴承套圈承受的负荷类型

对上述各种情况的轴承内、外圈分别进行受力分析，轴承套圈承受定向负荷、旋转负荷和两者合成的摆动负荷共三种。

(1) 定向负荷

轴承运转时，作用于轴承上的合成径向负荷向量若与某套圈相对静止，通过受力分析可知，该负荷将始终方向不变地作用在该套圈的局部滚道上，此时，该套圈所承受的负荷称为定向负荷。显然，图 6.4(a) 中的轴承外圈和(b) 中的轴承内圈所承受的径向负荷都是定向负荷。

(2) 旋转负荷

轴承运转时，若作用于轴承上的合成径向负荷向量与某套圈相对旋转，并顺次作用在

该套圈的整个圆周滚道上,此时该套圈所承受的负荷称为旋转负荷。显然,图 6.4(a) 和 (c) 的轴承内圈、图 6.4(b) 和(d) 的轴承外圈所承受的径向负荷都是旋转负荷。

（3）摆动负荷

轴承运转时,作用于轴承上的合成径向负荷如果在某套圈滚道的一定区域内往复地摆动,则此套圈所承受的负荷称为摆动负荷。现在对图 6.4(c) 的轴承外圈和图 6.4(d) 轴承内圈进行分析。

如图 6.5 所示,当 $P_0 > P_1$ 时,按向量合成的平行四边形法则,P_0 和 P_1 合成负荷 P 就在轴承滚道 $A'B'$ 区域内摆动(摆动负荷)。因此,不旋转的套圈就相对于 P 方向摆动,而旋转的套圈就相对于 P 方向旋转。如果 $P_0 < P_1$,则 P_0 和 P_1 的合成负荷 P 沿整个滚道圆周变动,因此,不旋转的套圈就相对于 P 的方向旋转,而旋转的套圈则相对于 P 的方向摆动(摆动负荷)。

当套圈受定向负荷时,其配合应选得松些,甚至可有不大的间隙,以便在滚动体摩擦力矩的作用下,使套圈有可能产生少许转动,从而改变受力状态使滚道磨损均匀,延长轴承的使用寿命。一般选用过渡配合或具有极小间隙的间隙配合。

当套圈受旋转负荷时,为了防止套圈在轴颈上或孔的配合表面上打滑,引起配合表面发热、磨损,配合应选得紧些,一般选用过盈量较小的过盈配合或过盈量较大的过渡配合。

当套圈受摆动负荷时,选择其配合的松紧程度,一般与受旋转负荷的配合的松紧程度相同或稍松一些。

图 6.5　摆动负荷

2. 载荷大小

滚动轴承套圈与轴或孔配合的松紧程度,取决于载荷的大小。载荷越大,选择的配合过盈量应越大。当承受冲击载荷或重载荷时,一般应选择比正常、轻载荷时更紧的配合。对向心轴承,载荷的大小用径向当量动载荷 P_r 与径向额定动载荷 C_r 的比值分为轻载荷、正常载荷和重载荷三类,见表 6.2。

表 6.2　向心轴承载荷大小（摘自 GB/T 275—2015）

载荷大小	轻载荷	正常载荷	重载荷
P_r/C_r	≤ 0.06	> 0.06 ~ 0.12	> 0.12

P_r 的数值由公式计算得出,C_r 的数值从轴承产品的样本中查出。

3. 轴承的工作条件

轴承的工作条件主要应考虑轴承的工作温度以及旋转精度和旋转速度对配合的影响。

（1）工作温度的影响

轴承运转时,由于摩擦发热和其他热源影响,使轴承套圈的温度经常高于与其相结合零件的温度。因此轴承内圈因热膨胀而与轴的配合可能松动,外圈因热膨胀而与孔的配合可能变紧。所以在选择配合时,必须考虑温度的影响,并加以修正。

（2）旋转精度和旋转速度的影响

因机器要求有较高的旋转精度时,相应地要选用较高公差等级的轴承,因此,与轴承相配合的轴和孔,也要选择较高精度的标准公差等级。

对于承受负荷较大且要求较高旋转精度的轴承,为了消除弹性变形和振动的影响,应该避免采用间隙配合。而对一些精密机床的轻负荷轴承,为了避免孔和轴的形状误差对轴承精度的影响,常采用有间隙的配合。

此外,当轴承旋转精度要求较高时,为了消除弹性变形和振动的影响,不仅受旋转负荷的套圈与互配件的配合应选得紧些,受定向负荷的套圈与相配件的配合也应紧些。

轴承的旋转速度对配合的影响,一般轴承的旋转速度越高,配合应该越紧。

4. 轴和轴承座孔的结构与材料

为了安装和装卸方便,可以选用剖分式轴承座孔,如果剖分式轴承座孔与外圈采用的配合较紧,会使外圈产生椭圆变形。因此,宜采用较松配合。当轴承安装在薄壁轴承座孔、轻合金轴承座孔或薄壁的空心轴上时,为了保证轴承工作有足够的支承刚度和强度,所采用的配合,应比装在厚壁轴承座孔、铸铁轴承座孔或实心轴上要紧些。

5. 安装和拆卸轴承的条件

考虑轴承安装与拆卸方便,宜采用较松的配合,对重型机械用的大型和特大型轴承,这点尤为重要。若要求装卸方便,而又需紧配合,可采用分离型轴承,或内圈带锥孔、带紧定套和退卸套的轴承。

除上述条件外,还应考虑:当要求轴承的内圈或外圈能沿轴向移动时,该内圈与轴或外圈与孔的配合,应选较松的配合。滚动轴承的尺寸越大,选取的配合应越紧。滚动轴承的工作温度高于 100 ℃,应对所选的配合进行适当修正。

6.2.2　孔、轴尺寸公差带的选用

与滚动轴承配合的孔、轴尺寸公差带可参考表 6.3 和表 6.4,根据表所列条件进行选用。

表 6.3　向心轴承和轴的配合 —— 轴公差带(摘自 GB/T 275—2015)

载 荷 情 况		举例	圆柱孔轴承			公差带
			深沟球轴承、调心球轴承和角接触球轴承	圆柱滚子轴承和圆锥滚子轴承	调心滚子轴承	
			轴承公称内径/mm			
内圈承受旋转载荷或方向不定载荷		轻载荷	输送机、轻载齿轮箱	≤ 18	—	—	h5
				> 18 ~ 100	≤ 40	≤ 40	j6[①]
				> 100 ~ 200	> 40 ~ 140	> 40 ~ 100	k6[①]
				—	> 140 ~ 200	> 100 ~ 200	m6[①]
		正常负荷	一般通用机械、电动机、泵、内燃机、正齿轮传动装置	≤ 18	—	—	j5,js5
				> 18 ~ 100	≤ 40	≤ 40	k5[②]
				> 100 ~ 140	> 40 ~ 100	> 40 ~ 65	m5[②]
				> 140 ~ 200	> 100 ~ 140	> 65 ~ 100	m6
				> 200 ~ 280	> 140 ~ 200	> 100 ~ 140	n6
				—	> 200 ~ 400	> 140 ~ 280	p6
				—	—	> 280 ~ 500	r6
		重负荷	铁路机车车辆轴箱、牵引电机、破碎机等	—	> 50 ~ 140	> 50 ~ 100	n6[③]
					> 140 ~ 200	> 100 ~ 140	p6[③]
					> 200	> 140 ~ 200	r6[③]
						> 200	r7[③]

续表6.3

圆柱孔轴承						
载 荷 情 况		举例	深沟球轴承、调心球轴承和角接触球轴承	圆柱滚子轴承和圆锥滚子轴承	调心滚子轴承	公差带
			轴承公称内径/mm			
内圈承受固定载荷	所有载荷	内圈需在轴向易移动	非旋转轴上的各种轮子	所有尺寸		f6
						g6
		内圈不需在轴向易移动	张紧轮、绳轮			h6
						j6
仅有轴向载荷			所有尺寸			j6、js6
圆锥孔轴承						
所有载荷		铁路机车车辆轴箱	装在退卸套上	所有尺寸		h8(IT6)[4]、[5]
		一般机械传动	装在紧定套上	所有尺寸		h9(IT7)[4]、[5]

注:① 凡对精度有较高要求的场合,应用 j5、k5、m5 代替 j6、k6、m6。
　　② 圆锥滚子轴承、角接触球轴承配合对游隙影响不大,可用 k6、m6 代替 k5、m5。
　　③ 重负荷下轴承游隙应选大于 N 组。
　　④ 凡有较高精度或转速要求较高的场合,应选用 h7(IT5) 代替 h8(IT6) 等。
　　⑤ IT6、IT7 表示圆柱度公差等级。

表6.4　向心轴承和轴承座孔的配合 —— 孔公差带(摘自 GB/T 275—2015)

载荷情况		举例	其他状态	公差带[1]	
				球轴承	滚子轴承
外圈承受固定载荷	轻、正常、重	一般机械、铁路机车车辆轴箱	轴向易移动,可采用剖分式轴承座	H7、G7[2]	
	冲击		轴向能移动,可采用整体或剖分式轴承座	J7、JS7	
方向不定载荷	轻、正常	电机、泵、曲轴主轴承			
	正常、重		轴向不移动,采用整体式轴承座	K7	
	重、冲击	牵引电机		M7	
外圈承受旋转载荷	轻	皮带张紧轮		J7	K7
	正常	轮毂轴承		M7	N7
	重			—	N7、P7

注:① 并列公差带随尺寸的增大从左至右选择。对旋转精度有较高要求时,可相应提高一个公差等级。
　　② 不适用于剖分式轴承座。

6.2.3　孔、轴几何公差和表面粗糙度轮廓参数值的选用

　　为了保证轴承正常运转,除了正确地选择轴颈和轴承座孔的尺寸公差带以外,还应对轴颈及轴承座孔的配合表面几何公差及表面粗糙度提出要求。

　　(1) 形状公差

　　因轴承套圈为薄壁件易变形,但其形状误差在装配后靠轴颈和孔的正确形状得到矫正。为保证轴承安装正确、转动平稳,轴颈和孔应分别采用包容要求,并对表面提出圆柱

度公差要求,其公差值见表6.5。

(2)跳动公差

为了保证轴承工作时有较高的旋转精度,应限制与套圈端面接触的轴肩及轴承座孔端面的倾斜,从而避免轴承装配后滚道位置不正,旋转不平稳,因此,应规定轴肩和孔肩的端面对基准轴线的轴向圆跳动公差,其公差值见表6.5。

孔、轴表面存在表面粗糙度,会使有效过盈量减小,使接触刚度下降而导致支承不良,因此,孔、轴的配合表面还应规定严格的表面粗糙度轮廓幅度参数值,其参数值根据表6.6所列条件选用。

表 6.5　轴和轴承座孔的几何公差(摘自 GB/T 275—2015)

公称尺寸 /mm		圆　柱　度　$t/\mu m$				轴　向　圆　跳　动　$t_1/\mu m$			
		轴　颈		轴承座孔		轴　肩		轴承座孔肩	
		轴　承　公　差　等　级							
>	≤	普通级	6(6X)	普通级	6(6X)	普通级	6(6X)	普通级	6(6X)
—	6	2.5	1.5	4	2.5	5	3	8	5
6	10	2.5	1.5	4	2.5	6	4	10	6
10	18	3	2	5	3	8	5	12	8
18	30	4	2.5	6	4	10	6	15	10
30	50	4	2.5	7	4	12	8	20	12
50	80	5	3	8	5	15	10	25	15
80	120	6	4	10	6	15	10	25	15
120	180	8	5	12	8	20	12	30	20
180	250	10	7	14	10	20	12	30	20

表 6.6　配合表面及端面的表面粗糙度(摘自 GB/T 275—2015)

轴或轴承座孔直径 /mm		轴或轴承座孔配合表面直径公差等级					
		IT7		IT6		IT5	
		表　面　粗　糙　度　$Ra/\mu m$					
>	≤	磨	车	磨	车	磨	车
—	80	1.6	3.2	0.8	1.6	0.4	0.8
80	500	1.6	3.2	1.6	3.2	0.8	1.6
500	1 250	3.2	6.3	1.6	3.2	1.6	3.2
端面		3.2	6.3	6.3	6.3	6.3	3.2

6.2.4　滚动轴承与孔、轴结合的精度设计举例

某一圆柱齿轮减速器的小齿轮轴,如图6.6所示。要求齿轮轴的旋转精度比较高,两端装有6级单列向心球轴承(代号6308),轴承尺寸为40 mm ×90 mm × 23 mm,径向额定动载荷 C_r 为32 000 N,轴承承受的径向当量动载荷P_r = 3 600 N。试用查表法确定轴颈和轴承座孔的公差带代号,画出公差带图,并确定孔、轴的几何公差值和表面粗糙度轮廓幅度参数值,将它们分别标注在装配图和零件图上。

解　(1)分析:由题意可知,小齿轮轴的轴承内圈与小齿轮轴一起旋转,外圈装在减

图 6.6　　圆柱齿轮减速器传动轴

速器箱的剖分式轴承座孔中,不旋转。而齿轮减速器通过齿轮传递扭矩,小齿轮轴的轴承主要承受齿轮传递的径向力,为定向负荷。因此,该轴承内圈相对于载荷方向旋转,承受旋转载荷,它与轴颈的配合应较紧;其外圈相对静止于载荷,承受定向负荷,它与孔的配合应该较松。另外,由于已知该轴承的径向额定动载荷 C_r = 32 000 N,轴承承受的径向当量动载荷 P_r = 3 600 N, 所以 $P_r/C_r = \dfrac{3\,600}{32\,000} = 0.112\,5$,由表 6.2 可知为正常载荷。

(2)根据以上分析和题中给出的轴承代号和尺寸,可从表6.3和表6.4中选取轴公差带为k5,孔公差带为H7,但由于小齿轮轴的旋转精度要求比较高,故应选用H6代替H7。

(3)由表6.1查出轴承内、外圈平均直径的上、下偏差,再从极限与配合标准中查出k5和H6的上、下偏差,画出公差带,如图6.7所示。

图 6.7　　轴承与孔、轴配合的公差带图

从图中可得出轴承内圈与轴配合的 $Y_{max} = EI - es = (-10) - (+13) = -23\ \mu\text{m}$, $Y_{min} = ES - ei = 0 - (+2) = -2\ \mu\text{m}$。轴承外圈与孔配合的 $X_{max} = ES - ei = (+22) - (-13) = +35\ \mu\text{m}$,$X_{min} = EI - es = 0 - 0 = 0$。

(4)按表6.5选取几何公差值。轴颈圆柱度公差0.002 5 mm,轴肩的轴向圆跳动公差0.008 mm;轴承座孔圆柱度公差0.006 mm,端面的轴向圆跳动公差0.015 mm。

(5)按表6.6选取轴颈和轴承孔的表面粗糙度轮廓幅度参数值:轴颈 $Ra \leqslant 0.4\ \mu\text{m}$,轴肩端面 $Ra \leqslant 6.3\ \mu\text{m}$,轴承座孔表面 $Ra \leqslant 1.6\ \mu\text{m}$,孔端面 $Ra \leqslant 6.3\ \mu\text{m}$。

将选择的各项公差要求标注在图样上,如图6.8(b)(c)所示。

由于轴承是标准件,因此,在装配图上只需要标出轴颈和轴承座孔的公差带代号,如图6.8(a)所示。

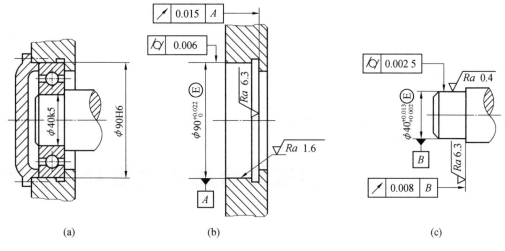

图 6.8　轴承配合、轴颈和外壳孔的公差标注

习　题　六

一、思考题

1. 向心球轴承的公差等级分几级？划分的依据是什么？用得最多的是哪些等级？

2. 滚动轴承内圈与轴、外圈与轴承座孔的配合，分别采用何种基准制？有什么特点？

3. 滚动轴承内圈内径公差带分布有何特点？为什么？

4. 选择滚动轴承与轴、轴承座孔的配合时，应考虑哪些主要因素？

5. 滚动轴承与孔、轴结合的精度设计内容有哪些？

二、作业题

1. 有一 6 级 6309 的滚动轴承，内径为 45 mm，外径为 100 mm。内圈与轴颈的配合选为 j5，外圈与轴承座孔的配合为 H6，试画出配合的尺寸公差带图，并计算它们的极限过盈和极限间隙。

2. 皮带轮与轴配合为 $\phi40H7/js6$，滚动轴承内圈与轴配合为 $\phi40js6$，试画出上述两种配合的公差带图，并根据平均过盈量大小比较该两种配合的松紧（轴承公差等级为普通级）。

3. 如图 6.9 所示，应用在减速器中的普通级 6 207 滚动轴承（$d = \phi35$ mm，$D = \phi72$ mm，径向额定动载荷 C_r 为 25 500 N），其工作情况为：轴承座孔固定，轴旋转，转速为 980 r/min，承受的径向当量动载荷 P_r 为 1 300 N，试确定：轴和孔的公差带代号、几何公差和表面粗糙度轮廓幅度参数值，并将它们分别标注在装配图和零件图上。

图 6.9　作业题 3 图

第 **7** 章

圆锥结合的精度设计与检测

7.1 概 述

7.1.1 圆锥配合的特点

圆锥结合是机器、仪器和工具结构中常用的典型结合。与圆柱配合相比较，圆锥配合有如下主要特点：

1. 对中性好

圆柱间隙配合中，孔与轴的轴线不重合，如图7.1(a)所示，而圆锥配合中，内、外圆锥在轴向力的作用下能自动对中，以保证内、外圆锥体的轴线具有较高精度的同轴度，且能快速装拆，如图7.1(b)所示。

(a)圆柱配合 (b)圆锥配合

图 7.1 圆柱配合与圆锥配合的比较

2. 配合的间隙或过盈可以调整

圆柱配合中，间隙或过盈的大小不能调整，而圆锥配合中，间隙或过盈的大小可以通过内、外圆锥的轴向相对移动来调整，且装拆方便。

3. 密封性好

内、外圆锥的表面经过配对研磨后，配合起来具有良好的自锁性和密封性。

圆锥配合虽然有以上优点，但它与圆柱配合相比，配合的结构比较复杂，影响互换性参数比较多，加工和检测也较困难，故其应用不如圆柱配合广泛。

7.1.2　圆锥配合的基本参数

圆锥配合中的基本参数如图 7.2 所示。

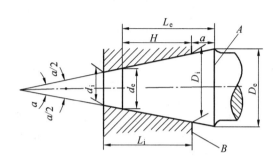

图 7.2　圆锥配合的基本参数

A— 外圆锥基准面；*B*— 内圆锥基准面

1. 圆锥角

圆锥角指在通过圆锥轴线的截面内,两条素线间的夹角,用符号 α 表示。

2. 圆锥素线角

圆锥素线角指圆锥素线与其轴线间的夹角,它等于圆锥角之半,即 $\alpha/2$。

3. 圆锥直径

圆锥直径指与圆锥轴线垂直的截面内的直径,即内、外圆锥的最大直径 D_i、D_e,内、外圆锥的最小直径 d_i、d_e,任意给定截面圆锥直径 d_x(距端面的距离为 x)。设计时,一般选用内圆锥的最大直径或外圆锥的最小直径作为公称直径。

4. 圆锥长度

圆锥长度指圆锥的最大直径与其最小直径之间的轴向距离。内、外圆锥长度分别用 L_i、L_e 表示。

5. 圆锥配合长度

圆锥配合长度指内、外圆锥配合面的轴向距离,用符号 H 表示。

6. 锥度

锥度指圆锥的最大直径与其最小直径之差对圆锥长度之比,用符号 C 表示。即 $C = \dfrac{D - d}{L} = 2\tan\dfrac{\alpha}{2}$。锥度常用比例或分数表示,例如 $C = 1:20$ 或 $C = 1/20$ 等。

为了减少加工圆锥工件所用的专用刀具、量具种类和规格,国标规定了一般用途圆锥的锥度和锥角系列(表 7.1)和特殊用途圆锥的锥度和锥角系列(表 7.2)。

7. 基面距

基面距指相互结合的内、外圆锥基准面间的距离,用符号 a 表示。

8. 轴向位移

轴向位移指相互结合的内、外圆锥,从实际初始位置(P_a)到终止位置(P_f)移动的距离,用符号 E_a 表示(图 7.3)。

实际初始位置就是相互结合的内、外实际圆锥的初始位置;终止位置就是相互结合的内、外圆锥,为了在其终止状态得到要求的间隙(图 7.3(a))或过盈(图 7.3(b))所规定的相互轴向位置。

表7.1 一般用途圆锥的锥度与锥角 （摘自 GB/T 157—2001）

基 本 值		推 算 值			
		圆锥角 α			锥度 C
系列 1	系列 2	(°)(′)(″)	(°)	rad	
120°		—	—	2. 094 395 10	1 : 0. 288 675 1
90°		—	—	1. 570 796 33	1 : 0. 500 000 0
	75°	—	—	1. 308 996 94	1 : 0. 651 612 7
60°		—	—	1. 047 197 55	1 : 0. 866 025 4
45°		—	—	0. 785 398 16	1 : 1. 207 106 8
30°		—	—	0. 523 598 78	1 : 1. 866 025 4
1 : 3		18°55′28. 719 9″	18. 924 644 42°	0. 380 297 35	—
	1 : 4	14°15′0. 117 7″	14. 250 032 70°	0. 248 709 99	—
1 : 5		11°25′16. 270 6″	11. 421 186 27°	0. 199 337 30	—
	1 : 6	9°31′38. 220 2″	9. 527 283 38°	0. 166 282 46	—
	1 : 7	8°10′16. 440 8″	8. 171 233 56°	0. 142 614 93	—
	1 : 8	7°9′9. 607 5″	7. 152 668 75°	0. 124 837 62	—
1 : 10		5°43′29. 317 6″	5. 724 810 45°	0. 099 916 79	—
	1 : 12	4°46′18. 797 0″	4. 771 888 06°	0. 083 285 16	—
	1 : 15	3°49′5. 897 5″	3. 818 304 87°	0. 066 641 99	—
1 : 20		2°51′51. 092 5″	2. 864 192 37°	0. 049 98959	—
1 : 30		1°54′34. 857 0″	1. 909 682 51°	0. 033 330 25	—
1 : 50		1°8′45. 158 6″	1. 145 877 40°	0. 019 999 33	—
1 : 100		34′22. 630 9″	0. 572 953 02°	0. 009 999 92	—
1 : 200		17′11. 321 9″	0. 286 478 30°	0. 004 999 99	—
1 : 500		6′52. 529 5″	0. 114 591 52°	0. 002 000 00	—

注：系列1中120° ~ 1：3的数值近似按R10/2优先数系列,(1：5) ~ (1：500)按R10/3优先数系列(见GB/T 321)。

表7.2 特定用途的圆锥(摘自 GB/T 157—2001)

基 本 值	推 算 值			锥 度 C	标准号 GB/T (ISO)	用 途
	圆 锥 角 α					
	(°)(′)(″)	(°)	rad			
11°54′	—	—	0. 207 694 18	1 : 4. 797 451 1	(5237) (8489-5)	
8°40′	—	—	0. 151 261 87	1 : 6. 589 441 5	(8489-3) (8489-4) (324. 575)	纺织机械 和附件
7°	—	—	0. 122 173 05	1 : 8. 174 927 7	(8489-2)	
1 : 38	1°30′27. 708 0″	1. 507 696 67°	0. 026 314 27	—	(368)	
1 : 64	0°53′42. 822 0″	0. 895 228 34°	0. 015 624 68	—	(368)	

续表7.2

基 本 值	推 算 值				标准号 GB/T (ISO)	用 途
	圆 锥 角 α			锥 度 C		
	(°)(′)(″)	(°)	rad			
7:24	16°35′39.444 3″	16.594 290 08°	0.289 625 00	1:3.428 571 4	3837.3 (297)	机床主轴 工具配合
1:12.262	4°40′12.151 4″	4.670 042 05°	0.081 507 61	—	(239)	贾各锥度 No.2
1:12.972	4°24′52.903 9″	4.414 695 52°	0.077 509 7	—	(239)	贾各锥度 No.1
1:15.748	3°38′13.442 9″	3.637 067 47°	0.063 478 80	—	(239)	贾各锥度 No.33
6:100	3°26′12.177 6″	3.436 716 00°	0.059 982 01	1:16.666 666 7	1962 (594-1) (595-1) (595-2)	医疗设备
1:18.779	3°3′1.207 0″	3.050 335 27°	0.053 238 39	—	(239)	贾各锥度 No.3
1:19.002	3°0′52.395 6″	3.014 554 34°	0.052 613 90	—	1443(296)	莫氏锥度 No.5
1:19.180	2°59′11.725 8″	2.986 590 50°	0.052 125 84	—	1443(296)	莫氏锥度 No.6
1:19.212	2°58′53.825 5″	2.981 618 20°	0.052 039 05	—	1443(296)	莫氏锥度 No.0
1:19.254	2°58′30.421 7″	2.975 117 13°	0.051 925 59	—	1443(296)	莫氏锥度 No.4
1:19.264	2°58′24.864 4″	2.973 573 43°	0.051 898 65	—	(239)	贾各锥度 No.6
1:19.922	2°52′31.446 3″	2.875 401 76°	0.050 185 23	—	1443(296)	莫氏锥度 No.3
1:20.020	2°51′40.796 0″	2.861 332 23°	0.049 939 67	—	1443(296)	莫氏锥度 No.2
1:20.047	2°51′26.928 3″	2.857 480 08°	0.049 872 44	—	1443(296)	莫氏锥度 No.1
1:20.288	2°49′24.780 2″	2.823 550 06°	0.049 280 25	—	(239)	贾各锥度 No.0
1:23.904	2°23′47.624 4″	2.396 562 32°	0.041 827 90	—	1443(296)	布朗夏普锥度 No.1 至 No.3
1:28	2°2′45.817 4″	2.046 060 38°	0.035 710 49	—	(8382)	复苏器(医用)
1:36	1°35′29.209 6″	1.591 447 11°	0.027 775 99	—	(5356-1)	麻醉器具
1:40	1°15′56.351 6″	1.432 319 89°	0.024 998 70	—		

(a) 轴向位移形成的间隙配合   (b) 施加装配力形成的过盈配合

图 7.3   轴向位移

7.2 圆锥公差与配合

7.2.1 圆锥公差

为了保证内、外圆锥的互换性和满足使用要求,GB/T 11334—2005 规定的公差项目如下:

1. 圆锥直径公差(T_D)

圆锥直径公差 T_D 是指圆锥直径的允许变动量,即允许的最大圆锥直径 D_{max}(或 d_{max})与最小圆锥直径 D_{min}(或 d_{min})之差,如图 7.4 所示。在圆锥轴线截面内两个极限圆锥所限定的区域就是圆锥直径的公差区。圆锥直径公差值 T_D,以公称圆锥直径(一般取最大圆锥直径 D)为公称尺寸,按 GB/T 1800.1—2009 选其公差,它适用于圆锥的全长 L。

图 7.4 圆锥直径公差区

2. 圆锥角公差(AT)

圆锥角公差 AT 是指圆锥角允许的变动量,即最大圆锥角 α_{max} 与最小圆锥角 α_{min} 之差,如图 7.5 所示。由图可见,在圆锥轴线截面内,由最大和最小极限圆锥角所限定的区域称为圆锥角公差区。

图 7.5 圆锥角公差区

国标规定圆锥角公差 AT 共分 12 个公差等级,用符号 $AT1,AT2,\cdots,AT12$ 表示,其数值见表 7.3(摘录 $AT4 \sim AT9$ 公差数值,L 大于 16 ~ 160 mm)。

由表 7.3 可见,圆锥角公差可用两种形式表示:①AT_α 以角度单位微弧度或以度、分、秒表示;②AT_D 以长度单位微米表示。AT_α 与 AT_D 的换算关系为

$$AT_D = AT_\alpha \times L \times 10^{-3} \tag{7.1}$$

式中,AT_D 的单位为 μm;AT_α 的单位为 μrad;L 的单位为 mm。

例如,圆锥长度为 L 为 63 mm,选用 $AT7$,查表 7.3 得,AT_α 为 315 μrad 或 $1'05''$,AT_D 为 20 μm。再如,L 为 50 mm 选用 $AT7$,查表 7.3 得,AT_α 为 315 μrad 或 $1'05''$,则由式(7.1) 得

$$
\begin{aligned}
AT_D &= AT_\alpha \times L \times 10^{-3} \\
&= 315 \times 50 \times 10^{-3} = 15.75 \ \mu m
\end{aligned}
$$

故取 AT_D 为 15.8 μm。

表 7.3   圆锥角公差数值(摘自 GB/T 11334—2005)

公称圆锥长度 L/mm		圆 锥 角 公 差 等 级								
		$AT4$			$AT5$			$AT6$		
		AT_α	AT_D		AT_α		AT_D	AT_α		AT_D
大 于	至	(μrad)	('')	(μm)	(μrad)	(')('')	(μm)	(μrad)	(')('')	(μm)
16	25	125	26	> 2.0 ~ 3.2	200	41''	> 3.2 ~ 5.0	315	1'05''	> 5.0 ~ 8.0
25	40	100	21	> 2.5 ~ 4.0	160	33''	> 4.0 ~ 6.3	250	52''	> 6.3 ~ 10.0

续表7.3

公称圆锥长度 L/mm		圆 锥 角 公 差 等 级								
		AT4		AT5			AT6			
		AT_α	AT_D	AT_α		AT_D	AT_α		AT_D	
大 于	至	(μrad)	(")　(μm)	(μrad)	(')(")	(μm)	(μrad)	(')(")	(μm)	
40	63	80	16　> 3.2 ~ 5.0	125	26"	> 5.0 ~ 8.0	200	41"	> 8.0 ~ 12.5	
63	100	63	13　> 4.0 ~ 6.3	100	21"	> 6.3 ~ 10.0	160	33"	> 10.0 ~ 16.0	
100	160	50	10　> 5.0 ~ 8.0	80	16"	> 8.0 ~ 12.5	125	26"	> 12.5 ~ 20.0	

公称圆锥长度 L/mm		圆 锥 角 公 差 等 级								
		AT7		AT8			AT9			
		AT_α	AT_D	AT_α		AT_D	AT_α		AT_D	
大 于	至	(μrad)　(')(")	(μm)	(μrad)	(')(")	(μm)	(μrad)	(')(")	(μm)	
16	25	500　1'43"	> 8.0 ~ 12.5	800	2'45"	> 12.5 ~ 20.0	1 250	4'18"	> 20 ~ 32	
25	40	400　1'22"	> 10.0 ~ 16.0	630	2'10"	> 16.0 ~ 20.5	1 000	3'26"	> 25 ~ 40	
40	63	315　1'05"	> 12.5 ~ 20.0	500	1'43"	> 20.0 ~ 32.0	800	2'45"	> 32 ~ 50	
63	100	250　52"	> 16.0 ~ 25.0	400	1'22"	> 25.0 ~ 40.0	630	2'10"	> 40 ~ 63	
100	160	200　41"	> 20.0 ~ 32.0	315	1'05"	> 32.0 ~ 50.0	500	1'43"	> 50 ~ 80	

注:1 μrad 等于半径为 1 m,弧长为 1 μm 所对应的圆心角。5 μrad ≈ 1";300 μrad ≈ 1'。

　　一般情况下,可将实际圆锥角控制在圆锥直径公差区内,此时圆锥角 α_{max} 和 α_{min} 是圆锥直径公差区内可能产生的极限圆锥角,如图 7.6 所示。表7.4 列出了圆锥长度 L 为 100 mm 时圆锥直径公差 T_D 所能限制的最大圆锥角误差 $\Delta\alpha_{max}$。

图 7.6　极限圆锥角

表 7.4　$L = 100$ mm 的圆锥直径公差 T_D 所限制的最大圆锥角误差 $\Delta\alpha_{max}$(摘自 GB/T 11334—2005)　μrad

标准公差等级	圆 锥 直 径/mm												
	≤3	> 3 ~ 6	> 6 ~ 10	> 10 ~ 18	> 18 ~ 30	> 30 ~ 50	> 50 ~ 80	> 80 ~ 120	> 120 ~ 180	> 180 ~ 250	> 250 ~ 315	> 315 ~ 400	> 400 ~ 500
IT4	30	40	40	50	60	70	80	100	120	140	160	180	200
IT5	40	50	60	80	90	110	130	150	180	200	230	250	270
IT6	60	80	80	110	130	160	190	220	250	290	320	360	400
IT7	100	120	150	180	210	250	300	350	400	460	520	570	630
IT8	140	180	220	270	330	390	460	540	630	720	810	890	970
IT9	250	300	360	430	520	620	740	870	1 000	1 150	1 300	1 400	1 550
IT10	400	480	580	700	840	1 000	1 200	1 400	1 300	1 850	2 100	2 300	2 500

注:圆锥长度不等于 100 mm 时,需将表中的数值乘以 100/L,L 的单位为 mm。

如果对圆锥角公差有更高的要求(如圆锥量规等),除规定其直径公差 T_D 外,还应给定圆锥角公差 AT。圆锥角的极限偏差可按单向或双向(不对称或对称)取值,如图7.7所示。

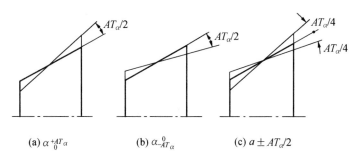

(a) $\alpha_{0}^{+AT\alpha}$ (b) $\alpha_{-AT\alpha}^{0}$ (c) $a \pm AT_\alpha/2$

图 7.7   圆锥角极限偏差给定形式

3. 圆锥的形状公差(t_F)

圆锥的形状公差包括圆锥素线直线度公差和圆度公差。对于要求不高的圆锥工件,其形状误差一般也用直径公差 T_D 控制;对于要求较高的圆锥工件,应单独按要求给定形状公差 t_F、t_F 的数值,按 GB/T 1184—1996 规定选取。

4. 给定截面圆锥直径公差(T_{DS})

给定截面圆锥直径公差 T_{DS} 是指在垂直圆锥轴线的给定截面内,圆锥直径的允许变动量。其公差区为在给定的圆锥截面内,由两个同心圆所限定的区域,如图7.8所示。

图 7.8   给定截面圆锥直径公差区

给定截面圆锥直径公差数值是以给定截面圆锥直径 d_x 为公称尺寸,按 GB/T 1800.1—2020 的标准公差选取。

一般情况下,不规定给定截面圆锥直径公差,只有对圆锥工件有特殊需求(如阀类零件中,在配合的圆锥给定截面上要求接触良好,以保证良好的密封性)时,才规定此项公差,但还必须同时规定锥角公差 AT,它们之间的关系如图7.9所示。

由图7.9可见,给定截面圆锥直径公差 T_{DS} 不能控制锥角误差 ΔAT,两者相互无关,应分别满足要求;在给定截面上圆锥角误差的影响最小,故它是精度要求最高的一个截面。

图 7.9　T_{DS} 与 AT 的关系

7.2.2　圆锥配合

《圆锥配合》(GB/T 12360—2005) 适用于锥度 C 从 1∶3 至 1∶500,公称圆锥长度 L 从 6 ~ 630 mm,直径至 500 mm 光滑圆锥的配合。

1. 圆锥配合的基准制和配合种类

圆锥配合的基准制也分为基孔制和基轴制两种,标准推荐优先采用基孔制。

圆锥配合的种类分为间隙配合、过盈配合和过渡配合三种,相互配合的内、外圆锥公称尺寸应相同。

(1) 间隙配合

这类配合具有间隙,而其间隙大小可以在装配时和使用中通过内、外圆锥的轴向相对位移进行调整,它主要用于滑动轴承机构中。

(2) 过盈配合

这类配合具有过盈,过盈大小也可以调整。在承载情况下,它利用内、外圆锥间的摩擦力自锁传递扭矩。

(3) 过渡配合

这类配合可能具有间隙,也可能具有过盈,要求内、外圆锥紧密配合,它用于对中定心或密封。为了保证良好的密封性,对其形状精度要求很高,通常将它们配对研磨。

2. 圆锥配合的形成

因为圆锥配合的配合特征是通过改变相互结合的内、外圆锥的轴向位置来形成间隙或过盈,所以可根据确定相互结合的内、外圆锥轴向相对位置的不同方法,圆锥配合的形成可分为结构型和位移型两种。

(1) 结构型圆锥配合

结构型圆锥配合有下面两种形成方式:

① 由内、外圆锥的结构确定装配的最终位置而形成配合。这种方式可以得到间隙配合、过渡配合和过盈配合。图 7.10(a) 为由轴肩接触得到间隙配合的示例。

② 由内、外圆锥基准平面之间的尺寸确定装配的最终位置面形成配合。这种方式可以得到间隙配合、过渡配合和过盈配合。图 7.10(b) 为由结构尺寸 a 得到过盈配合的示例。

(2) 位移型圆锥配合

位移型圆锥配合也有下面两种形成方式:

(a) 结构形成的间隙配合   (b) 基面距 a 形成的过盈配合

图 7.10　配合形成的示意图

① 由内、外圆锥实际初始位置 P_a 开始,作一定的相对轴向位移 E_a 而形成配合。这种方式可以得到间隙配合和过盈配合。图 7.3(a)为间隙配合的示例。

② 由内、外圆锥实际初始位置 P_a 开始,施加一定的装配力(轴向力)F_s 产生轴向位移而形成配合。这种方式只能得到过盈配合,如图 7.3(b)所示。

7.2.3　锥度和圆锥公差的标注方法

1. 锥度的标注

在零件图上,锥度用特定的图形符号和比例(或分数)形式来标注,如图 7.11 所示。图形符号配置在平行于圆锥轴线的基准线上,其方向与圆锥方向一致,并在基准线上面标注锥度的数值。用指引线与圆锥素线相连。在图样上标注了锥度,就不用标注圆锥角。

对圆锥只要标注最大直径 D 或最小直径 d 及圆锥长度 L 和圆锥角 α(或锥度 C),则该圆锥就完全确定。

2. 圆锥公差的标注

在图样上标注有配合要求的内、外圆锥的尺寸和公差时,内、外圆锥必须具有相同的公称圆锥角(或公称锥度),同时在内、外圆锥上标注直径公差的圆锥直径必须具有相同的公称尺寸。圆锥公差的标注方法有下列三种。

图 7.11　锥度的标注方法

(1)面轮廓度法

面轮廓度法是指给出圆锥的理论正确圆锥角 $\boxed{\alpha}$(或锥度 $\boxed{C}$)、理论正确圆锥直径($\boxed{D}$ 或 $\boxed{d}$)和圆锥长度 L,标注面轮廓度公差,如图 7.12 所示。它是常用的圆锥公差给定方法,由面轮廓度公差带确定最大与最小极限圆锥把圆锥的直径偏差、圆锥角偏差、素线直线度误差和横截面圆度误差等都控制在面轮廓度公差带内,这相当于包容要求。

面轮廓度法适用于有配合要求的结构型内、外圆锥。

(2)基本锥度法

基本锥度法是指给出圆锥的理论正确圆锥角 $\boxed{\alpha}$ 和圆锥长度 L,标注公称圆锥直径(D 或 d)及其极限偏差(按相对于该直径对称分布取值),如图 7.13 所示。其特征是按圆锥直径为最大和最小实体尺寸构成的同轴线圆锥面,来形成两个具有理想形状的包容面公差带,实际圆锥处处不得超越这两个包容面。

図 7.12　面轮廓度法的标注

基本锥度法适用于有配合要求的结构型和位移型内、外圆锥。

（3）公差锥度法

公差锥度法是指同时给出圆锥直径（最大或最小圆锥直径）极限偏差和圆锥角极限偏差，并标注圆锥长度。它们各自独立，分别满足各自的要求，标注方法如图 7.14 所示。按独立原则解释。

公差锥度法用于非配合圆锥；也适用于某给定截面直径有较高精度要求的圆锥。

应当指出，无论采用哪种标注方法，若有需要，可附加给出更高的素线直线度（图 7.14）、圆度精度要求；对于轮廓法和基本锥度法，还可附加给出严格的圆锥角公差。

図 7.13　基本锥度法的标注　　　　　図 7.14　公差锥度法的标注

7.2.4　未注公差角度尺寸的极限偏差

GB/T 1804—2000 对于金属切削加工件的角度，包括在图样上标注的角度和通常不需标注的角度（如 90° 等）规定了未注公差角度尺寸的极限偏差（表 7.5）。该极限偏差值应为一般工艺方法可以保证达到的精度。应用中可以根据不同产品的不同需要，从标准中所规定的四个未注公差角度的公差等级（精密级 f、中等级 m、粗糙级 c 及最粗级 v）中选择合适的等级。

未注公差角度尺寸的极限偏差按角度短边长度确定，若工件为圆锥，则按圆锥素线长度确定。

未注公差角度的公差等级在图样或技术文件上用标准号和公差等级表示。例如，选用中等级时，在图样或技术文件上可标注为 GB/T 1804—m 。

表7.5　未注公差角度尺寸的极限偏差数值　　（摘自 GB/T 1804—2000）

公差等级	长　　　　度/mm				
	~ 10	> 10 ~ 50	> 50 ~ 120	> 120 ~ 400	> 400
精密 f 中等 m	± 1°	± 30′	± 20′	± 10′	± 5′
粗糙 c	± 1°30′	± 1°	± 30′	± 15′	± 10′
最粗 v	± 3°	± 2°	± 1°	± 30′	± 20′

7.3　锥度与圆锥角的检测

锥度与圆锥角的检测方法很多,常用的检测方法有以下几种。

7.3.1　用通用量仪直接测量

对于精度要求不高的角度工件,通常用万能量角器测量,其分度值有 5′ 和 2′ 两种。

对于精度要求较高的角度工件,常用光学分度头或测角仪进行测量。光学分度头的分度值有 1′、10″、5″、2″、1″ 等;测角仪的分度值最高可达 0.1″,它的测量精度更高。

7.3.2　用通用量具间接测量

通常测量与被测圆锥角有一定函数关系的有关线性尺寸,然后计算出被测圆锥角的大小。如用平板、千分表、钢球、量块、正弦规等进行测量。

图7.15是用正弦规测量外锥体锥角示意图。测量前,先按下式计算量块组的高度:

$$h = L \sin \alpha$$

若指示器在 a,b 两点读数差为 ΔF,则锥度偏差 ΔC 为

图 7.15　用正弦规测量外锥体

$$\Delta C = \frac{\Delta F}{l} \text{rad} = \frac{\Delta F}{l} \times 10^6 (\mu\text{rad})$$

换算成锥角偏差,则可近似为

$$\Delta \alpha = \frac{\Delta F}{l} \times 2 \times 10^5 ('')$$

7.3.3　用量规检验

圆锥量规有锥度塞规和锥度环规两种(图7.16)。被测内圆锥用锥度塞规检验,如图 7.16(a) 所示;被测外圆锥用锥度环规检验,如图 7.16(b) 所示。在用量规检验圆锥工件时,用涂色检验圆锥角偏差,要求在锥体的大端接触,接触线长度对于高精度工件不低于 85%,精密工件不低于 80%,普通工件不低于 75%;同时,还要检验工件的基面距变化。圆锥量规的基准端刻有两圈相距为 m 的细线或做一个轴向距为 m 的台阶,若被测件的基面在 m 区域内,则基面距合格。由于锥度塞规是外尺寸,可用通用量具或仪器检验其锥度的正确性,而锥度环规为内尺寸,较难测量,故用专门的校对塞规检验。

(a) 塞规　　　　　　　　　　(b) 环规

图 7.16　用圆锥量规检验

习 题 七

一、思考题

1. 圆锥结合的公差与配合有哪些特点?

2. 有一圆锥体,其尺寸参数为 D、d、L、c、a,试说明在零件图上是否需要把这些参数的尺寸和极限偏差都注上,为什么?

3. 圆锥公差的标注方法有哪几种? 它们各适用于什么样的场合?

4. 为什么钻头、铰刀、铣刀等的尾柄与机床主轴孔连接多用圆锥结合? 从使用要求出发,这些工具锥体应有哪些要求?

二、作业题

1. 设有一外圆锥,其最大直径为 $\phi100$ mm,最小直径为 $\phi99$ mm,长度为 100 mm,试计算其圆锥角、圆锥素线角和锥度值。

2. C620 – 1 车床尾座顶针套与顶针结合采用莫氏 4 号锥度,顶针的公称圆锥长度 $L =$ 118 mm,圆锥角公差为 AT8,试查表确定其公称圆锥角 α、锥度 C 和圆锥角公差的数值。

3. 用正弦规测量圆锥量规的锥角偏差,圆锥量规的锥角公称值为 2°52′31.4″(2.875 402°),测量简图如图7.15所示。正弦规两圆柱中心距为 100 mm,两侧点间距离为 70 mm,两测点的读数差为 17.5 μm。试求量块的计算高度及锥角偏差;若锥角极限偏差为 ±315 μrad,此项偏差是否合格?

第 8 章

键和花键结合的精度设计与检测

键联结和花键联结是机械产品中普遍应用于轴和轴上零件(如齿轮、皮带轮、手轮和联轴节等)之间的可拆联结,用以传递转矩。当轴与传动件之间有轴向相对运动要求时,键联结和花键联结还能起导向作用,如变速箱中变速齿轮花键孔与花键轴的联结。

键又称单键,分为平键、半圆键和楔形键等几种,其中平键又可分为普通平键和导向平键;花键分为矩形花键和渐开线花键两种。其中平键和矩形花键应用比较广泛。

本章只讨论普通平键和矩形花键结合的精度设计与检测。

8.1 普通平键结合的精度设计与检测

8.1.1 普通平键结合的结构和几何参数

普通平键联结通过键的侧面与轴键槽和轮毂键槽的侧面相互接触来传递扭转矩。键的上表面和轮毂键槽间留有一定的间隙,如图 8.1 所示。在其剖面尺寸中,b 为键、轴槽和轮毂槽的宽度,t_1 和 L 分别为轴槽的深度和长度,t_2 为轮毂槽的深度,h 为键的高度,d 为轴和轮毂直径。普通平键、键槽尺寸及极限偏差从表 8.1 中选取。

图 8.1 普通平键联结的几何参数

表8.1　普通平键和键槽的尺寸与极限偏差（摘自 GB/T 1095—2003 和 GB/T 1096—2003）　　mm

键尺寸 $b \times h$	键 宽度 极限偏差 b:h8	键 高度 极限偏差 h:h11(h8)*	键槽 宽度 b 基本尺寸	正常联结 轴 N9	正常联结 毂 JS9	紧密联结 轴和毂 P9	松联结 轴 H9	松联结 毂 D10	深度 轴 t_1 基本尺寸	轴 t_1 极限偏差	毂 t_2 基本尺寸	毂 t_2 极限偏差	公称直径 d**
2×2	0 −0.014	(0 −0.014)	2	−0.004 −0.029	±0.012 5	−0.006 −0.031	+0.025 0	+0.060 +0.020	1.2	+0.1 0	1.0	+0.1 0	自 6~8
3×3			3						1.8		1.4		>8~10
4×4	0 −0.018	(0 −0.018)	4	0 −0.030	±0.015	−0.012 −0.042	+0.030 0	+0.078 +0.030	2.5		1.8		>10~12
5×5			5						3.0		2.3		>12~17
6×6			6						3.5		2.8		>17~22
8×7	0 −0.022	0 −0.090	8	0 −0.036	±0.018	−0.015 −0.051	+0.036 0	+0.098 +0.040	4.0	+0.2 0	3.3	+0.2 0	>22~30
10×8			10						5.0		3.3		>30~38
12×8		0 −0.090	12						5.0		3.3		>38~44
14×9	0 −0.027		14	0 −0.043	±0.021 5	−0.018 −0.061	+0.043 0	+0.120 +0.050	5.5		3.8		>44~50
16×10			16						6.0		4.3		>50~58
18×11			18						7.0		4.4		>58~65
20×12		0 −0.110	20						7.5		4.9		>65~75
22×14	0 −0.033		22	0 −0.052	±0.026	−0.022 −0.074	+0.052 0	+0.149 +0.065	9.0		5.4		>75~85
25×14			25						9.0		5.4		>85~95
28×16			28						10.0		6.4		>95~110

注：* 普通平键的截面形状为矩形时，高度 h 公差带为 h11，截面形状为方形时，其高度 h 公差带为 h8。

　　** 孔、轴相互配合的公称直径 d 标准中未给，此处给出供使用者参考。

8.1.2　普通平键结合的精度设计

1. 普通平键结合的极限与配合

（1）配合尺寸的公差带和配合种类

普通平键联结中，键宽和键槽宽 b 是配合尺寸，应规定较严格的公差。因此，键宽和键槽宽联结的精度设计是本节研究的重点。

键由型钢制成，是标准件，相当于极限与配合中的轴。因此，键宽和键槽宽采用基轴制配合。国家标准《平键　键槽的剖面尺寸》（GB/T 1095—2003）和《普通型　平键》（GB/T 1096—2003）均从《极限与配合　公差带和配合的选择》（GB/T 1801—2009）中选取尺寸公差带。对键宽规定一种公差带 h8，对轴和轮毂的键槽宽各规定三种公差带，构成三组配合，即松联结、正常联结和紧密联结，以满足各种不同用途的需要。普通平键和键槽宽度 b 的公差带如图 8.2 所示，它们的应用见表 8.2。

（2）非配合尺寸的公差带

普通平键高度 h 的公差带一般采用 h11；平键长度 l 的公差带采用 h14；轴键槽长度 L 的公差带采用 H14。GB/T 1095—2003 对轴键槽深度 t_1 和轮毂键槽深度 t_2 的极限偏差作了专门规定（表 8.1）。为了便于测量，在图样上对轴键槽深度和轮毂键槽深度分别标注 "$d - t_1$" 和 "$d + t_2$"（此处 d 为孔、轴的公称尺寸），其极限偏差分别按 t_1 和 t_2 的极限偏差选取，但 "$d - t_1$" 的上偏差为零，下偏差取负号。

图 8.2　普通平键和键槽的宽度公差带图

表 8.2　普通平键联结的三组配合及其应用

配合种类	宽度 b 的公差带			应　　用
	键	轴键槽	轮毂键槽	
松联结		H9	D10	用于导向平键,轮毂在轴上移动
正常联结	h8	N9	JS9	键在轴键槽中和轮毂键槽中均固定,用于载荷不大的场合
紧密联结		P9	P9	键在轴键槽中和轮毂键槽中均牢固地固定,用于载荷较大、有冲击和双向转矩的场合

2. 普通平键结合的极限与配合选用

普通平键联结配合的选用,主要是根据使用要求和应用场合确定其配合种类。

对于导向平键应选用松联结,因为在这种结合中,由于几何误差的影响,使键(h8)与轴槽(H9)的配合实际上为不可动联结,而键与轮毂槽(D10)的配合间隙较大,因此,轮毂可以相对轴移动。

对于承受重载荷、冲击载荷或双向转矩的情况,应选用紧密联结,因为这时键(h8)与键槽(P9)配合较紧,再加上几何误差的影响,使之结合紧密、可靠。

除了上述两种情况外,对于承受一般载荷,考虑拆装方便,应选用正常联结。

3. 几何公差和表面粗糙度轮廓幅度参数选用

为保证键与键槽侧面之间有足够的接触面积和避免装配困难,应分别规定轴槽和轮毂槽的对称度公差。对称度公差按《形状和位置公差》(GB/T 1184—1996)确定,一般取7 ~ 9 级。对称度公差的主参数是指键宽 b。

键槽配合表面的表面粗糙度轮廓 Ra 上限值一般取 1.6 ~ 3.2 μm,非配合表面(键底面)取 6.3 μm。

4. 键槽尺寸和公差在图样上的标注

轴键槽和轮毂键槽的剖面尺寸及其公差带(极限偏差)、几何公差及表面粗糙度轮廓幅度参数在图样上的标注见例题。

5. 例题

某机构采用普通平键正常联结的 $\phi25H8Ⓔ$ 孔与 $\phi25h7Ⓔ$ 轴传递转矩,查表确定键槽剖面尺寸和公差,并将它们标注在图样上。

解　(1) 根据普通平键为正常联结和 $D(d) = \phi 25$ 查表 8.1 得：

轴　槽宽 $b = 8N9 = 8_{-0.036}^{\ 0}$；槽深 $t_1 = 4_{\ 0}^{+0.2}$，即 $(d - t_1)_{-0.2}^{\ 0} = 21_{-0.2}^{\ 0}$。

孔　槽宽 $b = 8JS9 = 8 \pm 0.018$；槽深 $t_2 = 3.3_{\ 0}^{+0.2}$，即 $(d + t_2)_{\ 0}^{+0.2} = 28.3_{\ 0}^{+0.2}$。

(2) 键槽两侧面的中心平面对孔、轴轴线的对称度公差若选 8 级，由键宽 $b = 8$ 查表 4.16 得其公差值为 0.015。

(3) 键槽两侧面为配合表面，其表面粗糙度 Ra 的上限值取 3.2 μm，底面取 6.3 μm。

(4) 由表 3.2、表 3.4 和表 3.6 得孔 $\phi 25_{\ 0}^{+0.033}$Ⓔ，轴 $\phi 25_{-0.021}^{\ 0}$Ⓔ。

(5) 上述尺寸和公差在图样上的标注如图 8.3 所示。

其中图 8.3(a) 为轴键槽尺寸和公差的标注，图 8.3(b) 为孔键槽尺寸和公差的标注。

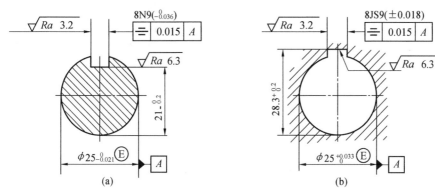

图 8.3　键槽标注示例

8.1.3　键及键槽的检测

1. 键的检测

若无特殊的要求，键的检测可用游标卡尺、千分尺等通用量具测量，也可用卡规检验各部分尺寸。

2. 键槽尺寸的检测

单件、小批生产时，键槽深度与宽度一般用通用量具测量；大批量生产时，则用专用量规检验，如图 8.4 所示。

3. 键槽对称度误差的检测

单件、小批生产时，可采用通用量具进行测量。大批量生产时，可采用图 8.5 所示的量规进行检验。

图 8.4　轮毂槽深 $d + t_2$ 的极限量规　　　图 8.5　检验键槽对称度误差的量规

8.2　矩形花键结合的精度设计与检测

《矩形花键尺寸、公差和检验》(GB/T 1144—2001)规定了矩形花键联结的尺寸系列、定心方式、公差与配合、标注方法及检验规则。为便于加工和检测,矩形花键的键数 N 为偶数,有6、8、10 三种。按承载能力的不同,矩形花键可分为中、轻两个系列。中系列的键高尺寸较大(小径相同的轻系列和中系列的键数、键宽也相同,仅大径不同),承载能力强,轻系列的键高尺寸较小,承载能力相对较低。矩形花键的公称尺寸系列见表8.3。

表 8.3　矩形花键公称尺寸系列(摘自 GB/T 1144—2001)　　　　　　　mm

小径 d	轻　系　列				中　系　列			
	规　格 $N \times d \times D \times B$	键数 N	大径 D	键宽 B	规　格 $N \times d \times D \times B$	键数 N	大径 D	键宽 B
11	—	—	—	—	$6 \times 11 \times 14 \times 3$		14	3
13					$6 \times 13 \times 16 \times 3.5$		16	3.5
16					$6 \times 16 \times 20 \times 4$		20	4
18					$6 \times 18 \times 22 \times 5$	6	22	5
21					$6 \times 21 \times 25 \times 5$		25	
23	$6 \times 23 \times 26 \times 6$		26	6	$6 \times 23 \times 28 \times 6$		28	6
26	$6 \times 26 \times 30 \times 6$	6	30		$6 \times 26 \times 32 \times 6$		32	
28	$6 \times 28 \times 32 \times 7$		32	7	$6 \times 28 \times 34 \times 7$		34	7
32	$8 \times 32 \times 36 \times 7$		36	6	$8 \times 32 \times 38 \times 6$		38	6
36	$8 \times 36 \times 40 \times 7$		40	7	$8 \times 36 \times 42 \times 7$		42	7
42	$8 \times 42 \times 46 \times 8$		46	8	$8 \times 42 \times 48 \times 8$		48	8
46	$8 \times 46 \times 50 \times 9$	8	50	9	$8 \times 46 \times 54 \times 9$	8	54	9
52	$8 \times 52 \times 58 \times 10$		58	10	$8 \times 52 \times 60 \times 10$		60	10
56	$8 \times 56 \times 62 \times 10$		62		$8 \times 56 \times 65 \times 10$		65	
62	$8 \times 62 \times 68 \times 12$		68		$8 \times 62 \times 72 \times 12$		72	
72	$10 \times 72 \times 78 \times 12$		78	12	$10 \times 72 \times 82 \times 12$		82	12
82	$10 \times 82 \times 88 \times 12$	10	88		$10 \times 82 \times 92 \times 12$	10	92	
92	$10 \times 92 \times 98 \times 14$		98	14	$10 \times 92 \times 102 \times 14$		102	14

8.2.1　矩形花键的几何参数和定心方式

矩形花键联结的几何参数有大径 D、小径 d、键宽和键槽宽 B 及键数 N,如图8.6所示,其中图 8.6(a) 为内花键,图 8.6(b) 为外花键。

花键联结的主要使用要求是保证内、外花键的同轴度,以及键侧面与键槽侧面接触的均匀性,保证传递一定的转矩,为此,必须保证配合性质。

花键联结有三个结合面,即大径、小径和键侧面,只能在这三个结合面中选取一个为主,来确定内、外花键的配合性质。确定配合性质的结合面称为定心表面,理论上小径 d、大径 D 和键侧(键槽侧) B 都可作为定心表面。GB/T 1144—2001 中规定矩形花键以小径的结合面为定心表面,即小径定心,如图8.7所示。对定心直径(即小径 d) 有较高的精度要求,对非定心直径(即大径 D)的精度要求较低,且有较大的间隙。但是对非定心的键和键槽侧面也要求有足够的精度,因为它们要传递转矩和导向。

矩形花键联结以小径定心有以下优点:

① 有利于提高产品性能、质量和技术水平。小径定心的定心精度高,稳定性好,而且

能用磨削的方法消除热处理变形,从而提高了定心直径制造精度。

②有利于简化加工工艺,降低生产成本。尤其是对于内花键定心表面的加工,采用磨削加工方法,可以减少成本较高的拉刀规格,也易于保证表面质量。

③与国际标准规定完全一致,便于技术引进,有利于机械产品的进出口和技术交流。

④有利于齿轮精度标准的贯彻与配套。

(a) 内花键　　　　　(b) 外花键

图 8.6　矩形花键的主要尺寸　　　　图 8.7　矩形花键联结的定心方式

8.2.2　矩形花键结合的精度设计

1. 矩形花键结合的极限与配合

矩形花键的配合按精度高低分为两种情况:一种为一般用途矩形花键;另一种为精密传动用矩形花键。其内、外花键的尺寸公差带见表 8.4。

表 8.4　内、外花键的尺寸公差带与装配型式(摘自 GB/T 1144—2001)

内　　花　　键				外　　花　　键			装配型式
d	D	B		d	D	B	
		拉削后不热处理	拉削后热处理				
一　般　用							
H7	H10	H9	H11	f7	a11	d10	滑动
				g7		f9	紧滑动
				h7		h10	固定
精　密　传　动　用							
H5	H10	H7、H9		f5	a11	d8	滑动
				g5		f7	紧滑动
				h5		h8	固定
H6				f6		d8	滑动
				g6		f7	紧滑动
				h6		d8	固定

注:①精密传动用的内花键,当需要控制键侧配合间隙时,槽宽可选用 H7,一般情况下可选用 H9。

②d 为 H6 Ⓔ 和 H7 Ⓔ 的内花键,允许与提高一级的外花键配合。

表 8.4 中公差带均取自 GB/T 1801—2009。

为了减少加工和检验内花键用的花键拉刀和花键量规的规格和数量,矩形花键联结采用基孔制配合。

矩形花键装配类型分为固定、紧滑动和滑动三种。后两种装配类型用于内、外花键之间工作时要求相对移动的情况,而固定装配类型用于内、外花键之间无轴向相对移动的情况。由于几何误差的影响,实际上矩形花键各结合面的配合均比预定的要紧些。

一般传动用内花键拉削后再进行热处理,其键槽宽的变形不易修正,故公差要降低要求(由 H9 降为 H11)。对于精密传动用内花键,当联结要求键侧配合间隙较高时,槽宽公差带选用 H7,一般情况选用 H9。

定心直径 d 的公差带,在一般情况下,内、外花键取相同的公差等级,这个规定不同于普通光滑孔、轴的配合(一般情况下,孔比轴低一级)。但在有些情况下,内花键允许与提高一级的外花键配合,如公差带为 H7 的内花键可以与公差带为 f6、g6、h6 的外花键配合,公差带为 H6 的内花键,可以与公差带为 f5、g5、h5 的外花键配合,这主要是考虑矩形花键常用来作为齿轮的基准孔,在贯彻齿轮标准过程中,有可能出现外花键的定心直径公差等级高于内花键定心直径公差等级的情况。

2. 矩形花键结合的极限与配合选用

花键结合的极限与配合的选用主要是确定联结精度和装配类型。

联结精度的选用主要是根据定心精度要求和传递转矩大小。"精密传动用"花键联结定心精度高,传递转矩大而且平稳,多用于精密机床主轴变速箱,以及各种减速器中轴与齿轮花键孔(即内花键)的联结。"一般用"花键联结适用于定心精度要求不高但传递转矩较大,如载重汽车、拖拉机的变速箱。

装配类型的选用首先根据内、外花键之间是否有轴向移动,确定选固定还是滑动装配。对于内、外花键之间要求有相对移动,而且移动距离长、移动频率高的情况,应选用配合间隙较大的滑动装配,以保证运动灵活性及配合面间有足够的润滑油层,例如,汽车、拖拉机等变速箱中的齿轮与轴的联结。对于内、外花键定心精度要求高,传递转矩大或经常有反向转动的情况,则应选用配合间隙较小的紧滑动装配。对于内、外花键间无须在轴向移动,只用来传递转矩,则应选用固定装配。

3. 几何公差和表面粗糙度轮廓的选用

矩形内、外花键是具有复杂表面的结合件,并且键长与键宽的比值较大,几何误差是影响花键联结质量的重要因素,因而对其几何误差要加以控制。

为了保证内、外花键小径定心表面的配合性质,该表面的形状公差和尺寸公差的关系遵守包容要求 Ⓔ。

为控制内、外花键的分度误差和对称度误差,一般用位置度公差予以综合控制,并采用最大实体要求,图样标注如图 8.8 所示,其位置度公差值见表 8.5。

在单件小批生产时,一般规定键或键槽两侧面的中心平面对定心表面轴线的对称度公差和花键等分度公差,并遵守独立原则,如图 8.9 所示,对称度公差值见表 8.5。花键各键(键槽)沿 360° 圆周均匀分布为它们的理想位置,允许它们偏离理想位置的最大值为花键均匀分度公差值,其值等于对称度公差值,所以花键等分度公差在图样上不必标注。

对于较长的长键,应规定内花键各键槽侧面和外花键各键槽侧面对定心表面轴线的平行度公差,其公差值根据产品性能确定。

矩形花键各结合表面的表面粗糙度轮廓 Ra 的上限推荐值见表 8.6。

图 8.8　花键位置度公差标注

图 8.9　花键对称度公差标注

表 8.5　矩形花键位置度公差和对称度公差（摘自 GB/T 1144—2001）　　　　　　mm

键槽宽或键宽 B			3	3.5 ~ 6	7 ~ 10	12 ~ 18
位置度公差 t_1	键槽宽		0.010	0.015	0.020	0.025
	键宽	滑动、固定	0.010	0.015	0.020	0.025
		紧滑动	0.006	0.010	0.013	0.016
对称度公差 t_2	一般用		0.010	0.012	0.015	0.018
	精密传动用		0.006	0.008	0.009	0.011

表 8.6　矩形花键表面粗糙度推荐值　　　　　　　　　　　　　　μm

加　工　表　面	内　花　键	外　花　键
	Ra　不　大　于	
大　　径	6.3	3.2
小　　径	0.8	0.8
键　　侧	3.2	0.8

4. 矩形花键的图样标注

　　矩形花键在零件图样上标注内容为键数 N 和小径 d、大径 D、键（槽）宽 B 的尺寸公差带代号。在装配图上标注花键的配合代号，并在技术要求中注明矩形花键的标准号 GB/T 1144—2001。

例如,在装配图上有如下标注:

$$6 \times 23 \frac{H7}{f7} \times 26 \frac{H10}{a11} \times 6 \frac{H11}{d10}$$

表示矩形花键的键数为6,小径尺寸及配合代号为 $23\frac{H7}{f7}$,大径尺寸及配合代号为 $26\frac{H10}{a11}$,

键(槽)宽尺寸及配合代号为 $6\frac{H11}{d10}$,如图8.10(a)所示。由表8.4可见,这是一般用途滑动矩形键联结。

在零件图上标注应为

内花键:$6 \times 23H7 \times 26H10 \times 6H11$

外花键:$6 \times 23f7 \times 26a11 \times 6d10$

在零件图上,对内、外花键除了标注尺寸公差带代号(或极限偏差)外,还要标注几何公差和公差原则以及表面粗糙度轮廓幅度参数值要求,如图8.10(b)(c)所示。

图 8.10   矩形花键标注示例

8.2.3   矩形花键的检测

在单件小批生产中没有现成的花键量规可以使用时,可用通用量具分别对各尺寸(d、D 和 B)进行单项测量,并检测键宽的对称度、键(键槽)的分度和大小径的同轴度等几何误差项目。

对大批量的生产,一般都采用量规进行检验,即用功能通规(对内花键为塞规,对外花键为环规,如图8.11所示)来综合检验小径 d、大径 D 和键(键槽)宽 B 的作用尺寸,即包括上述位置度(包含分度误差和对称度误差)和同轴度等几何误差。然后用单项止端量规(或其他量具)分别检验尺寸 d、D 和 B 的实际尺寸,合格的标志是功能通规能通过但止规不能通过。

(a) 检验内花键的功能量规   (b) 检验外花键的功能量规

图 8.11   花键功能量规

习　题　八

一、思考题

1. 平键联结的几何参数有哪些？

2. 平键联结的配合尺寸是什么？采用何种配合制？

3. 平键联结有几种配合类型？它们各应用在什么场合？

4. 平键联结的配合表面有哪些几何公差要求？几何公差和表面粗糙度轮廓幅度参数值如何确定？

5. 矩形花键联结的结合面有哪些？标准规定的定心表面是哪个？为什么？

6. 矩形花键联结各结合面的配合采用何种配合制？有几种装配类型？应用如何？

二、作业题

1. 某减速器中输出轴的伸出端与相配件孔的配合为 $\phi 45 \mathrm{H7/m6}$，并采用了正常联结平键。试确定轴槽和轮毂槽的剖面尺寸及其极限偏差、键槽对称度公差和键槽表面粗糙度 Ra 的上限数值，将各项公差值标注在零件图上（可参考图 8.3）。

2. 某车床床头箱中一变速滑动齿轮与轴的结合，采用矩形花键固定联结，花键的公称尺寸为 $8 \times 32 \times 36 \times 7$。齿轮内孔不需要热处理。试查表确定内、外花键的大径、小径和键（键槽）宽的尺寸公差带代号，并画出尺寸公差带图。

3. 试查表确定矩形花键配合 $6 \times 28 \dfrac{\mathrm{H7}}{\mathrm{g7}} \times 32 \dfrac{\mathrm{H10}}{\mathrm{a11}} \times 7 \dfrac{\mathrm{H11}}{\mathrm{f9}}$ 中的内花键、外花键的极限偏差，画出尺寸公差带图，并指出该矩形花键配合是一般用传动还是精密传动用以及装配类型。

第 **9** 章

螺纹结合的精度设计与检测

9.1 螺纹结合的使用要求和几何参数

9.1.1 螺纹的种类和使用要求

螺纹结合在机器制造和仪器制造中应用都很广泛。按结合性质和使用要求不同,可分以下三类:

1. 紧密螺纹

这类螺纹连接要求保证足够的紧密性。例如,旋入机体的一种螺栓,必须有一定的压紧力,管道螺纹必须保证不漏气、不漏水。显然,这类螺纹结合必须有一定的连接强度和密封性。它们的结合相当于圆柱体配合中的过盈配合。

2. 普通螺纹

普通螺纹也称紧固螺纹,可分为粗牙和细牙两种。在机械制造中用于可拆连接,如螺栓与螺母的连接,螺钉与机体的连接。对这类螺纹的要求:一是具有良好的可旋合性,以便于装配与拆卸;二是要保证有一定的连接强度,使其不过早地损坏和不自动松脱。这类螺纹的结合,其牙侧间的最小间隙等于或接近于零,相当于圆柱体配合中的几种小间隙配合。

3. 传动螺纹

传动螺纹通常指丝杠和测微螺纹。它们都用来传递运动或实现精确位移。因此,对它的主要要求是:要有足够的位移精度,保证传动比的准确性、运动的灵活性、稳定性和较小的空行程。因此这类螺纹的螺距误差要小,而且应有足够的最小间隙。

本章主要讨论公制普通螺纹的精度设计和检测,对其他类型的螺纹结合可参考有关资料和标准。

9.1.2 普通螺纹的牙型和主要几何参数

普通螺纹的几何参数由螺纹轴线平面内的基本牙型决定的,它是确定螺纹设计牙型的基础。

1. 普通螺纹的牙型

(1) 基本牙型

普通螺纹的基本牙型是指螺纹轴线剖面内,由理论尺寸、角度和削平高度所形成内、外螺纹共有的理论牙型,如图9.1所示。

图 9.1　普通螺纹的基本牙型(摘自 GB/T 14791—2013)

（2）原始三角形

原始三角形是指由延长基本牙型的牙侧获得的三个连接点所形成的三角形,如图9.1中三角形 ABC。

（3）设计牙型

设计牙型是指在基本牙型基础上,具有圆弧或平直形状牙顶和牙底的螺纹牙型。它是内、外螺纹极限偏差的起始点。

2. 普通螺纹的主要几何参数

由图9.1可见,普通螺纹主要几何参数有:

（1）基本大径 $(D、d)$

基本大径是指与外螺纹牙顶或内螺纹牙底相切的假想圆柱的直径。基本螺纹大径 $(D、d)$ 为内、外螺纹的公称直径(代表螺纹规格的直径),并且 $D=d$,其公称直径、螺距及相应基本值见表9.1。

表9.1　普通螺纹的公称直径、螺距及相应基本值(摘自 GB/T 193—2003、196—2003)　　mm

公称直径(大径) $D、d$			螺距	中径	小径	公称直径(大径) $D、d$			螺距	中径	小径
第一系列	第二系列	第三系列	P	$D_2、d_2$	$D_1、d_1$	第一系列	第二系列	第三系列	P	$D_2、d_2$	$D_1、d_1$
10			**1.5**	9.026	8.376		18		**2.5**	16.376	15.294
			1.25	9.188	8.647				2	16.701	15.835
			1	9.350	8.917				1.5	17.026	16.376
			0.75	9.513	9.188				1	17.350	16.917
12			**1.75**	10.863	10.106	24			**3**	22.051	20.752
			1.5	11.026	10.376				2	22.701	21.835
			1.25	11.188	10.647				1.5	23.026	22.376
			1	11.350	10.917				1	23.350	22.917
		17	1.5	16.026	15.376	30			**3.5**	27.727	26.211
			1	16.350	15.917				(3)	28.051	26.752
									2	28.701	27.835
									1.5	29.026	28.376

注:1. 直径优先选用第一系列,其次第二系列,第三系列尽可能不用。

　　2. 黑体字数码为粗牙螺距。括号内的螺距尽可能不用。

（2）小径（D_1、d_1）

小径是指与内螺纹牙顶或外螺纹牙底相切的假想圆柱的直径,称为小径（D_1、d_1）,并且 $D_1 = d_1$。

内螺纹小径（D_1）和外螺纹大径（d）又称为顶径;内螺纹大径（D）和外螺纹小径（d_1）又称为底径。

（3）中径（D_2、d_2）

中径是一个假想圆柱的直径,该圆柱的母线通过圆柱螺纹上牙厚与牙槽宽相等的地方,此直径称为中径（D_2、d_2）,并且 $D_2 = d_2$。中径圆柱的母线称为中径线（图9.2）。

（4）螺距（P）和导程（Ph）

螺距（P）是指相邻两牙体上的对应牙侧与中径线相交两点间的轴向距离,如图9.1所示。导程（Ph）是指最邻近的两同名牙侧与中径线相交两点间的轴向距离。同名牙侧就是在同一螺旋面上的牙侧。实际上,导程是一个点沿着在中径圆柱上的螺旋线旋转一周所对应的轴向位移。对单线螺纹,导程等于螺距;对多线螺纹,导程等于螺距与螺纹线数的乘积。

（5）单一中径（D_{2s}、d_{2s}）

单一中径是指一个假想圆柱的直径,该圆柱的母线通过实际螺纹上牙槽宽度等于螺距公称尺寸一半的地方（图9.2）。单一中径可以用三针法测得,用来表示螺纹的实际中径（D_{2a}、d_{2a}）。

图9.2　普通螺纹中径与单一中径

（6）牙型角（α）与牙侧角（β_1、β_2）

牙型角是指在螺纹牙型上,两相邻牙侧间的夹角 α,普通螺纹的理论牙型角为60°。牙型角的一半为牙型半角,其理论值为30°。

牙侧角是指在螺纹牙型上,牙侧与垂直于螺纹轴线平面之间的夹角 β,左、右牙侧角分别用符号 β_1 和 β_2 表示。普通螺纹的牙侧角理论值为30°,如图9.3所示。

（7）螺纹旋合长度

螺纹旋合长度是指两个配合螺纹的有效螺纹相互接触的轴向长度,如图9.4所示。

图9.3　牙型角、牙型半角与牙侧角　　　　　图9.4　旋合长度

（8）螺纹接触高度（H_0）

螺纹接触高度是指在两个同轴配合螺纹的牙型上,外螺纹牙顶至内螺纹牙顶间的径

向距离,即内、外螺纹的牙型重叠的径向高度。

9.2　影响螺纹结合精度的因素

为了保证螺纹连接的可旋合性和连接强度,在螺纹的大径和小径处,内外螺纹不得相互干涉,并且规定大径及小径处均留有一定的间隙,即内螺纹的实际大径和小径分别大于外螺纹的实际大径与小径。因此,影响螺纹可旋合性及连接强度的主要因素则是中径偏差、螺距偏差和牙侧角偏差。为保证有足够的连接强度,对顶径也提出了精度要求,并且螺纹的牙底制成圆弧形状。

9.2.1　中径偏差的影响

中径偏差是指螺纹加工后的中径的实际尺寸与其公称尺寸之差。

由于螺纹的牙型侧面是配合面,所以中径偏差直接影响螺纹配合的松紧程度。因为相互结合的内、外螺纹直径的公称尺寸是相等的,所以,若外螺纹的实际中径比内螺纹大,必然影响旋合性;若实际中径比内螺纹小,会使内、外螺纹接触高度减小,则配合过松,影响连接强度和密封性。因此,对内外螺纹必须限制中径的实际偏差,即对中径规定适当的上、下偏差。

9.2.2　螺距偏差的影响

螺距偏差分单个螺距偏差(ΔP)(简称螺距偏差)和螺距累积偏差(ΔP_Σ)。ΔP 是指螺距的实际值与其公称值之差;ΔP_Σ 是指在规定的螺纹长度内,任意两牙体间的实际累积螺距值与其公称累积螺距值之差中绝对值最大的那个偏差。ΔP_Σ 对螺纹的旋合性影响最大,因此必须加以限制。

假设仅有螺距累积偏差 ΔP_Σ 的一个外螺纹与一个没有任何偏差的理想内螺纹结合时,这会造成理想内螺纹在牙侧部位发生干涉,如图 9.5 所示的阴影部分。为消除此干涉区,可将外螺纹中径减少一个数值f_P。同理,内螺纹存在螺距累积偏差,为了内外螺文的旋合性,则应将内螺纹中径增大一个数值f_P,这个f_P就是补偿螺距偏差折算到中径上的数值,被称为螺距偏差的中径当量。由图 9.5 中的几何关系可得

$$f_P = \mid \Delta P_\Sigma \mid \cdot \cot(\alpha/2) \tag{9.1}$$

对于普通螺纹 $\alpha/2 = 30°$,则有

$$f_P = \cot 30° \mid \Delta P_\Sigma \mid = 1.732 \mid \Delta P_\Sigma \mid \text{ mm} \tag{9.2}$$

图 9.5　螺距偏差的中径当量

9.2.3　牙侧角偏差的影响

由上述可知,若螺纹的牙型角正确,牙侧角不一定正确,而牙侧角偏差直接影响螺纹的旋合性和牙侧接触面积。因此,也应加以限制。

牙侧角偏差是指牙侧角的实际值与其公称值之差,它包括螺纹牙侧的形状误差和牙侧相对于螺纹轴线的垂线的方向误差。

图 9.6　牙侧角偏差对旋合性的影响

如图 9.6 所示为相互结合的内、外螺纹的牙侧角的公称值为 30°,假设内螺纹 1(粗实线)为理想螺纹,而外螺纹 2(细实线)仅存在牙侧角偏差(左牙侧角偏差 $\Delta\beta_1 < 0$,右牙侧角偏差 $\Delta\beta_2 > 0$),使内、外螺纹牙侧产生干涉(图 9.6 中阴影部分)而不能旋合。

为了使上述具有牙侧角偏差的外螺纹能够旋入理想的内螺纹,保证旋合性,应将外螺纹的干涉部分切掉,把外螺纹螺牙型径向移至虚线三处,使外螺纹轮廓刚好能被内螺纹轮廓包容。也就是说,将外螺纹的中径减小一个数值 f_β。同理,当内螺纹存在牙侧角偏差时,为了保证旋合性,应将内螺纹中径增大一个数值 f_β。f_β 称为牙侧角偏差的中径当量。

由图 9.6 可以看出,由于牙侧角偏差 $\Delta\beta_1$ 和 $\Delta\beta_2$ 的大小和符号各不相同,因此左、右牙侧干涉区的最大径向干涉量不相同($AA' > DD'$),通常取它们的平均值作为 $f_\beta/2$,即

$$\frac{f_\beta}{2} = \frac{AA' + DD'}{2}$$

$\triangle ABC$ 的边长 $BC = AA'$,$\triangle DEF$ 的边长 $EF = DD'$,在 $\triangle ABC$ 和 $\triangle DEF$ 中应用正弦定理,并注意到牙型半角为 30° 时,$H = \sqrt{3}P/2$,经整理、运算并进行单位换算后得

$$f_\beta = 0.073P(3 \mid \Delta\beta_1 \mid + 2 \mid \Delta\beta_2 \mid) \quad (\mu m)$$

式中,螺距公称值 P 的单位为 mm;牙侧角偏差 $\Delta\beta_1$、$\Delta\beta_2$ 的单位是分(′)。

考虑到左、右牙侧角偏差均有可能为正值或负值,并且考虑内螺纹 f_β 的计算,将上式写成通式如下:

$$f_\beta = 0.073P(K_1 \mid \Delta\beta_1 \mid + K_2 \mid \Delta\beta_2 \mid) \tag{9.3}$$

式中 K_1 或 K_2 的取值分别为:

对于外螺纹,当 $\Delta\beta_1$ 或 $\Delta\beta_2$ 为正值时,在中径与小径之间的牙侧产生干涉,其 K_1 或 K_2 取 2;当 $\Delta\beta_1$ 或 $\Delta\beta_2$ 为负值时,在中径与大径之间的牙侧产生干涉,其 K_1 或 K_2 取 3。

对于内螺纹,当 $\Delta\beta_1$ 或 $\Delta\beta_2$ 为正值时,在中径与大径之间的牙侧产生干涉,其 K_1 或 K_2 取 3;当 $\Delta\beta_1$ 或 $\Delta\beta_2$ 为负值时,在中径与小径之间的牙侧产生干涉,其 K_1 或 K_2 取 2。

以上分析说明:螺纹无论中径偏差、螺距偏差、还是牙侧角偏差对螺纹的旋合性和接触强度均有影响,而且只要存在螺距偏差或牙侧角偏差,对外螺纹而言,相当于中径增大了;对内螺纹而言,相当于中径减少了。

此外还应指出的是:上述的 f_P 与 f_β 的计算是从理论上推导出来的,实际上内、外螺纹的相互结合比较复杂,它们彼此间的真正关系还有待于进一步深入研究。

9.2.4 螺纹作用中径和中径的合格条件

1. 作用中径与中径(综合)公差

实际生产中,螺纹的中径偏差、螺距偏差、牙侧角偏差同时存在。按理应对它们分别进行单项检验,但测量起来很困难,也很费时。既然如前面所述,当外螺纹存在螺距偏差和牙侧角偏差时,起作用的中径比实际中径要增大 f_P 与 f_β 值。在规定的旋合长度内,恰好包容实际外螺纹牙侧的一个假想理想内螺纹的中径,就称为外螺纹的作用中径(中径偏差、螺距偏差和牙侧角偏差的综合结果),代号为 d_{2fe},如图 9.7(a) 所示。同理,实际内螺纹存在螺距偏差和牙侧角偏差,也相当于实际内螺纹的中径减小了 f_P 和 f_β 值。在规定的旋合长度内,恰好包容实际内螺纹牙侧的一个假想理想外螺纹的中径,就称为内螺纹的作用中径,代号为 D_{2fe},如图 9.7(b) 所示。

作用中径可按下式计算:

对外螺纹
$$d_{2fe} = d_{2s} + (f_P + f_\beta) \tag{9.4}$$

对内螺纹
$$D_{2fe} = D_{2s} - (f_P + f_\beta) \tag{9.5}$$

式中, d_{2s}、D_{2s} 分别为外螺纹、内螺纹的单一中径。

(a) 外螺纹作用中径 d_{2fe}

(b) 内螺纹作用中径 D_{2fe}

图 9.7　螺纹作用中径

理想螺纹具有基本牙型,并且包容时与实际螺纹在牙顶和牙底处不发生干涉。

对于普通螺纹零件,为了加工和检测的方便,在标准中只规定了一个中径(综合)公差,用这个中径(综合)公差同时控制中径、螺距及牙侧角三项参数的偏差,即

$$T_{d2} \geqslant f_{d2} + f_P + f_\beta \tag{9.6}$$

$$T_{D2} \geqslant f_{D2} + f_P + f_\beta \tag{9.7}$$

式中　　T_{d2}、T_{D2}——外、内螺纹中径(综合)公差;

f_{d2}、f_{D2}——外、内螺纹中径本身偏差。

2. 中径的合格条件

中径为螺纹的配合直径,与圆柱体相似,为保证可旋合性和螺纹件本身的强度及连接强度,实际螺纹的作用中径应不超越最大实体中径,实际螺纹的单一中径不超越最小实体中径,普通螺纹中径合格条件如下:

对外螺纹 $\qquad d_{2\mathrm{fe}} \leqslant d_{2\mathrm{M}}(d_{2\mathrm{max}}) ; d_{2\mathrm{s}} \geqslant d_{2\mathrm{L}}(d_{2\mathrm{min}})$ (9.8)

对内螺纹 $\qquad D_{2\mathrm{fe}} \geqslant D_{2\mathrm{M}}(D_{2\mathrm{min}}) ; D_{2\mathrm{s}} \leqslant D_{2\mathrm{L}}(D_{2\mathrm{max}})$ (9.9)

9.3   普通螺纹公差与配合

9.3.1   螺纹公差标准的基本结构

在《普通螺纹   公差》(GB/T 197—2018)中,只对中径和顶径规定了公差,而对底径(内螺纹大径和外螺纹小径)未给公差要求,由加工的刀具控制。

在螺纹加工过程中,由于旋合长度的不同,加工难易程度也不同。通常短旋合长度容易加工和装配;长旋合长度加工较难保证精度,在装配时由于弯曲和螺距偏差的影响,也较难保证配合性质,因此,螺纹公差精度由公差带(公差大小和位置)及旋合长度决定,如图 9.8 所示。

图 9.8   普通螺纹公差标准的基本结构

9.3.2   螺纹公差带

普通螺纹公差带是沿基本牙型的牙侧、牙顶和牙底分布的,由公差(公差带大小)和基本偏差(公差带位置)两个要素构成,在垂直于螺纹轴线方向上计量其大、中、小径的极限偏差和公差值。

1. 螺纹的公差

普通螺纹公差带大小由公差值确定,而公差值大小取决于公差等级和公称直径。内、外螺纹的中径和顶径的公差等级见表 9.2,其中 6 级精度为基本级,3 级精度最高,9 级精度最低。各级中径公差和顶径公差的数值见表 9.3 和表 9.4。

表 9.2　螺纹公差等级(摘自 GB/T 197—2018)

种　别	螺　纹　直　径		公　差　等　级
内螺纹	中　径	D_2	4、5、6、7、8
	小径(顶径)	D_1	
外螺纹	中　径	d_2	3、4、5、6、7、8、9
	大径(顶径)	d	4、6、8

表 9.3　内、外螺纹中径公差(摘自 GB/T 197—2018)　　μm

基本大径 /mm		螺距	内螺纹中径公差 T_{D2}				外螺纹中径公差 T_{d2}			
>	≤	P/mm	公　差　等　级							
			5	6	7	8	5	6	7	8
5.6	11.2	1	118	150	190	236	90	112	140	180
		1.25	125	160	200	250	95	118	150	190
		1.5	140	180	224	280	106	132	170	212
11.2	22.4	1	125	160	200	250	95	118	150	190
		1.25	140	180	224	280	106	132	170	212
		1.5	150	190	236	300	112	140	180	224
		1.75	160	200	250	315	118	150	190	236
		2	170	212	265	335	125	160	200	250
		2.5	180	224	280	355	132	170	212	265
22.4	45	1	132	170	212	—	100	125	160	200
		1.5	160	200	250	315	118	150	190	236
		2	180	224	280	355	132	170	212	265
		3	212	265	335	425	160	200	250	315
		3.5	224	280	355	450	170	212	265	335

表 9.4　内、外螺纹顶径公差(摘自 GB/T 197—2018)　　μm

公　差　项　目	内螺纹顶径(小径)公差 T_{D1}				外螺纹顶径(大径)公差 T_d		
螺　距P/mm ＼ 公差等级	5	6	7	8	4	6	8
0.75	150	190	236	—	90	140	—
0.8	160	200	250	315	95	150	236
1	190	236	300	375	112	180	280
1.25	212	265	335	425	132	212	335
1.5	236	300	375	475	150	236	375
1.75	265	335	425	530	170	265	425
2	300	375	475	600	180	280	450
2.5	355	450	560	710	212	335	530
3	400	500	630	800	236	375	600

2. 螺纹的基本偏差

普通螺纹公差带的位置由其基本偏差确定。标准对中径和顶径规定了基本偏差,并且它们的数值相同。对内螺纹只规定 H、G 两种基本偏差,如图 9.9 所示。而对外螺纹规定 h、g、f、e、d、c、b 和 a 八种基本偏差,如图 9.10 所示;内、外螺纹基本偏差数值见表 9.5。

图 9.9   内螺纹的公差带位置

图 9.10   外螺纹的公差带位置

表 9.5   内、外螺纹的基本偏差

螺距 P/mm	基本偏差/μm									
	内螺纹		外螺纹							
	G	H	a	b	c	d	e	f	g	h
	EI	EI	es	es	es	es	es	es	es	es
0.75	+ 22	0					− 56	− 38	− 22	0
0.8	+ 24	0					− 60	− 38	− 24	0
1	+ 26	0	− 290	− 200	− 130	− 85	− 60	− 40	− 26	0
1.25	+ 28	0	295	205	135	90	− 63	− 42	− 28	0
1.5	+ 32	0	− 212	− 140	− 95	− 67	− 45	− 32	− 32	0
1.75	+ 34	0	310	220	145	100	− 71	− 48	− 34	0
2	+ 38	0	315	225	150	105	− 71	− 52	− 38	0
2.5	+ 42	0	− 325	− 235	− 160	− 110	− 80	− 58	− 42	0
3	+ 48	0	− 335	− 245	− 170	− 115	− 85	− 63	− 48	0

9.3.3　螺纹的旋合长度与公差精度等级

国家标准中对螺纹旋合长度规定了短组（S）、中等组（N）和长组（L）三组。

由螺纹公差带和旋合长度构成了三种公差精度等级，从高到低分别为精密级、中等级和粗糙级。普通螺纹的选用公差带见表9.6，旋合长度见表9.7。

表 9.6　内、外螺纹的推荐公差带（摘自 GB/T 197—2018）

公差精度		公差带位置 G			公差带位置 H		
		S	N	L	S	N	L
内螺纹	精密	—	—	—	4H	5H	6H
	中等	(5G)	**6G**	(7G)	**5H**	6H	**7H**
	粗糙	—	(7G)	(8G)	—	7H	8H

公差精度	公差带位置 e			公差带位置 f			公差带位置 g			公差带位置 h		
	S	N	L	S	N	L	S	N	L	S	N	L
外螺纹　精密	—	—	—	—	—	—	(4g)	(5g4g)	(3h4h)	**4h**	(5h4h)	
中等	—	**6e**	(7e6e)	—	6f	—	(5g6g)	6g	(7g6g)	(5h6h)	6h	(7h6h)
粗糙	—	(8e)	(9e8e)	—	—	—	—	8g	(9g8g)	—	—	—

注：1. 优先选用粗字体公差带，其次选用一般字体公差带，最后选用括号内公差带。

　　2. 带方框的粗字体公差带用于大量生产的紧固件螺纹。

　　3. 如果不知道螺纹的实际旋合长度（如标准螺栓），推荐按 N 确定螺纹公差带。

表 9.7　螺纹的旋合长度（摘自 GB/T 197—2018）　　　　　　mm

基本大径 D、d		螺　距 P	旋　合　长　度			
>	≤		S	N		L
			≤	>	≤	>
5.6	11.2	0.75	2.4	2.4	7.1	7.1
		1	3	3	9	9
		1.25	4	4	12	12
		1.5	5	5	15	15
11.2	22.4	1	3.8	3.8	11	11
		1.25	4.5	4.5	13	13
		1.5	5.6	5.6	16	16
		1.75	6	6	18	18
		2	8	8	24	24
		2.5	10	10	30	30
22.4	45	1	4	4	12	12
		1.5	6.3	6.3	19	19
		2	8.5	8.5	25	25
		3	12	12	36	36
		3.5	15	15	45	45

9.3.4　保证配合性质的其他技术要求

对于普通螺纹一般不规定几何公差，其几何误差不得超出螺纹轮廓公差带所限定的极限区域。仅对高精度螺纹规定了在旋合长度内的圆柱度、同轴度和垂直度等公差。它们的公差值一般不大于中径公差的50%，并按包容要求控制。

螺纹牙侧表面的粗糙度，主要按用途和公差等级来确定，可参考表9.8。

表 9.8　螺纹牙侧表面粗糙度　　　　　　　　　　　　　　　　μm

Ra的上限值　螺纹中径公差等级 螺纹工作表面	4,5	6,7	8 ~ 9
螺栓，螺钉，螺母	1.6	3.2	3.2 ~ 6.3
轴及套上的螺纹	0.8 ~ 1.6	1.6	3.2

9.3.5　螺纹公差精度与配合的选用

1. 螺纹公差精度与旋合长度的选用

螺纹公差精度的选择主要取决于螺纹的用途。精密级，用于精密连接螺纹，即要求配合性质稳定、配合间隙小，需保证一定的定心精度的螺纹连接。中等级，用于一般用途的螺纹连接。粗糙级，用于不重要的螺纹连接，以及制造比较困难（如长盲孔的攻丝）或热轧棒上和深盲孔加工的螺纹。

旋合长度的选择，通常选用中等组（N），对于调整用的螺纹，可根据调整行程的长短选取旋合长度；对于铝合金等强度较低的零件上螺纹，为了保证螺牙的强度，可选用长组（L）；对于受力不大且受空间位置限制的螺纹，如锁紧用的特薄螺母的螺纹可选用短组（S）。

2. 螺纹公差带与配合的选用

在设计螺纹零件时，为了减少螺纹刀具和螺纹量规的品种、规格，提高技术经济效益，应从表9.6中选取螺纹公差带。对于大量生产的精制紧固螺纹推荐采用带方框的粗体字公差带，例如内螺纹选用6H，外螺纹选用6g。表中粗体字公差带应优先选用，其次选用一般字体公差带，加括号的公差带尽量不用。表中只有一个公差带代号（如6H、6g）表示中径和顶径公差带相同；有两个公差带代号（如5H6H、5g6g）表示中径公差带（前者）和顶径公差带（后者）不相同。

配合的选择，为保证螺纹足够的接触高度，螺纹副应优先选用 H/g、H/h、G/h 配合。对于公称直径小于或等于 1.4 mm 的螺纹，应选用 5H/6h、4H/6h 或更精密的配合。对于需要涂镀的外螺纹，当镀层厚度为 10 μm 时可选用g，当镀层厚度为 20 μm 时，可选用f，当镀层厚度为 30 μm 时，可选用e。当内、外螺纹均需涂镀时，可选用 G/e 或 G/f 配合。

9.3.6　螺纹的标记

普通螺纹的完整标记由螺纹特征代号、尺寸代号、公差带代号、旋合长度代号和旋向代号组成。例如

1. 特征代号

普通螺纹特征代号用字母"M"表示。

2. 尺寸代号

尺寸代号包括公称直径(D、d)、导程(Ph)和螺距(P)的代号,对粗牙螺纹可省略标注其螺距项,其数值单位均为 mm。

(1)单线螺纹的尺寸代号为"公称直径 × 螺距"。例如 12 × 1,公称直径为 12 mm,单线细牙螺纹,螺距为 1 mm。

(2)多线螺纹尺寸代号为"公称直径 × Ph 导程 P 螺距"。如需要说明螺纹线数,可在螺距 P 的数值后加括号用英语说明,如双线为 two starts;三线为 three starts;四线为 four starts。

3. 公差带代号

公差带代号是指中径和顶径公差带代号。中径公差带代号在前,顶径在后。如果中径和顶径公差带代号相同,只标一个公差带代号。螺纹尺寸代号与公差带代号间用半字线"–"分开。

(1)标准规定,在下列情况下,最常用的中等公差精度的螺纹不标注公差带代号:① 公称直径 $D \leqslant 1.4$ mm 的 5H、$D \geqslant 1.6$ mm 的 6H 和螺距 $P = 0.2$ mm、其公差等级为 4 级的内螺纹;② 公称直径 $d \leqslant 1.4$ mm 的 6h 和 $d \geqslant 1.6$ mm 的 6g 的外螺纹。

(2)内、外螺纹配合时,它们的公差带中间用斜线分开,左边为内螺纹公差带,右边为外螺纹公差带。例如 M20 – 6H/5g6g,表示内螺纹的中径和顶径公差带相同为 6H,外螺纹的中径公差带为 5g,顶径公差带为 6g。

4. 旋合长度代号

对短组和长组要求在公差带代号后分别标注"S"和"L",与公差带代号间用半字线"–"分开。中等组不标注"N"。

5. 旋向代号

对于左旋螺纹,要在旋合长度代号处标注"LH"代号,与旋合长度代号间用半字线"–"分开。右旋螺纹省略旋向代号。

6. 完整的螺纹标注示例

例 9.1 M6 × 0.75 – 5h6h – S – LH:表示公称直径为 6 mm,螺距为 0.75 mm,中径公差带为 5h,顶径公差带为 6h,短旋合长度,左旋单线细牙普通外螺纹。

例 9.2 M14 × Ph6P2 – 7H – L – LH 或 M14 × Ph6P2(three starts) – 7H – L – LH:表示公称直径为 14 mm,导程为 6 mm,螺距为 2 mm,中径和顶径公差带为 7 H,长组旋合,左旋三线普通内螺纹。

例 9.3 M10:表示公称直径为 10 mm,粗牙,中等公差精度(省略 6H 或 6g),中等组合,右旋单线普通螺纹。

9.3.7 例题

已知某一外螺纹公差要求为 M24 × 2 – 6g(6g 可省略标注),加工后测得:实际大径 $d_a = 23.850$ mm,实际中径 $d_{2a} = 22.521$ mm,螺距累积偏差 $\Delta P_\Sigma = +0.05$ mm,牙侧角偏差为 $\Delta\beta_1 = +20'$,$\Delta\beta_2 = -25'$,试判断该螺纹中径和顶径是否合格,查表确定所需旋合长度的范围。

解 (1)查表 9.1 得 $d_2 = 22.701$ mm,查表 9.3 ~ 9.5 得:

中径 $\qquad\qquad\qquad es = -38$ μm,$T_{d_2} = 170$ μm

大径 $\qquad\qquad\qquad es = -38$ μm,$T_d = 280$ μm

（2）判断中径的合格性

$$d_{2max} = d_2 + es = 22.701 + (-0.038) = 22.663 （mm）$$
$$d_{2min} = d_{2max} - T_{d2} = 22.663 - 0.17 = 22.493 （mm）$$

由式（9.2）得

$$f_P = 1.732 \mid \Delta P_\Sigma \mid = 1.732 \times 0.05 = 0.087 （mm）$$

由式（9.3）得

$$f_\beta = 0.073P[K_1 \mid \Delta\alpha_1 \mid + K_2 \mid \Delta\alpha_2 \mid]$$
$$= 0.073 \times 2[2 \times 20 + 3 \times 25] = 16.8 （\mu m）\approx 0.017 （mm）$$

由式（9.4）得

$$d_{2fe} = d_{2a} + (f_P + f_B) = 22.521 + (0.087 + 0.017) = 22.625 （mm）$$

按式（9.8）有

$$d_{2fe} = 22.625 < 22.663(d_{2max})$$
$$d_{2a} = 22.521 > 22.493(d_{2min})$$

故该螺纹中径合格。

（3）判断大径的合格性

$$d_{max} = d + es = 24 + (-0.038) = 23.962 （mm）$$
$$d_{min} = d_{max} - T_d = 23.962 - 0.28 = 23.682 （mm）$$

因 $d_{max} > d_a = 23.850 > d_{min}$，故大径合格。

（4）该螺纹为中等旋合长度，查表9.7得，其旋合长度范围为8.5 ~ 25 mm。

9.4　普通螺纹精度的检测

普通螺纹检测方法可以采用单项测量和综合检验两类。

9.4.1　单项测量

螺纹单项测量是指分别测量螺纹的各个几何参数，一般用于螺纹工件的工艺分析，以及螺纹量规、螺纹刀具、精密螺纹的检测。

对于外螺纹，可以用大型工具显微镜或万能工具显微镜通过影像法测量其大径、小径、中径偏差、螺距偏差以及牙侧角偏差，详见《机械精度设计与检测基础实验指导书与课程大作业》。

用三针法可以精确地测出外螺纹的单一中径 d_{2s}，如图 9.11 所示。

利用三根直径相同的量针，将其中一根放在被测螺纹的牙槽中，另外两根放在对边相邻的两牙槽中，然后用指示量仪测出针距 M 值，并根据已知被测螺纹的螺距公称尺寸 P，牙型角理论值 $\alpha/2$ 和量针直径 d_m 的数值计算算出被测螺纹的单一中径 d_{2s}，即

$$d_{2s} = M - d_m(1 + 1/\sin\frac{\alpha}{2}) + \frac{P}{2}\cot\frac{\alpha}{2} \qquad (9.10)$$

对于普通螺纹 $\alpha/2 = 30°$，因此上式简化为：

$$d_{2s} = M - 3d_m + 0.866P \qquad (9.11)$$

为了避免牙侧角偏差对测量结果的影响，使量针与牙侧的接触点落在中径上，此时最佳量针直径应为

$$d_m = P/2\cos\frac{\alpha}{2} \qquad (9.12)$$

(a) 测出针距 M　　　　　(b) 量针最佳直径 d_m

图 9.11　三针法测量外螺纹单一中径

对于内螺纹单项测量可用卧式测长仪或三坐标测量机测量。

9.4.2　综合检验

普通螺纹的综合检验是指使用螺纹量规检验被测螺纹某些几何参数偏差的综合结果。检查内螺纹的量规称为螺纹塞规,如图 9.12 所示;检查外螺纹的量规称为螺纹环规,如图 9.13 所示。螺纹量规有通规和止规之分,它们都是按泰勒原则设计的,通规用来检验被测螺纹的作用中径,合格的工件应该能旋合通过。因此通规是模拟被测螺纹的最大实体牙型,并具有完全牙型,其长度等于被测螺纹的旋合长度,此外,通规还顺便用来检验被测螺纹的底径。螺纹止规用来检验被测螺纹的单一中径,并采用截短牙型,其螺纹圈数也很少,以尽量避免被测螺纹螺距偏差和牙侧角偏差的影响。止规只允许与被测螺纹两端旋合,旋合量一般不超过两个螺距。

图 9.12　用螺纹塞规和光滑极限塞规检验内螺纹

对于被测内螺纹的小径可用光滑极限塞规检验(图 9.12);被测外螺纹的大径可用光滑极限卡规检验(图 9.13)。

图 9.13 用螺纹环规和光滑极限卡规检验外螺纹

习 题 九

一、思考题

1. 影响螺纹互换性的因素有哪些? 对影响螺纹互换性的偏差是怎样控制的?

2. 什么是螺纹作用中径? 它和单一(实际)中径有什么关系?

3. 螺纹中径合格的判断原则是什么? 如果螺纹实际中径在规定的要求范围内,能否说明该螺纹中径合格?

4. 普通螺纹的中径公差分几级? 内、外螺纹公差等级有何不同? 常用的是多少级?

5. 普通螺纹公差带的位置有几种? 内、外螺纹有何不同? 一般用于紧固连接的内、外螺纹最常用的是哪种公差带?

二、作业题

1. 在大量生产中应用的紧固普通螺纹连接件,标准推荐采用 6H/6g,当确定该螺纹尺寸为 M20 × 2 时,则其内、外螺纹的中径尺寸变化范围如何? 结合后中径最小保证间隙等于多少?

2. 有一螺纹件尺寸要求为 M12 × 1 – 6h,加工后经测得实际中径 d_{2a} = 11.304 mm,实际顶径 d_α = 11.815 mm,螺距累积偏差 ΔP_Σ = – 0.02 mm,牙侧角偏差分别为 $\Delta\beta_1$ = + 25′,$\Delta\beta_2$ = – 20′,试判断该螺纹零件尺寸是否合格? 为什么?

3. 实测 M20 – 7H 的螺纹零件得:螺距累积偏差 ΔP_Σ = – 0.034 mm,牙侧角偏差分别为 $\Delta\beta_1$ = + 30′,$\Delta\beta_2$ = – 40′,试求其实际中径和作用中径所允许的变化范围。

4. 有一外螺纹 M10 – 6h,现为改进工艺,提高产品质量要涂镀保护层,其镀层厚度要求在 5 ~ 8 μm 之间,该螺纹基本偏差为何值时,才能满足镀后螺纹的互换性要求?

5. 有一螺纹 M20 – 5h6h,加工后测得实际大径 d_a = 19.980 mm,实际中径 d_{2a} = 18.255 mm,螺距累积偏差 ΔP_Σ = + 0.04 mm,牙侧角偏差分别为 $\Delta\beta_1$ = – 35′,$\Delta\beta_2$ = – 40′,试判断该螺纹是否合格?

第 *10* 章

圆柱齿轮精度设计与检测

齿轮是机器、仪器中使用最多的传动元件,尤其是渐开线齿轮应用更为广泛。各种类型齿轮传动的精度标准和检测方法有许多相似之处,本章以渐开线圆柱齿轮传动为例,讲述其精度设计与检测的基本方法,其他类型的齿轮传动可参考相应的国家标准。

10.1 齿轮传动的使用要求

各类齿轮都是用来传递运动或动力的,其使用要求可以归纳为以下四个方面。

10.1.1 传递运动的准确性

传递运动的准确性是指齿轮在一转范围内,传动比变化不超过一定的限度,可用齿轮一转过程中产生的最大转角误差 $\Delta\varphi_\Sigma$ 来表示,如图 10.1(b)所示。图 10.1 所示的一对齿轮,若主动齿轮的齿距没有误差,而从动齿轮存在如图 10.1(a)所示的齿距分布不均匀,则从动齿轮一转过程中将形成最大转角误差 $\Delta\varphi_\Sigma = |(+4) - (-3)| = 7°$(最严重的情况是从第 3 齿转到第 7 齿应该 180°,实际转 173°),从而使传动比相应产生最大变动量,传递运动不准确,对齿轮的此项精度要求称为运动精度。

图 10.1 一齿和一转中的最大转角误差

10.1.2 传动的平稳性

传动的平稳性是指齿轮在转一齿范围内,瞬时传动比变化不超过一定的限度。这一

变化将会引起冲击、振动和噪声。它可以用转一齿过程中的最大转角误差 $\Delta\varphi$ 表示,如图 10.1(b) 所示,$\Delta\varphi =|\;(\;+1\;)\;-(\;-2\;)\;|= 3°$(从第 5 齿转到第 6 齿的转角误差)。与运动精度相比,它等于转角误差曲线上多次重复的小波纹的最大幅度值,对齿轮的此项精度要求称为平稳性精度。

10.1.3　载荷分布的均匀性

图 10.2　接触斑点

载荷分布的均匀性是要求一对齿轮啮合时,工作齿面要保证一定的接触面积,并且载荷分布要均匀,从而避免应力集中,减少齿面磨损,提高轮齿强度和寿命。这一项要求可用沿轮齿齿宽和齿高方向上保证一定的接触区域来表示,如图 10.2 所示,对齿轮的此项精度要求称为接触精度。

10.1.4　齿侧间隙的合理性

图 10.3　齿轮侧隙

齿侧间隙的合理性是指两个相互啮合齿轮的工作齿面相接触时,在非工作齿面间形成的间隙,如图 10.3 所示的法向侧隙 j_{bn},这是为了使齿轮传动灵活,用以储存润滑油、补偿齿轮的制造与安装误差、热变形和散热等所需的侧隙。在圆周方向测得的间隙为圆周侧隙 j_{wt},在法线方向测得间隙为法向侧隙 j_{bn}。

上述前三项要求为对齿轮本身的精度要求,有相应的偏差项目对其控制。而第四项要求不同,它是设计者根据齿轮副的工作条件和使用要求,对齿轮轮齿尺寸而规定的公差要求,就像圆柱结合中为确保既定的配合性质而对孔、轴规定尺寸公差一样。

对于机械制造业中常用的齿轮,如机床、通用减速器、汽车、拖拉机、内燃机车等行业用的齿轮,其中每类齿轮通常对上述三项精度要求的高低程度都是差不多的,对每项齿轮偏差可要求相同精度等级,这种情况在工程实践中是占大多数的。而有的齿轮,可能对上述三项精度中的某一项有特殊功能要求,因此可对某项提出更高的要求。例如,对分度、读数机构中的齿轮,可对控制运动精度的偏差项目提出较高要求;对航空发动机、汽轮机中的齿轮,因其转速高,传递动力也大,特别要求振动和噪声小,因此可对控制平稳性精度的偏差项目提出较高要求;对轧钢机、起重机、矿山机械的齿轮,属于低速动力齿轮,因而可对控制接触精度的偏差项目要求高些。而对于齿侧间隙,无论何种齿轮,为了保证齿轮正常运转都必须规定合理的间隙大小,尤其是仪器仪表齿轮传动,保证合适的间隙尤为重要。

另外,为了降低齿轮的加工、检测成本,如果齿轮总是用一侧齿面工作,则可以对非工作齿面提出较低的精度要求。

10.2　评定齿轮精度的偏差项目及其允许值

图样上设计的齿轮都是理想的齿轮,由于齿轮加工机床传动链误差、刀具几何参数误差、齿坯的尺寸和几何误差、齿坯在加工机床上的安装误差等的存在,以及加工中的受力变形、热变形等因素,使得制造出的齿轮都存在误差。在 GB/T 10095.1 ~.2—2008 齿轮精度标准中,齿轮误差、偏差统称为齿轮偏差,将偏差与其允许值共用一个符号表示,例如 F_α 既表示齿廓总偏差,又表示齿廓总偏差的允许值(公差)。单项要素测量所用的偏差符号用小写字母(如 f)加上相应的下脚标表示;而表示若干单项要素偏差组成的"累积"或"总"偏差所用的符号,采用大写字母(如 F)加上相应的下脚标表示。

本章为了能从符号上区分实际偏差与其允许值(公差或极限偏差),在其符号前加注"Δ"表示实际偏差,如 ΔF_α 表示轮齿齿廓总偏差,F_α 表示齿廓总偏差的允许值(公差)。

10.2.1　评定齿轮精度的必检偏差项目

为了评定齿轮的三项精度要求,GB/T 10095.1—2008 规定强制性的必检偏差项目是齿距偏差(单个齿距偏差、齿距累积偏差及齿距累积总偏差)、齿廓偏差和螺旋线偏差三项。为了评定齿轮侧隙大小,通常检测齿厚偏差或公法线长度偏差。

1. 传递运动准确性的必检参数

(1) 齿距累积总偏差 $\Delta F_p(F_p)$

ΔF_p 是指齿轮端平面上,在接近齿高中部的一个与齿轮基准轴线同心的圆上,任意两个同侧齿面间的实际弧长与理论弧长的代数差中的最大绝对值,如图 10.4(a) 所示。它表现为齿距累积偏差曲线的总幅值,如图 10.4(b) 所示。

(a) 齿距偏差　　　　　　　　(b) 齿距累积偏差曲线

图 10.4　齿距偏差与齿距累积偏差

L_a— 实际弧长;L— 理论弧长;D— 接近齿高中部的圆

齿距累积总偏差(ΔF_p)可反映齿轮转一转过程中传动比的变化,因此它影响齿轮传递运动的准确性。

(2) 齿距累积偏差 $\Delta F_{pk}(\pm F_{pk})$

对于齿数较多且精度要求很高的齿轮、非整圆齿轮(如扇形齿轮)和高速齿轮,在评定传递运动准确性精度时,有时还要增加一段齿数内(k 个齿距范围)的齿距累积偏差 ΔF_{pk}。

ΔF_{pk} 是指任意 k 个齿距的实际弧长与理论弧长的代数差(图 10.4 中 $k = 2$),理论上它等于 k 个齿距的各单个齿距偏差的代数和,取其中绝对值最大的数值 ΔF_{pkmax} 为评定值。标准规定(除另有规定),一般 ΔF_{pk} 适用于齿距数 k 为 2 到 $z/8$ 范围,通常 $k = z/8$ 即可。

评定 ΔF_p 和 ΔF_{pk} 时,它们的合格条件是:ΔF_p 不大于齿距累积总偏差的允许值 $F_p(\Delta F_p \leq F_p)$;ΔF_{pk} 在齿距累积偏差的允许值 $\pm F_{pk}$ 范围内($-F_{pk} \leq \Delta F_{pk} \leq +F_{pk}$)。

2. 传动平稳性的必检参数

（1）单个齿距偏差 $\Delta f_{pt}(\pm f_{pt})$

Δf_{pt} 是指在齿轮端平面上，在接近齿高中部的一个与齿轮轴线同心的圆上，实际齿距与理论齿距的代数差。在图 10.4 中，取其中绝对值最大的数值 Δf_{ptmax} 为评定值。

当齿轮存在齿距偏差时，无论是正值还是负值，都会在一对齿啮合完毕而另一对齿进入啮合时，主动齿与被动齿发生冲撞，影响齿轮传动的平稳性精度。

（2）齿廓总偏差 $\Delta F_{\alpha}(F_{\alpha})$

ΔF_{α} 是指包容实际齿廓工作部分且距离为最小的两条设计齿廓之间的法向距离，如图 10.5(a) 所示，它是在齿轮端平面内且垂直于渐开线齿廓的方向上测量。

设计齿廓是指符合设计规定的齿廓，通常为渐开线齿廓。考虑制造误差和轮齿受载后的弹性变形，为了降低噪声和减小动载荷的影响，设计齿廓也包括修形的渐开线齿廓（修形齿廓），如凸齿廓、修缘齿廓等。

(a) 齿廓总偏差　　　　(b) 未修形的偏差测量记录图　　　　(c) 修形的偏差测量记录图

图 10.5　齿廓总偏差与测量齿廓偏差记录图

1— 实际齿廓;2— 设计齿廓;A— 齿顶圆;B— 齿顶计值范围的起始圆;E— 齿根有效齿廓的起始圆;F— 齿根圆;
BE— 工作部分;L_{AE}— 齿廓有效长度;L_{α}— 齿廓计值范围;3— 实际齿廓迹线;4— 设计齿廓迹线

在测量齿廓偏差时的记录图上的齿廓偏差曲线称为齿廓迹线，如图 10.5(b) 和(c) 所示。齿廓总偏差 ΔF_{α} 是指在计值范围 L_{α} 内，包容实际齿廓迹线的两条设计齿廓迹线间的距离。

若设计齿廓是理论渐开线，则设计齿廓迹线为一条直线，如图 10.5(b) 中直线 4 所示;如果设计齿廓采用修形(凸齿廓) 齿廓，则设计齿廓迹线为一曲线，如图 10.5(c) 中曲线 4(凸形) 所示。

齿廓总偏差 ΔF_{α} 主要影响齿轮传动平稳性精度，因为有 ΔF_{α} 的齿轮，不能保证瞬时传动比为常数，易产生振动与噪声。

评定 Δf_{pt} 和 ΔF_{α} 时，它们的合格条件是:被测齿轮所有的 Δf_{pt} 都在单个齿距偏差允许值 $\pm f_{pt}$ 范围内($-f_{pt} \leqslant \Delta f_{pt} \leqslant +f_{pt}$);应在被测齿轮圆周上均匀分布地测量三个轮齿或更多的轮齿左、右齿面的齿廓总偏差 ΔF_{α}，其中的最大值 $\Delta F_{\alpha max}$ 不大于齿廓总偏差允许值 $F_{\alpha}(\Delta F_{\alpha max} \leqslant F_{\alpha})$。

3. 载荷分布均匀性的必检参数

载荷分布均匀性的必检参数在齿宽方向是螺旋线总偏差 $\Delta F_{\beta}(F_{\beta})$;在齿高方向是传动平稳性的必检参数。

ΔF_{β} 是指在计值范围(L_{β})内,包容实际螺旋线迹线的两条设计螺旋线迹线间的距离(图 10.6)。该项偏差主要影响齿面接触精度。

在螺旋线检查仪上测量非修形螺旋线的斜齿轮螺旋线偏差,原理是将被测齿轮的实际螺旋线与标准的理论螺旋线逐点进行比较并将所得的差值在记录纸上画出偏差曲线图,如图 10.6 所示。没有螺旋线偏差的螺旋线展开后应该是一条直线(设计螺旋线迹线),即图 10.6 中的 1。如果无 ΔF_{β} 偏差,仪器的记录笔应该走出一条与 1 重合的直线,而当存在 ΔF_{β} 偏差时,

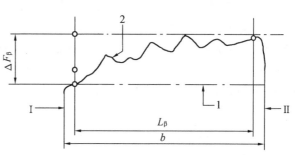

图 10.6　测量螺旋线偏差记录图

Ⅰ、Ⅱ— 轮齿两端面;1— 设计螺旋线迹线;2— 实际螺旋线迹线;
b— 齿宽;L_{β}— 螺旋线计值范围

则走出一条曲线 2(实际螺旋线迹线)。齿轮从基准面 Ⅰ 到非基准面 Ⅱ 的轴向距离为齿宽 b。螺旋线计值范围 L_{β} 为在轮齿两端处各减去下面两个数值中较小的一个后的迹线长度,即一个是 5% 的齿宽数值,另一个是等于一个模数的长度数值。在螺旋线计值范围 L_{β} 内,过实际螺旋线迹线最高点和最低点作与设计螺旋线迹线平行的两条直线的距离即为 ΔF_{β}。

评定 ΔF_{β} 时,它的合格条件是:应在被测齿轮圆周上均布测量三个轮齿或更多的轮齿左、右齿面的螺旋线总偏差 ΔF_{β},其中最大值 $\Delta F_{\beta \max}$ 不大于螺旋线总偏差允许值 $F_{\beta}(\Delta F_{\beta \max} \leqslant F_{\beta})$。

4. 齿轮侧隙的必检参数

(1) 齿厚偏差 $\Delta E_{sn}(E_{sns}、E_{sni})$

对于直齿轮,ΔE_{sn} 是指在分度圆柱面上,实际齿厚与公称齿厚(齿厚理论值)之差。对于斜齿轮,指法向实际齿厚与公称齿厚之差(图 10.10)。

(2) 公法线长度偏差 $\Delta E_{bn}(E_{bns}、E_{bni})$

对于中、小模数齿轮,为测量方便,通常用公法线长度偏差代替齿厚偏差。

公法线长度是指齿轮上几个轮齿的两端异向齿廓间所包含的一段基圆圆弧,即该两端异向齿廓间基圆切线线段的长度(图 10.22)。

ΔE_{bn} 是指实际公法线长度与公称公法线长度之差。

评定 ΔE_{sn} 和 ΔE_{bn} 时,它们的合格条件是:ΔE_{sn} 在齿厚上、下偏差的范围内($E_{sni} \leqslant \Delta E_{sn} \leqslant E_{sns}$);$\Delta E_{bn}$ 在公法线长度上、下偏差的范围内($E_{bni} \leqslant \Delta E_{bn} \leqslant E_{bns}$)。

由上述可见,齿轮精度标准规定评定齿轮精度的必检偏差项目为齿距偏差、齿廓偏差、螺旋线偏差及评定侧隙的齿厚偏差四项。

10.2.2　评定齿轮精度的可选用偏差项目

用某种切齿方法生产第一批齿轮时,为了掌握该齿轮加工后的精度是否达到设计要求,需要按上述强制性的必检偏差项目进行检测,检测合格后,在工艺条件不变的情况下继续生产同样的齿轮或用作误差分析研究时,GB/T 10095.1 ~ .2—2008 规定也可采用下列非强制性的参数来评定齿轮传递运动准确性和传动平稳性的精度。

1. 传递运动准确性的可选用参数

（1）切向综合总偏差 $\Delta F_i'(F_i')$

$\Delta F_i'$ 是指被测齿轮与测量齿轮（基准）单面啮合检验时，在被测齿轮一转内，被测齿轮分度圆上实际圆周位移与理论圆周位移的最大差值。

图 10.7 为在单面啮合测量仪上画出的切向综合偏差曲线图，横坐标表示被测齿轮转角，纵坐标表示偏差。如果齿轮没有偏差，偏差曲线应是与横坐标重合的直线。在齿轮一转范围内，过曲线最高、最低点作与横坐标平行的两条直线，则此平行线间的距离即为 $\Delta F_i'$ 值。

图 10.7　切向综合偏差曲线

（2）径向综合总偏差 $\Delta F_i''(F_i'')$

$\Delta F_i''$ 是指在径向（双面）综合检验时，被测齿轮的左、右齿面同时与测量齿轮（基准）啮合，被测齿轮一转内双啮中心距的最大值和最小值之差。

图 10.8 为在双啮仪上测量画出的 $\Delta F_i''$ 偏差曲线，横坐标表示齿轮转角，纵坐标表示偏差，过曲线最高、最低点作平行于横轴的两条直线，该二平行线距离即为 $\Delta F_i''$ 值。

图 10.8　径向综合偏差曲线

（3）径向跳动 $\Delta F_r(F_r)$

ΔF_r 是指测头（球形、圆柱形、砧形）相继置于被测齿轮每个齿槽内，从测头到该齿轮基准轴线的最大和最小径向距离之差，如图 10.16 所示。检测时，测头在近似齿高中部与左右齿面接触，根据测量数值可画出如图 10.9 所示的偏差折线图。

径向跳动 ΔF_r 与径向综合总偏差 $\Delta F_i''$ 之间的关系如图 10.8 所示。图 10.8 中，ΔF_r 为折线图，$\Delta F_i''$ 为曲线图。

（4）公法线长度变动 $\Delta F_w(F_w)$

ΔF_w 是指在齿轮一周内，跨 k（见式(10.16)）个齿的公法线长度的最大值与最小值之差。

ΔF_w 在齿轮新标准中没有此项参数，但从我国的齿轮实际生产情况来看，经常用 ΔF_r 和 ΔF_w 组合来代替 ΔF_p 或 $\Delta F_i'$，而且是检验成本不高且行之有效的手段，故在此提出供参考。

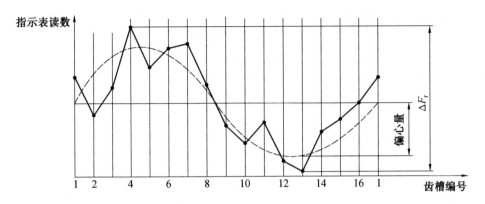

图 10.9　齿轮的径向跳动偏差折线图

评定 $\Delta F_i'$、$\Delta F_i''$、ΔF_r 和 ΔF_W 时,它们的合格条件是:$\Delta F_i'$ 不大于切向综合总偏差的允许值 $F_i'(\Delta F_i' \leqslant F_i')$;$\Delta F_i''$ 不大于径向综合总偏差的允许值 $F_i''(\Delta F_i'' \leqslant F_i'')$;$\Delta F_r$ 不大于径向跳动公差 $F_r(\Delta F_r \leqslant F_r)$;$\Delta F_W$ 不大于公法线长度变动公差 $F_W(\Delta F_W \leqslant F_W)$。

2. 传动平稳性的可选用参数

(1) 一齿切向综合偏差 $\Delta f_i'(f_i')$

$\Delta f_i'$ 是指被测齿轮一转中对应一个齿距角($360°/z$) 内实际圆周位移与理论圆周位移的最大差值,在图 10.7 中,过一个齿距角内的偏差曲线的最高、最低点作与横坐标平行的两条直线,此平行线间的距离即为 $\Delta f_i'$(取各个 $\Delta f_i'$ 中的最大值)。

(2) 一齿径向综合偏差 $\Delta f_i''(f_i'')$

$\Delta f_i''$ 是指在被测齿轮一转中对应一个齿距角($360°/z$) 内的径向综合偏差值(取其中最大值),如图 10.8 所示。

评定 $\Delta f_i'$ 和 $\Delta f_i''$ 时,它们合格条件是:$\Delta f_i'$ 不大于一齿切向综合偏差的允许值 $f_i'(\Delta f_i' \leqslant f_i')$;$\Delta f_i''$ 不大于一齿径向综合偏差的允许值 $f_i''(\Delta f_i'' \leqslant f_i'')$。

10.2.3　齿轮的精度等级及其图样标注

1. 精度等级

GB/T 10095.1 ~.2—2008 对齿距累积总偏差 F_p、齿距累积偏差 $\pm F_{pk}$、单个齿距偏差 $\pm f_{pt}$、齿廓总偏差 F_α、螺旋线总偏差 F_β 以及切向综合总偏差 F_i'、一齿切向综合偏差 f_i' 和径向跳动公差 F_r 分别规定了 13 个精度等级,从高到低分别用阿拉伯数字 $0,1,2,\cdots,12$ 表示;对径向综合总偏差 F_i'' 和一齿径向综合偏差 f_i'' 分别规定了 9 个精度等级($4,5,6,\cdots,$ 12),其中 4 级最高,12 级最低。

0 ~ 2 级齿轮要求非常高,目前几乎没有能够制造和测量的手段,因此属于有待发展的展望级;3 ~ 5 级为高精度等级;6 ~ 8 级为中等精度等级(用得最多);9 级为较低精度等级;10 ~ 12 级为低精度等级。

2. 图样标注

(1) 齿轮精度等级的标注

当齿轮所有偏差项目同为某一精度等级时,图样上可标注精度等级和标准号。例如同为 7 级时,可标注为

7 GB/T 10095.1 ~.2 或 7 GB/T 10095.1 或 7GB/T 10095.2

当齿轮偏差项目的精度等级不同时,图样上可按齿轮传递运动准确性、平稳性和载荷分布均匀性的顺序分别标注它们的精度等级及带括号的对应偏差符号和标准号,或分别标注它们的精度等级和标准号。例如齿距累积总偏差 F_p 和单个齿距偏差 f_{pt}、齿廓总偏差 F_α 皆为 7 级,而螺旋线总偏差 F_β 为 6 级时,可标注为

$$7(F_p \text{、} f_{pt} \text{、} F_\alpha) \text{、} 6(F_\beta) \quad \text{GB/T } 10095.1$$

或标注为

$$7 - 7 - 6 \quad \text{GB/T } 10095.1$$

(2)齿厚偏差的标注

齿厚偏差(或公法线长度偏差)应在图样右上角的参数表中注出其公称齿厚及其上、下偏差数值。当齿轮的公称齿厚为 S_n、齿厚上偏差为 E_{sns}、齿厚下偏差为 E_{sni} 时,可标注为 $S_n{}_{E_{sni}}^{E_{sns}}$。

当齿轮的公称公法线长度为 W_k、公法线长度上偏差为 E_{bns}、公法线长度下偏差为 E_{bni} 时,可标注为 $W_k{}_{E_{bni}}^{E_{bns}}$,同时注出跨齿数 k(见 10.3.4 节齿轮精度设计示例)。

10.2.4   齿轮各项偏差允许值的计算公式及其数值

5 级精度齿轮各种偏差允许值(单位 μm)的计算式如下:

(1)单个齿距偏差:$f_{pt} = 0.3(m + 0.4\sqrt{d}) + 4$

(2)齿距累积偏差:$F_{pk} = f_{pt} + 1.6\sqrt{(k-1)m}$

(3)齿距累积总偏差:$F_p = 0.3m + 1.25\sqrt{d} + 7$

(4)齿廓总偏差:$F_\alpha = 3.2\sqrt{m} + 0.22\sqrt{d} + 0.7$

(5)螺旋线总偏差:$F_\beta = 0.1\sqrt{d} + 0.63\sqrt{b} + 4.2$

(6)一齿切向综合偏差:$f_i' = K(9 + 0.3m + 3.2\sqrt{m} + 0.34\sqrt{d})$

其中总重合度 $\varepsilon_\gamma < 4$ 时,$K = 0.2(\dfrac{\varepsilon_\gamma + 4}{\varepsilon_\gamma})$;$\varepsilon_\gamma \geqslant 4$ 时,$K = 0.4$。

(7)切向综合总偏差:$F_i' = F_p + f_i'$

(8)径向综合总偏差:$F_i'' = 3.2m_n + 1.01\sqrt{d} + 6.4$

(9)一齿径向综合偏差:$f_i'' = 2.96m_n + 0.01\sqrt{d} + 0.8$

(10)径向跳动公差:$F_r = 0.8F_p = 0.24m_n + 1.0\sqrt{d} + 5.6$

齿轮的 5 级精度为基础级,它是计算其他等级偏差允许值的基础。两相邻等级间的级间公比为 $\sqrt{2}$,本级数值乘以(或除以)$\sqrt{2}$ 即可得到相邻较低(或较高)等级的数值。

齿轮任一精度等级的偏差允许值可以按 5 级精度尾数未圆整的计算值确定,其计算公式为

$$T_Q = T_5 \cdot 2^{0.5(Q-5)}$$

式中 T_Q——Q 级精度的偏差计算值;

T_5——5 级精度的偏差计算值;

Q——Q 级精度的阿拉伯数字。

齿轮各偏差允许值的计算式中 $m(m_n)$(法向模数)、d(分度圆直径)、b(齿宽)均应取该参数分段界限值的几何平均值(单位:mm)。如果计算值大于 10 μm,则尾数圆整到最接近的整数;如果小于 10 μm,则圆整到最接近的尾数为 0.5 μm 的小数或整数,如果小于 5 μm,则圆整到最接近的 0.1 μm 的一位小数或整数。

表 10.1 ~ 10.3 分别给出了以上各项偏差的允许值。

表 10.1　$\pm f_{pt}$、F_p、$\pm f_{pk}$、F_α、$\sqrt{f_i'}$、F_i'、F_r、F_w 偏差允许值（摘自 GB/T 10095.1～2—2008）　μm

分度圆直径 d/mm	模数 m/mm	单个齿距偏差 $\pm f_{pt}$				齿距累积总偏差 F_p				齿廓总偏差 F_α				径向跳动公差 F_r				f_i'/K 值				公法线长度变动公差 F_w			
精度等级		5	6	7	8	5	6	7	8	5	6	7	8	5	6	7	8	5	6	7	8	5	6	7	8
5≤d≤20	0.5≤m≤2	4.7	6.5	9.5	13.0	11.0	16.0	23.0	32.0	4.6	6.5	9.0	13.0	9.0	13	18	25	14.0	19.0	27.0	38.0	10	14	20	29
	2<m≤3.5	5.0	7.5	10.0	15.0	12.0	17.0	23.0	33.0	6.5	9.5	13.0	19.0	9.5	13	19	27	16.0	23.0	32.0	45.0				
20<d≤50	0.5≤m≤2	5.0	7.0	10.0	14.0	14.0	20.0	29.0	41.0	5.0	7.5	10.0	15.0	11	16	23	32	14.0	20.0	29.0	41.0	12	16	23	32
	2<m≤3.5	5.5	7.5	11.0	15.0	15.0	21.0	30.0	42.0	7.0	10.0	14.0	20.0	12	17	24	34	17.0	24.0	34.0	48.0				
	3.5<m≤6	6.0	8.5	12.0	17.0	15.0	22.0	31.0	44.0	9.0	12.0	18.0	25.0	12	17	25	35	19.0	27.0	38.0	54.0				
50<d≤125	0.5≤m≤2	5.5	7.5	11.0	15.0	18.0	26.0	37.0	52.0	6.0	8.5	12.0	17.0	15	21	29	42	16.0	22.0	31.0	44.0	14	19	28	37
	2<m≤3.5	6.0	8.5	12.0	17.0	19.0	27.0	38.0	53.0	8.0	11.0	16.0	22.0	15	21	30	43	18.0	25.0	36.0	51.0				
	3.5<m≤6	6.5	9.0	13.0	18.0	19.0	28.0	39.0	55.0	9.5	13.0	19.0	27.0	16	22	31	44	20.0	29.0	40.0	57.0				
125<d≤280	0.5≤m≤2	6.0	8.5	12.0	17.0	24.0	35.0	49.0	69.0	7.0	10.0	14.0	20.0	20	28	39	55	17.0	24.0	34.0	49.0	16	22	31	44
	2<m≤3.5	6.5	9.0	13.0	18.0	25.0	35.0	50.0	70.0	8.5	12.0	17.0	23.0	20	28	40	56	20.0	28.0	39.0	56.0				
	3.5<m≤6	7.0	10.0	14.0	20.0	25.0	36.0	51.0	72.0	11.0	15.0	21.0	30.0	20	29	41	58	22.0	31.0	44.0	62.0				
280<d≤560	0.5≤m≤2	6.5	9.5	13.0	19.0	32.0	46.0	64.0	91.0	8.5	12.0	17.0	23.0	26	36	51	73	19.0	27.0	39.0	54.0	19	26	37	53
	2<m≤3.5	7.0	10.0	14.0	20.0	33.0	46.0	65.0	92.0	10.0	15.0	21.0	29.0	26	37	52	74	22.0	31.0	44.0	62.0				
	3.5<m≤6	8.0	11.0	16.0	22.0	33.0	47.0	66.0	94.0	12.0	17.0	24.0	34.0	27	38	53	75	24.0	34.0	48.0	68.0				

注：① 本表中 F_w 为根据我国的生产实践提出的，供参考；② 将 f_i'/K 乘以 K 即得到 f_i'；当 $\varepsilon_\gamma<4$ 时，$K=0.2\left(\dfrac{\varepsilon_\gamma+4}{\varepsilon_\gamma}\right)$；当 $\varepsilon_\gamma\geq4$ 时，$K=0.4$；③ $F_i'=F_p+f_i'$；

④ $F_{pk}=f_{pt}+1.6\sqrt{(k-1)m}$（5级精度），通常取 $k=z/8$；按相邻两轮级的公比$\sqrt2$，可求得其他级$\pm F_{pk}$值。

表 10.2　螺旋线总偏差 F_β（摘自 GB/T 10095.1—2008）　　　μm

分度圆直径 d/mm	偏差项目 齿宽 b/mm 精度等级	螺旋线总偏差 F_β			
		5	6	7	8
$5 \leqslant d \leqslant 20$	$4 \leqslant b \leqslant 10$	6.0	8.5	12.0	17.0
	$10 < b \leqslant 20$	7.0	9.5	14.0	19.0
$20 < d \leqslant 50$	$4 \leqslant b \leqslant 10$	6.5	9.0	13.0	18.0
	$10 < b \leqslant 20$	7.0	10.0	14.0	20.0
	$20 < b \leqslant 40$	8.0	11.0	16.0	23.0
$50 < d \leqslant 125$	$4 \leqslant b \leqslant 10$	6.5	9.5	13.0	19.0
	$10 < b \leqslant 20$	7.5	11.0	15.0	21.0
	$20 < b \leqslant 40$	8.5	12	17	24
	$40 < b \leqslant 80$	10.0	14.0	20.0	28.0
$125 < d \leqslant 280$	$4 \leqslant b \leqslant 10$	7.0	10.0	14.0	20.0
	$10 < b \leqslant 20$	8.0	11.0	16.0	22.0
	$20 < b \leqslant 40$	9.0	13.0	18.0	25.0
	$40 < b \leqslant 80$	10.0	15.0	21.0	29.0
	$80 < b \leqslant 160$	12.0	17.0	25.0	35.0
$280 < d \leqslant 560$	$10 \leqslant b \leqslant 20$	8.5	12.0	17.0	24.0
	$20 < b \leqslant 40$	9.5	13.0	19.0	27.0
	$40 < b \leqslant 80$	11.0	15.0	22.0	31.0
	$80 < b \leqslant 160$	13.0	18.0	26.0	36.0
	$160 < b \leqslant 250$	15.0	21.0	30.0	43.0

表 10.3　径向综合总偏差 F_i'' 和一齿径向综合偏差 f_i''（摘自 GB/T 10095.2—2008）　　　μm

分度圆直径 d/mm	公差项目 模数 m_n/mm 精度等级	径向综合总偏差 F_i''				一齿径向综合偏差 f_i''			
		5	6	7	8	5	6	7	8
$5 \leqslant d \leqslant 20$	$0.2 \leqslant m_n \leqslant 0.5$	11	15	21	30	2.0	2.5	3.5	5.0
	$0.5 < m_n \leqslant 0.8$	12	16	23	33	2.5	4.0	5.5	7.5
	$0.8 < m_n \leqslant 1.0$	12	18	25	35	3.5	5.0	7.0	10
	$1.0 < m_n \leqslant 1.5$	14	19	27	38	4.5	6.5	9.0	13
$20 < d \leqslant 50$	$0.2 \leqslant m_n \leqslant 0.5$	13	19	26	37	2.0	2.5	3.5	5.0
	$0.5 < m_n \leqslant 0.8$	14	20	28	40	2.5	4.0	5.5	7.5
	$0.8 < m_n \leqslant 1.0$	15	21	30	42	3.5	5.0	7.0	10
	$1.0 < m_n \leqslant 1.5$	16	23	32	45	4.5	6.5	9.0	13
	$1.5 < m_n \leqslant 2.5$	18	26	37	52	6.5	9.5	13	19
$50 < d \leqslant 125$	$1.0 < m_n \leqslant 1.5$	19	27	39	55	4.5	6.5	9.0	13
	$1.5 < m_n \leqslant 2.5$	22	31	43	61	6.5	9.5	13	19
	$2.5 < m_n \leqslant 4.0$	25	36	51	72	10	14	20	29
	$4.0 < m_n \leqslant 6.0$	31	44	62	88	15	22	31	44
	$6.0 < m_n \leqslant 10$	40	57	80	114	24	34	48	67
$125 < d \leqslant 280$	$1.0 < m_n \leqslant 1.5$	24	34	48	68	4.5	6.5	9.0	13
	$1.5 < m_n \leqslant 2.5$	26	37	53	75	6.5	9.5	13	19
	$2.5 < m_n \leqslant 4.0$	30	43	61	86	10	15	21	29
	$4.0 < m_n \leqslant 6.0$	36	51	72	102	15	22	31	44
	$6.0 < m_n \leqslant 10$	45	64	90	127	24	34	48	67
$280 < d \leqslant 560$	$1.0 < m_n \leqslant 1.5$	30	43	61	86	4.5	6.5	9.0	13
	$1.5 < m_n \leqslant 2.5$	33	46	65	92	6.5	9.5	13	19
	$2.5 < m_n \leqslant 4.0$	37	52	73	104	10	15	21	29
	$4.0 < m_n \leqslant 6.0$	42	60	84	119	15	22	31	44
	$6.0 < m_n \leqslant 10$	51	73	103	145	24	34	48	68

10.3　圆柱齿轮精度设计

为了保证齿轮传动的使用要求,齿轮的精度设计主要有下列内容:① 齿轮的精度等级和必须检测的偏差项目及其允许值;② 齿轮侧隙的偏差项目及其上、下偏差;③ 齿轮副和齿坯精度。

10.3.1　确定齿轮精度等级和必检的偏差项目

1.确定齿轮的精度等级

选择精度等级的主要依据是齿轮的用途,使用要求和工作条件等。选择的方法主要有计算法和经验法(类比法)两种。

计算法主要用于精密传动链设计,可按传动链精度要求,例如,传递运动准确性要求计算出允许的转角误差大小,以便选择适宜的精度等级。

经验法是参考同类产品的齿轮精度,结合所设计齿轮的具体要求来确定精度等级。表 10.4 为从生产实践中搜集到的各种用途齿轮的大致精度等级范围,可供设计者参考。

表 10.4　精度等级的应用(供参考)

齿轮用途	精度等级	齿轮用途	精度等级	齿轮用途	精度等级
测量齿轮	3 ~ 5	轻型汽车	5 ~ 8	拖拉机、轧钢机	6 ~ 10
汽轮机减速器	3 ~ 6	载重汽车	6 ~ 9	起　重　机	7 ~ 10
金属切削机床	3 ~ 8	一般减速器	6 ~ 9	矿山绞车	8 ~ 10
航空发动机	3 ~ 7	机　　车	6 ~ 7	企业机械	8 ~ 11

在机械传动中应用得最多的齿轮是既传递运动又传递动力的齿轮,其精度等级与圆周速度密切相关,因此可计算出齿轮的最高圆周速度,参考表 10.5 确定齿轮精度等级。

表 10.5　齿轮平稳性精度等级的选用(供参考)

精度等级	圆周速度/(m·s⁻¹)		齿面的终加工	工作条件
	直齿	斜齿		
3 级 (极精密)	到40	到75	特别精密的磨削和研齿;用精密滚刀或单边剃齿后的大多数不经淬火的齿轮	要求特别精密的或在最平稳且无噪声的特别高速下工作的齿轮传动;特别精密机构中的齿轮;特别高速传动(透平齿轮);检测 5 级和 6 级齿轮用的测量齿轮
4 级 (特别精密)	到35	到70	精密磨齿;用精密滚刀和挤齿或单边剃齿后的大多数齿轮	特别精密分度机构中或在最平稳且无噪声的极高速下工作的齿轮传动;特别精密分度机构中的齿轮;高速透平传动;检测 7 级齿轮用的测量齿轮
5 级 (高精密)	到20	到40	精密磨齿;大多数用精密滚刀加工,进而挤齿或剃齿的齿轮	精密分度机构中或要求极平稳且无噪声的高速工作的齿轮传动;精密机构用齿轮;透平齿轮;检测 8 级和 9 级齿轮用测量齿轮
6 级 (高精密)	到16	到30	精密磨齿或剃齿	要求最高效率且无噪声的高速下平稳工作的齿轮传动或分度机构的齿轮传动;特别重要的航空、汽车齿轮;读数装置用特别精密传动的齿轮
7 级 (精密)	到10	到15	无须热处理仅用精确刀具加工的齿轮;至于淬火齿轮必须精整加工(磨齿、挤齿、珩齿等)	增速和减速用齿轮传动;金属切削机床送刀机构用齿轮;高速减速器用齿轮;航空、汽车用齿轮;读数装置用齿轮
8 级 (中等精密)	到6	到10	不磨齿,必要时光整加工或对研	无须特别精密的一般机械制造用齿轮;包括在分度链中的传动齿轮;飞机、汽车制造业用的重要齿轮;起重机构用齿轮;农业机械中的重要齿轮,通用减速器齿轮
9 级 (较低精度)	到2	到4	无须特殊光整工作	用于精度要求低的齿轮

2. 确定齿轮的必检偏差项目及其允许值

由 GB/T 10095.1 规定,评定齿轮精度的必检偏差为齿距累积总偏差 F_p、单个齿距偏差 $\pm f_{pt}$、齿廓总偏差 F_α 和螺旋线总偏差 F_β,其允许值见表 10.1 和表 10.2。

10.3.2　最小侧隙和齿厚偏差的确定

齿轮副的侧隙为保证齿轮润滑和补偿齿轮的制造误差、安装误差热变形等造成的误差。为了保证齿轮转动的灵活性,必须在非工作齿面留有一定的侧隙。轮齿与配对齿轮齿间的配合相当于圆柱体孔、轴的配合,也有基准制的问题,这里采用的是"基中心距制"(相当于基孔制),即在中心距一定的情况下,用控制轮齿的齿厚的方法获得必要的侧隙。

1. 齿轮副侧隙的表示法

通常有两种表示法:法向侧隙 j_{bn} 和圆周侧隙 j_{wt}(参见图 10.3)。法向侧隙 j_{bn} 是当两个齿轮的工作齿面互相接触时,其非工作齿面之间的最短距离。圆周侧隙 j_{wt} 是当固定两啮合齿轮中的一个,另一个齿轮所能转过的节圆弧长的最大值。理论上 j_{bn} 与 j_{wt} 存在以下关系:

$$j_{bn} = j_{wt} \cos \alpha_{wt} \cdot \cos \beta_b \qquad (10.1)$$

式中　　α_{wt}——端面工作压力角;

　　　　β_b——基圆螺旋角。

2. 最小法向侧隙 j_{bnmin} 的确定

在设计齿轮传动时,必须保证有足够的最小法向侧隙 j_{bnmin} 以保证齿轮机构正常工作。对于黑色金属材料齿轮和黑色金属材料箱体,工作时齿轮节圆线速度小于 15m/s,其箱体、轴和轴承都采用常用的商业制造公差的齿轮传动,j_{bnmin} 的计算式为

$$j_{bnmin} = \frac{2}{3}(0.06 + 0.0005a + 0.03m_n)(\text{mm}) \qquad (10.2)$$

按式(10.2)计算可以得出如表 10.6 所示的推荐数据。

表 10.6　对于中、大模数齿轮 j_{bnmin} 的推荐数据　　（摘自 GB/Z 18620.2—2008）　mm

模数 m_n	最　　小　　中　　心　　距　a					
	50	100	200	400	800	1600
1.5	0.09	0.11	—	—	—	—
2	0.10	0.12	0.15	—	—	—
3	0.12	0.14	0.17	0.24	—	—
5	—	0.18	0.21	0.28	—	—
8	—	0.24	0.27	0.34	0.47	—
12	—	—	0.35	0.42	0.55	—
18	—	—	—	0.54	0.67	0.94

3. 齿厚上、下偏差的计算

(1) 齿厚上偏差 E_{sns} 的计算

齿厚上偏差 E_{sns} 即齿厚的最小减薄量,如图 10.10 所示。它除了要保证齿轮副所需的

最小法向侧隙 j_{bnmin} 外,还要补偿齿轮和齿轮箱体的加工和安装误差所引起的侧隙减小量 J_{bn}。它包括两个相互啮合齿轮的基圆齿距偏差 Δf_{pb}、螺旋线总偏差 ΔF_β,还有轴线平行度偏差 $\Delta f_{\Sigma\delta}$ 和 $\Delta f_{\Sigma\beta}$ 等。计算 J_{bn} 时,应考虑要将偏差都换算到法向侧隙的方向,以及用偏差允许值(公差)代替其偏差,再按独立随机量合成的方法合成,可得

图 10.10　齿厚偏差

$$J_{bn} = \sqrt{f_{pb_1}^2 + f_{pb_2}^2 + 2F_\beta^2 + (f_{\Sigma\delta}\sin\alpha_n)^2 + (f_{\Sigma\beta}\cos\alpha_n)^2}$$

$$(10.3)$$

式中,$f_{pb_1} = f_{pt_1}\cos\alpha_n$,$f_{pb_2} = f_{pt_2}\cos\alpha_n$($f_{pt_1}$,$f_{pt_2}$ 分别为大、小齿轮的单个齿距偏差允许值),$f_{\Sigma\delta} = (L/b)F_\beta$,$f_{\Sigma\beta} = 0.5(L/b)F_\beta$($L$ 为齿轮副轴承孔距,b 为齿宽),$\alpha_n = 20°$,将它们代入式(10.3),则得

$$J_{bn} = \sqrt{0.88(f_{pt_1}^2 + f_{pt_2}^2) + [2 + 0.34(L/b)^2]F_\beta^2} \qquad (10.4)$$

考虑到中心距为下极限尺寸,即中心距极限偏差为下偏差($-f_a$)时,会使法向侧隙减少 $2f_a\sin\alpha_n$,同时将齿厚偏差换算到法向(乘以 $\cos\alpha_n$),则可得齿厚上偏差(E_{sns1},E_{sns2})与 j_{bnmin}、J_{bn} 和中心距下偏差($-f_a$)的关系为

$$(E_{sns1} + E_{sns2})\cos\alpha_n = -(j_{bnmin} + J_{bn} + 2f_a\sin\alpha_n)$$

通常为了方便设计与计算,令 $E_{sns1} = E_{sns2} = E_{sns}$,于是可得齿厚上偏差为

$$E_{sns} = -\left(\frac{j_{bnmin} + J_{bn}}{2\cos\alpha_n} + |f_a|\tan\alpha_n\right) \qquad (10.5)$$

(2)齿厚下偏差 E_{sni} 的计算

齿厚下偏差 E_{sni} 可由齿厚上偏差 E_{sns} 和齿厚公差 T_{sn} 求得

$$E_{sni} = E_{sns} - T_{sn} \qquad (10.6)$$

齿厚公差 T_{sn} 的大小取决于切齿时的径向进刀公差 b_r 和齿轮径向跳动公差 F_r,b_r 和 F_r 按独立随机变量合成的方法合成,然后再换算到齿厚偏差方向,则得

$$T_{sn} = \sqrt{b_r^2 + F_r^2} \cdot 2\tan\alpha_n \qquad (10.7)$$

式中,b_r 可按表 10.7 中选取,F_r 从表 10.1 中查取。

表 10.7　切齿径向进刀公差 b_r 值

齿轮运动准确性的精度等级	4	5	6	7	8	9
b_r 值	1.26IT7	IT8	1.26IT8	IT9	1.26IT9	IT10

注:IT 值按分度圆直径尺寸从表 3.2 中查取。

4.公法线长度上、下偏差的计算

公法线长度上、下偏差(E_{bns}、E_{bni})分别由齿厚上、下偏差(E_{sns}、E_{sni})换算得到。对外齿轮它们的换算关系为

$$E_{bns} = E_{sns}\cos\alpha_n - 0.72F_r\sin\alpha_n \qquad (10.8)$$

$$E_{bni} = E_{sni}\cos\alpha_n + 0.72F_r\sin\alpha_n \qquad (10.9)$$

10.3.3　齿轮副和齿轮坯精度的确定

1. 齿轮副的精度

（1）中心距偏差 Δf_a（$\pm f_a$）

Δf_a 是指齿轮副的实际中心距（a_a）与公称中心距（a）之差（图 10.11），其大小不但影响齿轮侧隙，而且对齿轮的重合度也有影响，因此必须加以控制。中心距的允许偏差 $\pm f_a$ 见表 10.8。中心距偏差 Δf_a 合格条件是它在其允许偏差 $\pm f_a$ 范围内，即

$$-f_a \leqslant \Delta f_a \leqslant +f_a$$

表 10.8　中心距极限偏差 $\pm f_a$（摘自 GB/T 10095—1988）　　　μm

齿　轮　精　度　等　级 中　心　距　a/mm	5、6	7、8
≥ 6 ～ 10	7.5	11
> 10 ～ 18	9	13.5
> 18 ～ 30	10.5	16.5
> 30 ～ 50	12.5	19.5
> 50 ～ 80	15	23
> 80 ～ 120	17.5	27
> 120 ～ 180	20	31.5
> 180 ～ 250	23	36
> 250 ～ 315	26	40.5
> 315 ～ 400	28.5	44.5
> 400 ～ 500	31.5	48.5

（2）轴线平行度偏差 $\Delta f_{\Sigma\delta}$ 和 $\Delta f_{\Sigma\beta}$（$f_{\Sigma\delta}$ 和 $f_{\Sigma\beta}$）

由于轴线平行度偏差的影响与其向量的方向有关，因此，标准规定了轴线两种平行度偏差：轴线平面上的平行度偏差 $\Delta f_{\Sigma\delta}$ 和垂直平面上的平行度偏差 $\Delta f_{\Sigma\beta}$，如图 10.11 所示。

轴线平面是指包含基准轴线并通过被测轴线与其一个轴承中间平面的交点所确定的平面。

垂直平面是指通过上述交点确定的垂直于轴线平面，并且平行于基准轴线的平面。

基准轴线一般选两对轴承中跨距 L 较大的那条轴线。如果两对轴承的跨距相同，则可取其中任何一条轴线作为基准轴线。

轴线平行度偏差影响轮齿载荷分布的均匀性。

$\Delta f_{\Sigma\delta}$ 和 $\Delta f_{\Sigma\beta}$ 的最大推荐值为 $f_{\Sigma\delta}$ 和 $f_{\Sigma\beta}$，即

图 10.11　轴线平行度偏差
1—基准轴线；2—被测轴线

$$f_{\Sigma\delta} = \frac{L}{b} F_\beta \tag{10.10}$$

$$f_{\Sigma\beta} = 0.5\,\frac{L}{b}F_{\beta} \qquad\qquad (10.11)$$

式中，L、b 和 F_{β} 分别为箱体上轴承跨距、齿轮齿宽和齿轮螺旋线总偏差允许值。

齿轮副轴线平行度偏差的合格条件为

$$\Delta f_{\Sigma\delta} \leqslant f_{\Sigma\delta} \text{ 和 } \Delta f_{\Sigma\beta} \leqslant f_{\Sigma\beta}$$

（3）接触斑点

对于在齿轮箱体上安装好的配对齿轮所产生的接触斑点大小，可用于评估齿轮副的齿面接触精度。也可以将被测齿轮安装在机架上与测量齿轮（基准）在轻载下测量接触斑点，可评估装配后齿轮螺旋线精度和齿廓精度。图 10.12 所示为计算接触斑点分布示意图。表 10.9 给出了装配后齿轮副接触斑点的最低要求。

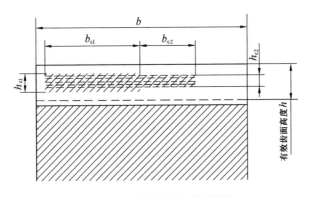

图 10.12　接触斑点分布示意图

表 10.9　齿轮装配后接触斑点（摘自 GB/Z 18620.4—2008）　　　%

参数 齿轮 精度等级 按 GB/T 10095	$(b_{c1}/b)\times100\%$		$(h_{c1}/h)\times100\%$		$(b_{c2}/b)\times100\%$		$(h_{c2}/h)\times100\%$	
	直齿轮	斜齿轮	直齿轮	斜齿轮	直齿轮	斜齿轮	直齿轮	斜齿轮
4 级及更高	50	50	70	50	40	40	50	30
5 和 6	45	45	50	40	35	35	30	20
7 和 8	35	35	50	40	35	35	30	20
9 至 12	25	25	50	40	25	25	30	20

2. 齿轮坯精度

齿轮坯即通常所说的齿坯，它是指在轮齿加工前供制造齿轮用的工件。齿坯的精度对齿轮的加工、检验和安装精度影响很大。因此，在一定的加工条件下，用控制齿坯质量来保证和提高轮齿的加工精度是一项有效的措施。

齿坯精度是指在齿坯上，影响轮齿加工和齿轮传动质量的基准表面上的误差，包括尺寸偏差、形状误差、基准面的跳动及表面粗糙度。

（1）带孔齿轮的齿坯公差

图 10.13 为带孔齿轮的齿坯公差，其基准表面为：齿轮安装在轴上的基准孔（ϕD）、切齿时定位端面（S_i）、径向基准面（S_r）和齿顶圆柱面（ϕd_a）。

基准孔的尺寸公差（采用包容要求）和齿顶圆的尺寸公差以及基准孔的圆柱度公差 $t_{//}$ 都从表 10.10 中选取。

图 10.13　带孔齿轮的齿坯公差

表 10.10　齿轮坯公差（摘自 GB/T 10095—88 和 GB/Z 18620.3—2008）

<table>
<tr><td rowspan="4">尺寸公差</td><td>齿轮精度等级</td><td>5</td><td>6</td><td>7</td><td>8</td><td>9</td><td>10</td><td>11</td><td>12</td></tr>
<tr><td>齿轮基准孔</td><td>IT5</td><td>IT6</td><td colspan="2">IT7</td><td colspan="2">IT8</td><td colspan="2">IT9</td></tr>
<tr><td>齿轮轴轴颈</td><td colspan="2">IT5</td><td colspan="2">IT6</td><td colspan="2">IT7</td><td colspan="2">IT8</td></tr>
<tr><td>齿顶圆直径</td><td>IT7</td><td colspan="3">IT8</td><td colspan="2">IT9</td><td colspan="2">IT11</td></tr>
<tr><td rowspan="4">几何公差</td><td>特征项目</td><td colspan="3">圆柱度 $t_{\!N}$</td><td colspan="3">径向圆跳动 t_r</td><td colspan="2">轴向圆跳动 t_i</td></tr>
<tr><td>齿轮基准孔</td><td colspan="3" rowspan="3">$0.04(L/b)F_\beta$ 或
$0.1F_p$ 取两者
中之小值</td><td colspan="3" rowspan="3">基准圆柱面
$0.3F_p$</td><td colspan="2" rowspan="3">基准端面
$0.2(D_d/b)F_\beta$</td></tr>
<tr><td>齿轮轴轴颈</td></tr>
<tr><td>齿顶圆</td></tr>
</table>

注：①齿轮的三项精度等级不同时，齿轮的基准孔、齿轮轴轴颈直径尺寸公差按最高精度等级确定。

②齿顶圆柱面不作基准时，齿顶圆直径公差按 IT11 给定，但不得大于 $0.1m_n$；齿顶圆也不需规定圆柱度公差和径向圆跳动公差。

③L—轴承孔跨距；b—齿宽；F_β—螺旋线总偏差；F_p—螺距累积总偏差；D_d—基准端面直径。

基准端面 S_i 对基准孔轴线的轴向圆跳动公差 t_i 和径向基准面 S_r 对基准孔轴线的径向圆跳动公差 t_r 按表 10.10 中计算式确定。

如果齿顶圆柱面作为加工或测量基准面，除了上述规定的尺寸公差外，还需规定其圆柱度公差和对基准孔轴线的径向圆跳动公差，其公差值也是按表 10.10 中计算式确定，此时就不必给出径向基准面对基准孔轴线的径向圆跳动公差 t_r。

（2）齿轮轴的齿坯公差

图 10.14 为齿轮轴的常用结构形式。基准表面为安装滚动轴承的两个轴颈（$2 \times \phi d$）、轴向基准端面（$2 \times S_i$）和齿顶圆柱面（ϕd_a）。

两个轴颈的尺寸公差（采用包容要求）和齿顶圆直径的尺寸公差按齿轮精度等级从表 10.10 中选取。两轴颈的圆柱度公差 $t_{\!N}$，两轴颈分别对它们的公共轴线（基准轴线）的径向圆跳动公差 t_r，以及基准端面（$2 \times S_i$）对两轴颈的公共轴线轴向圆跳动公差 t_i，也是按表 10.10 中计算式确定。

两个轴颈的尺寸公差和几何公差也可按滚动轴承的公差等级确定。

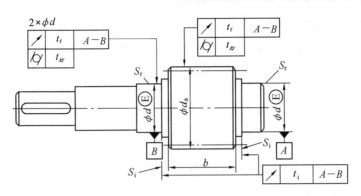

图 10.14　齿轮轴的齿坯公差

如果齿顶圆作为测量基准,除了上述规定的尺寸公差外,还要规定其圆柱度公差和对基准轴线的径向圆跳动公差,其公差值分别按表 10.10 中计算式确定。

（3）齿轮齿面和基准面的表面粗糙度

齿轮齿面和基准面的表面粗糙度轮廓幅度参数值从表 10.11 和表 10.12 中查取。

表 10.11　齿面表面粗糙度推荐极限值（摘自 GB/Z 18620.4—2008）　　　μm

齿轮精度 等　级	Ra			Rz		
	模数 /mm					
	$m \leqslant 6$	$6 < m \leqslant 25$	$m > 25$	$m \leqslant 6$	$6 < m \leqslant 25$	$m > 25$
3	—	0.16	—	—	1.0	—
4	—	0.32	—	—	2.0	—
5	0.5	0.63	0.80	3.2	4.0	5.0
6	0.8	1.00	1.25	5.0	6.3	8.0
7	1.25	1.60	2.0	8.0	10.0	12.5
8	2.0	2.5	3.2	12.5	16	20
9	3.2	4.0	5.0	20	25	32
10	5.0	6.3	8.0	32	40	50

表 10.12　齿轮各基准面粗糙度推荐的 Ra 上限值（摘自 GB/Z 18620.4—2008）　　　μm

齿轮的精度等级 各面的粗糙度 Ra	5	6	7		8	9	
齿面加工方法	磨　齿	磨或珩齿	剃或 珩齿	精插 精铣	插齿或滚齿	滚齿	铣齿
齿轮基准孔	0.32 ~ 0.63	1.25	1.25 ~ 2.5			5	
齿轮轴基准轴颈	0.32	0.63	1.25		2.5		
齿轮基准端面	2.5 ~ 1.25	2.5 ~ 5			3.2 ~ 5		
齿轮顶圆	1.25 ~ 2.5	3.2 ~ 5					

10.3.4　齿轮精度设计示例

今有某机床主轴箱传动轴上的一对直齿圆柱齿轮,小齿轮和大齿轮的齿数分别为 $z_1 = 26$, $z_2 = 56$,模数为 $m = 2.75$,齿宽分别为 $b_1 = 28$ 和 $b_2 = 24$,小齿轮基准孔的公称尺寸为 $\phi 30$。转速 $n_1 = 1\ 650$ r/min,箱体上两对轴承孔中较长的跨距 L 为 90。齿轮材料为钢,箱体材料为铸铁,单件小批生产,试设计小齿轮的精度,并画出齿轮零件图。

解 （1）确定齿轮精度等级

因该齿轮为机床主轴箱传动齿轮，由表10.4可以大致得出，齿轮精度在3～8级之间，进一步分析，该齿轮为既传递运动又传递动力，因此可根据线速度确定其平稳性的精度等级。齿轮圆周速度为

$$v = \frac{\pi d n_1}{1\,000 \times 60} = \frac{3.14 \times 2.75 \times 26 \times 1\,650}{1\,000 \times 60} = 6.2 \text{（m/s）}$$

参考表10.5可确定该齿轮传动的平稳性精度为7级。由于该齿轮传递运动准确性要求不高，传递动力也不是很大，故准确性和载荷分布均匀性也都取7级，则齿轮精度在图样上标注为7 GB/T 10095.1～.2。

（2）确定齿轮精度的必检偏差项目及其允许值

齿轮传递运动准确性精度的必检参数为ΔF_p（因本机床传动轴上的齿轮属于普通齿轮，齿数也不多，不需要规定齿距累积偏差ΔF_{pk}）；传动平稳性精度的必检参数为Δf_{pt}和ΔF_α；载荷分布均匀性精度的必检参数为ΔF_β。$d_1 = mz_1 = 2.75 \times 26 = 71.5$ mm，由表10.1查得齿距累积总偏差允许值$F_p = 0.038$ mm；单个齿距偏差允许值$\pm f_{pt} = \pm 0.012$ mm和齿廓总偏差允许值$F_\alpha = 0.016$ mm；由表10.2查得螺旋线总偏差允许值$F_\beta = 0.017$ mm。

（3）确定最小法向侧隙和齿厚上、下偏差

中心距　　　$a = \frac{m}{2}(z_1 + z_2) = \frac{2.75}{2} \times (26 + 56) = 112.75(\text{mm})$

最小法向侧隙j_{bnmin}由中心距a和模数m_n按式（10.2）或查表10.6确定，即

$$j_{bnmin} = \frac{2}{3}(0.06 + 0.000\,5a + 0.03m_n)$$

$$= \frac{2}{3}(0.06 + 0.000\,5 \times 112.75 + 0.03 \times 2.75)$$

$$= 0.133(\text{mm})$$

确定齿厚上、下偏差时，首先要确定补偿齿轮和齿轮箱体的制造、安装误差所引起侧隙减少量J_{bn}。按式（10.4），由表10.1、表10.2查得$f_{pt_1} = 12$ μm，$f_{pt_2} = 13$ μm（$d_2 = mz_2 = 2.75 \times 56 = 154$），$F_\beta = 17$ μm和$L = 90$ mm，$b = 28$ mm，得

$$J_{bn} = \sqrt{0.88(f_{pt_1}^2 + f_{pt_2}^2) + [2 + 0.34(L/b)^2]F_\beta^2}$$

$$= \sqrt{0.88(12^2 + 13^2) + [2 + 0.34(90/28)^2] \times 17^2} = 43.2 \text{（μm）}$$

然后按式（10.5），由表10.8查得$f_a = 27$ μm，则齿厚上偏差为

$$E_{sns} = -\left(\frac{j_{bnmin} + J_{bn}}{2\cos\alpha_n} + f_a\tan\alpha_n\right)$$

$$= -\left(\frac{0.133 + 0.043}{2\cos 20°} + 0.027 \times \tan 20°\right) = -0.103(\text{mm})$$

按式（10.7），由表10.1查得$F_r = 30$ μm，由表10.7和$d_1 = 71.5$ mm查表3.2查得$b_r = IT9 = 74$ μm，因此齿厚公差为

$$T_{sn} = \sqrt{F_r^2 + b_r^2} \cdot 2\tan\alpha_n = \sqrt{30^2 + 74^2} \cdot 2\tan 20° = 58 \text{（μm）}$$

最后，可得齿厚下偏差为

$$E_{sni} = E_{sns} - T_{sn} = -0.103 - 0.058 = -0.161(\text{mm})$$

通常对于中等模数齿轮,用检查公法线长度上、下偏差来代替齿厚偏差。

按式(10.8)和式(10.9),可得公法线长度上、下偏差为

$$E_{bns} = E_{sns}\cos\alpha_n - 0.72F_r\sin\alpha_n = (-0.103\cos 20°) - 0.72 \times 0.030 \times \sin 20° = -0.104$$

$$E_{bni} = E_{sni}\cos\alpha_n + 0.72F_r\sin\alpha_n = (-0.161\cos 20°) + 0.72 \times 0.030 \times \sin 20° = -0.144$$

按式(10.12)和式(10.13)可得卡量齿数 k 和公称公法线长度 W_k 分别为

$$k = \frac{z}{9} + 0.5 = \frac{26}{9} + 0.5 = 3.38, \text{取 } k = 3$$

$$W_k = m[2.952 \times (k - 0.5) + 0.014z]$$
$$= 2.75[2.952 \times (3 - 0.5) + 0.014 \times 26] = 21.297 \text{ (mm)}$$

则公法线长度及偏差为

$$W_k = 21.297^{-0.104}_{-0.144}$$

(4) 齿坯精度

① 基准孔的尺寸公差和形状公差。

按表 10.10,基准孔尺寸公差为 IT7,并采用包容要求,即 $\phi30H7 \, Ⓔ = \phi30^{+0.021}_{0} \, Ⓔ$。

按表 10.10 中计算式,两者值中之小值为基准孔的圆柱度公差 $t_{/V}$：$0.04(L/b)F_\beta = 0.04(90/28) \times 0.017 = 0.002$ 和 $0.1F_p = 0.1 \times 0.038 = 0.0038$,取 $t_{/V} = 0.002$。

基准孔键槽精度参照普通平键结合的精度设计(8.1.2 节)确定。

② 齿顶圆的尺寸公差和几何公差。

按表 10.10,齿顶圆的尺寸公差为 IT8,由于齿顶圆直径为被包容面尺寸,所以基本偏差为 h,即 $\phi77h8 = \phi77^{0}_{-0.046}$。

按表 10.10 中计算式,两者计算值中之小值为齿顶圆柱面的圆柱度公差 $t_{/V} = 0.002$(同基准孔)。

按表 10.10 中计算式计算得齿顶圆对基准孔轴线的径向圆跳动公差为 $t_r = 0.3F_p = 0.3 \times 0.038 = 0.011$。如果齿顶圆柱面不作基准,图样上不必给出 $t_{/V}$ 和 t_r。

③ 基准端面的轴向圆跳动公差。

按表 10.10 中计算式计算确定基准($D_d = \phi65$)端面对基准孔的轴向圆跳动公差为

$$t_i = 0.2(D_d/b)F_\beta = 0.2(65/28) \times 0.017 = 0.008 \text{ (mm)}$$

④ 径向基准面的圆跳动公差。

由于齿顶圆柱面作为测量和加工基准,因此,不必另选径向基准面。

⑤ 轮齿齿面和齿坯表面粗糙度轮廓。

由表 10.11 查得齿面粗糙度 Ra 的上限值为 1.25 μm,采用"最大规则"判断。

由表 10.12 查得齿坯内孔 Ra 上限值为 1.25 μm,端面 Ra 上限值为 2.5 μm,顶圆 Ra 上限值为 3.2 μm,其余表面的表面粗糙度 Ra 上限值为 12.5 μm。

(5) 确定齿轮副精度

① 齿轮副中心距极限偏差 $\pm f_a$。

由表 10.8 查得 $\pm f_a = \pm 27$ μm,则在图上标注：$a = 112.75 \pm 0.027$。

② 轴线平行度偏差最大推荐值 $f_{\Sigma\delta}$ 和 $f_{\Sigma\beta}$。

轴线平面上的平行度偏差和垂直平面上的平行度偏差最大推荐值分别按式(10.10)和式(10.11)确定,即

$$f_{\Sigma\delta} = (L/b)F_{\beta} = (90/28) \times 0.017 = 0.055(\text{mm})$$

$$f_{\Sigma\beta} = 0.5(L/b)F_{\beta} = 0.028(\text{mm})$$

③ 轮齿接触斑点。

由表10.9查得轮齿接触斑点要求:在齿长方向上的 $b_{c1}/b \geqslant 35\%$ 和 $b_{c2}/b \geqslant 35\%$;在齿高方向上的 $h_{c1}/h \geqslant 50\%$ 和 $h_{c2}/h \geqslant 30\%$。

中心距极限偏差 $\pm f_a$ 和轴线平行度偏差 $f_{\Sigma\delta}$、$f_{\Sigma\beta}$ 在箱体图上注出。

图10.15为该齿轮的零件图。

模　数	m	2.75
齿　数	z	26
压力角	α_n	20°
变位系数	x	0
精　度	7GB/T 10095.1	
齿距累积总偏差允许值	F_p	0.038
单个齿距偏差允许值	$\pm f_{pt}$	± 0.012
齿廓总偏差允许值	F_α	0.016
螺旋线总偏差允许值	F_β	0.017
公法线长度公称值与上、下偏差($k=3$)	$W_k = 21.297^{-0.104}_{-0.144}$	

技术要求

1. 未注尺寸公差按GB/T 1804-f
2. 未注几何公差按GB/T 1184-K

标题栏

图 10.15　齿轮零件图

10.4　齿轮精度检测

齿轮精度的检测包括齿轮副的检测和单个齿轮的检测,以下主要讲述完工后的单个齿轮主要检验项目的测量方法。

10.4.1　齿轮径向跳动的测量

齿轮径向跳动通常在摆差测定仪上进行,如图 10.16 所示。被测齿轮装在测量心轴上并顶在仪器前后顶尖间,由带有测头的指示表依次测量各齿间的示值。测头的形状可以是球形的(也可以是锥角为 $2\alpha_n$ 的锥形测头)。为了使测头尽可能地在齿轮的分度圆附近与左、右齿面接触,球形测头的直径可近似地取 $d_m = 1.68m_n$。将测量一圈后指示表读数的最大值

图 10.16　齿轮径向跳动测量

与最小值相减就得到径向跳动偏差 ΔF_r,有时为了进行工艺分析,可以画出 ΔF_r 偏差曲线,并从中分析出齿轮的偏心量(图 10.9)。

10.4.2　齿距的测量

齿距偏差的测量可分为绝对测量法和相对测量法两类。

1. 齿距偏差的绝对测量法

齿距偏差的绝对测量法是直接测出齿轮各齿的齿距角偏差,再换算成线值,其测量原理如图 10.17 所示。被测齿轮 1 同轴地装在分度盘 2 上,其每次转角可由显微镜 3 读出,被测齿轮的分度定位由测量杆 4 和指示表 5 完成。测头在分度圆附近与齿面接触,每次转角都由指示表指零位,依次读出各齿距的转角。测量示例及数据处理见表 10.13。

图 10.17　绝对法测齿距偏差
1—被测齿轮;2—分度盘;3—显微镜;
4—测量杆;5—指示表

表 10.13　绝对法测齿距偏差数据处理示例($m = 2, z = 8, k$ 取 3)

齿距序号 i	理论转角 φ_i	实际转角 φ_{ai}	角齿距累积偏差 $\Delta\varphi_{\Sigma i} = \varphi_{ai} - \varphi$	单个角齿距偏差 $\Delta\varphi_i = \varphi_{\alpha(i+1)} - \varphi_{\alpha i}$	k 个角齿距累积偏差 $\Delta\varphi_{\Sigma k} = \sum_{i-k+1}^{i} \Delta\varphi_i$
1	45°	45°2′	+ 2′	+ 2′	+ 6′(7 ～ 1)
2	90°	90°5′	(+ 5′)	+ 3′	+ 6′(8 ～ 2)
3	135°	135°4′	+ 4′	− 1′	+ 4′(1 ～ 3)
4	180°	180°1′	+ 1′	− 3′	− 1′(2 ～ 4)
5	225°	224°57′	− 3′	(− 4′)	(− 8′)(3 ～ 5)
6	270°	269°56′	(− 4′)	− 1′	− 8′(4 ～ 6)
7	315°	314°59′	− 1′	+ 3′	− 2′(5 ～ 7)
8	360°	360°0′	0′	+ 1′	+ 3′(6 ～ 8)

由表中得出相应于齿距累积偏差最大值的最大角齿距累积总偏差 $\Delta\varphi_{\Sigma max} = |\,(\,+5'\,) -$
$(\,-4'\,)\,| = 9'$,发生在第6与第2齿距间。角齿距偏差最大值 $\Delta\varphi_{max} = -4'$,发生在第5齿距。
跨 k 个角齿距($k = 3$)累积偏最大值差为 $-8'$(发生在第 3~5 或第 4~6 齿距上)。

可将上述结果按下式换算成线值,即

$$\Delta F_p = \frac{mz \times \Delta\varphi_{\Sigma max} \times 60}{2 \times 206.3} = \frac{2 \times 8 \times 9 \times 60}{2 \times 206.3} \approx 21 \; (\mu m)$$

$$\Delta f_{pt} = \frac{mz \times \Delta\varphi_{max} \times 60}{2 \times 206.3} = \frac{2 \times 8 \times (-4) \times 60}{2 \times 206.3} \approx -9 \; (\mu m)$$

$$\Delta F_{pk} = \frac{mz \times \Delta\varphi_{kmax} \times 60}{2 \times 206.3} = \frac{2 \times 8 \times (-8) \times 60}{2 \times 206.3} \approx -19 \; (\mu m)$$

2. 齿距偏差的相对测量法

齿距偏差的相对测量法一般是在万能测齿仪或齿距仪上测量,如图10.18所示。

(a)　　　　　　　　　　　　　　　　(b)

图 10.18　用齿距仪测齿距偏差

1— 齿距仪;2— 活动测头;3— 固定测头;4— 定位杆;5— 锁紧螺钉;6— 锁紧螺钉;7— 指示表;8— 锁紧螺钉

齿距仪的测头3为固定测头,活动测头2与指示表7相连,测量时将齿距仪与被测齿轮平放在检验平板上,用两个定位杆4顶在齿轮顶圆上,调整测头2和3使其大致在分度圆附近接触,以任一齿距作为基准齿距并将指示表对零,然后逐个齿距进行测量,得到各齿距相对于基准齿距的偏差 $\Delta P_{相}$,见表10.14。然后求出平均齿距偏差 $\Delta P_{平}$,$\Delta P_{平} =$
$\sum_{i=1}^{z} \Delta P_{i相}/z = \frac{1}{8}[0 + 3 + (-2) + 3 + 5 + (-2) + 3 + (-2)] = +8/8 = +1$。
再求出 $\Delta P_{i绝} = \Delta P_{i相} - \Delta P_{平}$ 各值,将 $\Delta P_{i绝}$ 值累积后得到齿距累积偏差 ΔF_{pi},从 ΔF_{pi} 中找出最大值和最小值,其差的绝对值即为齿距累积总偏差 ΔF_p,发生在第3和第5齿距间。

$$\Delta F_p = |\,\Delta F_{pimax} - \Delta F_{pimin}\,| = (\,+4\,) - (\,-2\,) = 6 \; (\mu m)$$

在 $\Delta P_{i绝}$ 中找出绝对值最大值即为单个齿距偏差,发生在第5齿距

$$\Delta f_{pt} = +4 \; \mu m$$

将 ΔF_{pi} 值每相邻3个数字相加即得出 $k = 3$ 时的 ΔF_{pk} 值,取其齿距累积偏差,此例中绝对值最大值为 $|\,-4\,|\;\mu m$,发生在第 6~8 齿距间,即 $\Delta F_{pk} = -4\;\mu m$。

表 10.14　相对法测齿距偏差数据处理示例　μm

齿距序号 i	齿距仪读数 $\Delta P_{i相}$	单个齿距偏差 $\Delta P_{i绝} = \Delta P_{i相} - \Delta P_{平}$	齿距累积偏差 $\Delta F_{pi} = \sum_{i=1}^{z} \Delta P_{i绝}$	k 个齿距累积偏差 $\Delta F_{pk} = \sum_{i-k+1}^{i} \Delta P_{i绝}$
1	0	− 1	− 1	− 2　(7 ~ 1)
2	+ 3	+ 2	+ 1	− 2　(8 ~ 2)
3	− 2	− 3	(− 2)	− 2　(1 ~ 3)
4	+ 3	+ 2	0	+ 1　(2 ~ 4)
5	+ 5	(+ 4)	(+ 4)	+ 3　(3 ~ 5)
6	− 2	− 3	+ 1	+ 3　(4 ~ 6)
7	+ 3	+ 2	+ 3	+ 3　(5 ~ 7)
8	− 2	− 3	0	(− 4)　(6 ~ 8)

10.4.3　齿廓偏差的测量

齿廓偏差测量也称齿形偏差测量,通常是在渐开
线检查仪上进行测量。渐开线检查仪可分为万能渐
开线检查仪和单盘式渐开线检查仪两类。图 10.19 为
单盘式渐开线检查仪结构示意图。该仪器是用比较
法进行齿形偏差测量,即将被测齿形与理论渐开线进
行比较,从而得出齿廓偏差。被测齿轮 1 与可更换的
基圆盘 2 装在同一轴上,基圆盘直径等于被测齿轮的
理论基圆直径,并与装在滑板 4 上的直尺 3 相切,具有
一定的接触力。当转动丝杠 5 使滑板 4 移动时,直尺 3
便与基圆 2 做纯滚动,此时齿轮也同步转动。在滑板
4 上装有测量杠杆 6,它的一端为测量头,与被测齿面
接触,其接触点刚好在直尺 3 与基圆盘 2 相切的平面
上,它走出的轨迹应为理论渐开线,但由于齿面存在
齿形偏差,因此在测量过程中测头就产生了附加位移

图 10.19　单盘式渐开线检查仪结构示意图
1— 被测齿轮;2— 基圆盘;3— 直尺;4— 滑
板;5— 丝杠;6— 测量杠杆;7— 指示表

并通过指示表 7 指示出来,或由记录器画出齿廓偏差曲线,如图 10.5 所示,按齿廓总偏差
的定义可以从记录曲线上求出 ΔF_{α} 数值。

10.4.4　齿向和螺旋线偏差的测量

直齿圆柱齿轮的螺旋线总偏差 ΔF_{β} 可用图 10.20 所示方法测量。齿轮连同心轴安装
在具有前、后顶尖的仪器上,将直径等于 $1.68m_n$ 的测量圆棒分别放入齿轮相隔 90°的 1、2
位置的齿槽,移动指示表架分别测量 1、2 位置圆棒两端 A、B 处的高度差,取 1、2 两位置中
之高度差大的值 Δh。若被测齿轮宽为 b,A、B 两端距离为 l,则直齿圆柱齿轮螺旋线总偏
差 $\Delta F_{\beta} = \dfrac{b}{l}\Delta h$。

斜齿轮的螺旋线偏差可在导程仪或螺旋角测量仪上测量,如图 10.21 所示。当滑板 1
沿齿轮轴线方向移动时,其上的正弦尺 2 带动滑板 5 做径向运动,滑板 5 又带动与被测齿
轮 4 同轴的圆盘 6 转动,从而使齿轮与圆盘同步转动,此时装在滑板 1 上的测头 7 相对于齿

轮4来说,其运动轨迹为理论螺旋线,它与齿轮齿面实际螺旋线进行比较,从而测出螺旋线或导程偏差,并由指示表3示出或记录器画出偏差曲线如图10.6所示,可按螺旋线总偏差定义从偏差曲线上求出 ΔF_β 值。

图 10.20   测量直齿轮齿向偏差示意图

图 10.21   导程仪测量斜齿轮螺旋线偏差示意图

1— 滑板;2— 正弦尺;3— 指示表;4— 被测齿轮;5— 滑板;
6— 圆盘;7— 测头

10.4.5   公法线长度的测量

测量公法线长度可以得出公法线长度变动量 ΔF_W 和公法线长度偏差 ΔE_{bn}。

图10.22(a)为用公法线千分尺测量,将公法线千分尺的两个互相平行的测头按事先算好的卡量齿数插入相应的齿间,并与两异名齿面相接触。从千分尺上读出公法线长度值,沿齿轮一周所得的测量值中最大、最小之差即为 ΔF_W,而测得的实际公法线长度值与公法线理论值之差即为公法线长度偏差 ΔE_{bn}。理论上应测出沿齿轮一周的所有公法线值,但为简便起见,可测圆周均匀分布的6个公法线值进行计算。

图10.22(b)为公法线指示卡规,在卡规本体圆柱5上有两个平面测头7与8,其中测头8是活动的且通过片弹簧9及杠杆10与测微表1相连,调节测头7可在本体圆柱5上调整轴向位置并固紧,3为固定框架,2为拨销,6为调节手柄,把它从圆柱5上拧下,插入套筒4的开口中,拧动后可调节测头7的轴向位置。测量时首先用等于公法线理论长度的量块调整卡规的零位,然后按预定的卡量齿数将两测头插入相应的齿槽内并与两异名齿面相接触,然后摆动卡规从测微表上找到转折点,则测得该测点上的公法线长度偏差 ΔE_{bn},沿齿轮圆周各点测得其偏差值。各测点中的最大与最小值之差即为公法线长度变动误差 ΔF_W。

直齿轮测公法线时的卡量齿数 k 通常可按式(10.12)计算:

$$k = \frac{z}{9} + 0.5 \quad (取相近的整数) \tag{10.12}$$

非变位的齿形角为20°的直齿轮公法线理论长度为

$$W_k = m[2.952(k - 0.5) + 0.014z] \tag{10.13}$$

压力角为20°的变位直齿轮公法线理论长度为

$$W_{k变} = W_k + 0.684xm \tag{10.14}$$

式中,W_k 为非变位齿轮公法线长度;x 为变位系数。

斜齿轮的公法线应测量法向公法线 W_k,其计算公式为

$$W_k = m_n \cos \alpha_n [\pi(k - 0.5) + z' \operatorname{inv} \alpha_n] \tag{10.15}$$

卡量齿数 k 的计算式为

$$k = \frac{z'}{9} + 0.5 \quad (\text{取相近的整数}) \tag{10.16}$$

引用齿数的计算式为

$$z' = z \frac{\operatorname{inv} \alpha_t}{\operatorname{inv} \alpha_n} = z \frac{\tan \alpha_t - \alpha_t}{\tan \alpha_n - \alpha_n} \tag{10.17}$$

(a) 公法线千分尺测量　　　　　　　　　　(b) 公法线指示卡规测量

图 10.22　测量公法线示意图

1— 测微表;2— 拨销;3— 固定框架;4— 套筒;5— 本体;6— 调节手柄;
7— 调节测头;8— 活动测头;9— 片弹簧;10— 杠杆

10.4.6　齿厚的测量

齿厚测量可用齿厚游标卡尺(图 10.23),也可用精度更高些的光学测齿仪测量。

用齿厚卡尺测齿厚时,首先将齿厚卡尺的齿高卡尺调至相应于分度圆弦齿高 $\bar{h}$ 位置,然后用宽度游标卡尺测出分度圆弦齿厚 $\bar{S}_a$ 值,将其与理论值比较即可得到齿厚偏差 ΔE_{sn}。

对于非变位直齿轮 $\bar{h}$ 与 $\bar{S}$ 的计算为

图 10.23　齿厚测量

$$\bar{h} = m + \frac{mz}{2}\left(1 - \cos \frac{90°}{z}\right) \tag{10.18}$$

$$\bar{S} = mz \sin \frac{90°}{z} \tag{10.19}$$

对于变位直齿轮,$\bar{h}_{变}$ 与 $\bar{S}_{变}$ 的计算公式分别为

$$\bar{h}_{变} = m + \left[1 + \frac{z}{2}\left(1 - \cos \frac{90° + 41.7°x}{2}\right)\right] \tag{10.20}$$

$$\bar{S}_{变} = mz \sin \frac{90° + 41.7°x}{2} \tag{10.21}$$

式中　x——变位系数。

对于斜齿轮,应测量其法向齿厚,其计算公式与直齿轮相同,只是应以法向参数即 m_n、α_n、x_n,和当量齿数 z' 代入相应公式计算。

10.4.7　单面啮合综合测量

在齿轮单啮仪上可测得齿轮的切向综合总偏差 $\Delta F_i'$ 和一齿切向综合偏差 $\Delta f_i'$。 图 10.24(a) 为光栅式单啮仪测量原理图,它是由两个光栅盘建立标准传动,将被测齿轮与标准蜗杆单面啮合组成实际传动。电动机通过传动系统带动标准蜗杆和圆光栅盘 Ⅰ 转动,标准蜗杆带动被测齿轮及其同轴上的光栅盘 Ⅱ 转动。高频光栅盘 Ⅰ 和低频光栅盘 Ⅱ 分别通过信号发生器 Ⅰ 和 Ⅱ 将标准蜗杆和被测齿轮的角位移转变成电信号,并根据标准蜗杆头数 K 及被测齿轮的齿数 z,通过分频器,将高频电信号(f_1) 作为 z 分频,低频电信号(f_2) 作为 K 分频,于是将光栅 Ⅰ 和 Ⅱ 发出的脉冲信号变成同频信号。

被测齿轮的偏差以回转角误差的形式反映出来,此回转角的微小角位移误差变为两电信号的相位差,两电信号输入比相器进行比相后输入到电子记录器中记录,就可得出被测齿轮的偏差曲线图(图 10.24(b)),此偏差曲线是在圆记录纸上画的(有的单啮仪可在长记录纸上画出偏差曲线,如图 10.7 所示),以记录纸中心 O 为圆心,画出误差曲线的最大内切圆和最小外接圆,则此两圆的半径差为切向综合总偏差 $\Delta F_i'$,相邻两齿的曲线最大波动为一齿切向综合偏差 $\Delta f_i'$。

图 10.24　光栅式单啮仪测量示意图

10.4.8　双面啮合综合测量

在齿轮双啮仪上可以测得径向综合总偏差 $\Delta F_i''$ 和一齿径向综合偏差 $\Delta f_i''$。

图 10.25 所示为双啮仪原理图。被测齿轮安装在固定拖板 1 的心轴上,理想精确的测量齿轮安装在浮动拖板 2 的心轴上,在弹簧力的作用下,两者达到紧密无间隙的双面啮合,此时的中心距为度量中心距 a''。当二者转动时由于被测齿轮存在加工误差,使得度量中心距发生变化,此变化通过测量台架的移动传到指示表或由记录装置画出偏差曲线,如图 10.8 所示,从偏差曲线上可读得 $\Delta F_i''$ 与 $\Delta f_i''$。径向综合偏差包括了左、右齿面啮合偏差的成分,它不可能得到同侧齿面的单向偏差。该方法可用于大量生产的中等精度齿轮及小模数齿轮的检测。

双啮测量中的标准齿轮,不但精度要比被测齿轮高 4 级,而且对其啮合参数要精心设计,以保证它能与被测齿轮充分、全面地啮合,达到全面检查的目的,详见国家标准。

图 10.25　齿轮双啮综合测量示意图

习　题　十

一、思考题

1. 齿轮传动的使用要求有哪四个方面？

2. 评定齿轮各项精度要求的必检参数有哪些？说明其名称及代号。

3. 齿轮各项参数的精度等级分几级？在图样上如何标注精度等级？粗、中、高和低精度等级大致是从几级到几级？

4. 齿轮传动为什么要规定齿侧间隙？对单个齿轮来说，可用哪两项指标来控制齿侧间隙大小？

5. 如何选择齿轮的精度等级？从哪几个方面考虑选择齿轮的检验参数？

6. 如何计算齿厚上偏差 E_{sns} 和下偏差 E_{sni}？

7. 对齿轮副和箱体有哪些偏差要求？

8. 齿坯精度包括哪些方面？它对齿轮加工和工作精度有什么影响？

二、作业题

1. 某减速器中一对圆柱直齿轮，$m = 5$，$z_1 = 20$，$z_2 = 60$，$\alpha = 20°$，$x = 0$，$b_1 = 50$，$n_1 = 960$ r/min 两轴承孔的较长跨距 $L = 100$，齿轮为钢制，箱体为铸铁制造，单件小批生产。试确定：

（1）齿轮的精度等级；（2）齿轮的必须检验参数及其允许值；（3）齿厚及其上、下偏差或公法线长度及其上、下偏差；（4）齿轮箱体精度要求及允许值；（5）齿坯精度要求及允许值；（6）未注尺寸公差 GB/T 1804 的 m 级，未注几何公差按 GB/T 1184 的 K 级要求；（7）画出齿轮零件图，并将上述技术要求标注在图上。

2. 某直齿圆柱齿轮，$m = 4$，$\alpha = 20°$，$x = 0$，$z = 10$，加工后用齿距仪测量得如下数据（单位：μm）：0，+3，−7，0，+6，+10，+2，−7，+1，+2，齿轮精度为 7 GB/T 10095.1，试判断该齿轮 ΔF_p、Δf_{pt}、$\Delta F_{pk}(k = 3)$ 是否合格。

3. 某圆柱直齿齿轮，其模数 $m = 3$，齿数 $z = 8$，压力角 $\alpha = 20°$，按绝对法测量齿距偏差，测得各齿距累积角分别为：0°，45°0′12″，90°0′20″，135°0′18″，180°0′6″，224°59′38″，269°59′34″，314°59′54″。试求 ΔF_p、Δf_{pt} 和 $\Delta F_{pk}(k = 3)$ 偏差值。

4. 某直齿轮 $m = 3$，$z = 30$，$\alpha = 20°$，$x = 0$，齿轮精度为 8 级，经测量（按圆周均布测量）公法线长度分别为：32.130，32.124，32.095，32.133，32.106，32.120，若公法线长度要求为 $32.256_{-0.198}^{-0.120}$，试判断该齿轮公法线长度偏差 ΔE_{bn} 与公法线长度变动量 ΔF_W 是否合格。

尺寸链的精度设计基础

在设计各类机器（或仪器）及其零部件时，除了进行运动、强度、刚度等的分析与计算外，还需要进行机械精度的分析与计算，以协调零部件的各有关尺寸之间的关系，并经济而合理地设计各零部件的尺寸公差和几何公差，从而确保产品的机械精度。工程技术人员应掌握尺寸链的精度设计基础，来解决工程实际问题。

11.1 尺寸链的基本概念

《尺寸链 计算方法》（GB 5847—2004）规定了尺寸链的计算方法、有关术语和定义。

11.1.1 尺寸链的定义和特征

在机器装配或零件加工过程中，由相互连接的尺寸形成封闭的尺寸组，称为尺寸链。如图11.1所示，图中零件上三个平面间的尺寸 A_1、A_2 和 A_0 组成一个尺寸链。如图11.2所示，车床主轴轴线高度 A_1、尾座轴线高度 A_2、垫板厚度 A_3、主轴轴线与尾座轴线高度差 A_0 组成一个尺寸链。有时，还可以由在同一零件上不同工序要求的尺寸组成一个尺寸链。

图11.1 零件尺寸链

图11.2 车床顶尖高度尺寸链

由定义可得，尺寸链有以下两个基本特征：

① 尺寸链具有封闭性，即必须由一系列相互关联的尺寸连接成为一个封闭回路。

② 尺寸链具有函数性，即某一个尺寸变化，必将影响其他尺寸的变化，彼此之间具有一定的函数关系。

11.1.2　尺寸链的组成和分类

1.尺寸链的组成

尺寸链由环组成,列入尺寸链中的每一个尺寸都称为"环"。如图 11.1 中的 A_0 和 A_1、A_2 三个环,图 11.2 中的 A_0 和 A_1、A_2、A_3 四个环。

按环的不同性质可分为封闭环和组成环。

(1)封闭环(或称终结环)

尺寸链中,装配或加工过程中最后自然形成的那个环称为封闭环。对于单个零件的加工而言,封闭环通常是零件设计图样上未标注的尺寸,即最不重要的尺寸。对于若干零、部件的装配而言,封闭环通常是对有关要素间的联系所提出的技术要求,如位置精度、距离精度、装配间隙或过盈等,它是将已获得尺寸的零、部件进行总装之后,才形成且得到保证的。这里规定封闭环用符号"A_0"表示,分别如图 11.1 和图 11.2 中的 A_0。

(2)组成环

尺寸链中对封闭环有影响的每个环都称为组成环。组成环中任一环的变动必然引起封闭环的变动。这里用符号 A_1、A_2、A_3、$\cdots$、A_{n-1}(n 为尺寸链的总环数)表示组成环。组成环如图 11.1 中的 A_1、A_2,图 11.2 中的 A_1、A_2 和 A_3。

根据组成环尺寸变动对封闭环影响的不同,把组成环分为增环和减环。

增环:尺寸链中的组成环,该环的变动引起封闭环同向变动。同向变动指该环增大时封闭环也增大,该环减小时封闭环也减小。增环如图 11.1 中的 A_1 和图 11.2 中的 A_2、A_3。这里规定增环用符号 $A_{(+)}$ 表示。

减环:尺寸链中的组成环,该环的变动引起封闭环反向变动。反向变动是指该环增大时封闭环减小,该环减小时封闭环增大。减环如图 11.1 中的 A_2 和图 11.2 中的 A_1。这里规定减环用符号 $A_{(-)}$ 表示。

一个有 n 个环的尺寸链,有 1 个封闭环,有 $(n-1)$ 个组成环,若组成环中有 m 个增环,则减环为 $(n-m-1)$ 个。

(3)协调环

在进行尺寸链反计算时,有时还需将某一组成环预先选定为协调环,当其他组成环精度确定后,再通过计算确定它,使封闭环达到设计要求。

(4)传递系数

传递系数表示各组成环的变动对封闭环影响大小的程度和方向的系数,用符号 ξ 来表示。

2.尺寸链的分类

(1)按尺寸链的应用场合不同分类

① 零件尺寸链:全部组成环为同一零件设计尺寸所形成的尺寸链,如图 11.1 所示。

② 装配尺寸链:全部组成环为不同零件设计尺寸所形成的尺寸链,如图 11.2 所示。

③ 工艺尺寸链:全部组成环为同一零件加工时的工艺尺寸所形成的尺寸链。

零件尺寸链和装配尺寸链统称为设计尺寸链。

(2)按尺寸链中各环的相互位置不同分类

① 直线尺寸链。全部组成环平行于封闭环的尺寸链,图 11.1 和图 11.2 所示的尺寸链均为直线尺寸链,直线尺寸链中增环的传递系数 $\xi_i = +1$,减环的传递系数 $\xi_i = -1$。

② 平面尺寸链。全部组成环位于一个或几个平行平面内,但某些组成环不平行于封闭环的尺寸链。

③ 空间尺寸链。全部组成环位于几个不平行平面内的尺寸链。

平面尺寸链或空间尺寸链,均可用投影的方法得到两个或三个方位的直线尺寸链,最后综合求解平面或空间尺寸链。平面尺寸链和空间尺寸链的传递系数 ξ_i 不再是 $+1$、-1。本章仅研究直线尺寸链。

(3) 按尺寸链中各环的几何特征不同分类

① 长度尺寸链。全部环为长度尺寸的尺寸链。本章所列的各尺寸链均属此类。

② 角度尺寸链。全部环为角度尺寸的尺寸链。在机械结构中,经常遇到的平行度或垂直度要求,实际上就是要求要素之间的角度为 $0°$、$90°$ 或 $180°$,它们属于角度尺寸链。

11.1.3　尺寸链图及其画法

要进行尺寸链分析和计算,首先必须画出尺寸链图。所谓尺寸链图,就是由封闭环和组成环构成的一个封闭回路图。

绘制尺寸链图时,可从某一加工(或装配)基准出发,按加工(或装配)顺序依次画出各个环,环与环之间不得间断,最后用封闭环构成一个封闭回路。用尺寸链图很容易确定封闭环及组成环中的增环或减环。

加工或装配后自然形成的那个环,就是封闭环。

从组成环中分辨出增环或减环,主要用以下两种方法:

① 按定义判断。根据增、减环的定义,对逐个组成环,分析其尺寸的增减对封闭环尺寸的影响,以判断其为增环还是减环。此法比较麻烦,在环数较多、链的结构较复杂时,容易产生差错,但这是一种基本方法。

② 按箭头方向判断。按箭头方向判断增环和减环是一种简便的方法。在封闭环符号 A_0 上面按任意指向画一箭头,如图11.3(a)或(b)所示,沿已定箭头方向在每个组成环符号 A_1、A_2、A_3 和 A_4 上各画一箭头,使所画各箭头依次彼此头尾相连,组成环中箭头与封闭环箭头方向相同者为减环,相反者为增环。按此方法可以判定图11.3中的 A_1 和 A_3 为增环,A_2 和 A_4 为减环。

图 11.3　尺寸链图

例 11.1　图11.2所示为车床顶尖高度尺寸链,请画出其尺寸链图,并确定出封闭环、增环和减环。

解　首先确定车床床身导轨面为基准面,根据车床主轴、垫板和尾座在导轨面上的安装顺序,分别依次画出 A_1、A_3 和 A_2,把它们用 A_0 连接成封闭回路,形成了尺寸链图,如图11.4所示。

图 11.4　图11.2尺寸链图

由于尾座轴线与主轴轴线之间的距离 A_0 是装配后自然形成的,则可确定它为封闭环。

按箭头方向判定增环和减环。先按以上规定画出各环箭头,如图11.4所示。可知,

与 A_0 方向相同的 A_1 是减环,与 A_0 方向相反的 A_2 和 A_3 是增环。

例 11.2　加工一个带键槽的内孔,工艺尺寸如图 11.5(a) 所示。其加工顺序为:镗内孔得尺寸 A_1,插键槽得尺寸 A_2,磨内孔得尺寸 A_3。请画出其尺寸链图,并确定封闭环、增环和减环。

解　确定镗内孔和磨内孔的基准为内孔中心线 O。按加工顺序分别画出 $A_1/2$、A_2 和 $A_3/2$,把它们用 A_0 连接成封闭回路,形成了尺寸链图,如图 11.5(b) 所示。

因为图 11.5(a) 中键槽尺寸 A_0 是加工后自然形成的,因此 A_0 为封闭环。

按箭头方向判断法画出各尺寸的箭头,如图 11.5(b) 所示,根据组成环和封闭环的箭头异同情况可确定:$A_1/2$ 为减环,A_2 和 $A_3/2$ 为增环。

(a)　　　　　　　　　　　　　　(b)

图 11.5　例 11.2 图

11.1.4　尺寸链的计算

1. 尺寸链的计算种类

尺寸链的计算就是指计算封闭环和组成环的公称尺寸及其极限偏差。在工程中,尺寸链计算主要有以下三种。

(1) 正计算(校核计算)

已知各组成环的公称尺寸和极限偏差,求封闭环的公称尺寸和极限偏差为正计算。正计算的目的是校核图纸上标注的各组成环的公称尺寸和上、下偏差,在加工后是否能满足所设计技术要求,即验证设计的正确性。

(2) 反计算(设计计算)

已知封闭环的公称尺寸、极限偏差及各组成环的公称尺寸,求各组成环的公差和极限偏差为反计算。反计算的目的是根据机器或部件的配合精度确定各组成环的上、下偏差,既属于设计工作方面问题,也可理解为解决公差的分配问题。

(3) 中间计算(工艺尺寸计算)

已知封闭环及某些组成环的公称尺寸和极限偏差,求某一组成环的公称尺寸和极限偏差为中间计算。中间计算多属于工艺尺寸计算方面的问题,如零件加工过程中计算某道工序需要确定而在零件图上没有标注的工序尺寸。

正确地运用尺寸链理论,可以合理地确定零部件相关尺寸的公差和极限偏差,使之用最经济的方法达到一定的技术要求。

2. 尺寸链的计算方法

尺寸链的计算基本方法主要有极值法和概率法两种。

（1）极值法（完全互换法）

极值法是从尺寸链各环的极限值出发来进行计算的，能够完全保证互换性。应用此法不考虑实际尺寸的分布情况，装配时，全部产品的组成环都无须挑选或改变其大小和位置，装入后即能达到封闭环的公差要求。

（2）概率法（大数互换法）

概率法是根据各组成环尺寸分布情况，按统计公差公式进行计算的。应用此法装配时，绝大多数产品的组成环无须挑选或改变其大小和位置，装入后即能达到封闭环的公差要求。概率法是以一定置信概率为依据，本章规定各环都趋向正态分布，置信概率为99.73%。采用此法应有适当的工艺措施，排除个别产品超出公差范围或极限偏差。

此外，当装配精度要求很高，应用上述方法难以达到或不经济时，还常常采用分组互换法、修配补偿法和调整补偿法。本书只介绍极值法和概率法的尺寸链计算。

11.2　用极值法计算尺寸链

11.2.1　极值法计算尺寸链的基本步骤和计算公式

1. 基本步骤

极值法（完全互换法）也常被称为极大极小法，是尺寸链计算中最基本的方法。用极值法进行尺寸链计算的基本步骤如下：

① 画尺寸链图。

② 确定封闭环与增环和减环。

③ 根据极值法计算公式，进行封闭环或组成环数的计算。

④ 校核计算结果。

2. 计算公式

为了进行封闭环或组成环有关量值的计算，根据尺寸链图中各环之间的关系，可以导出用极值法计算直线尺寸链的公式如下：

（1）封闭环的公称尺寸

$$A_0 = \sum_{i=1}^{m} A_{(+)i} - \sum_{i=m+1}^{n-1} A_{(-)i} \tag{11.1}$$

即封闭环的公称尺寸等于所有增环公称尺寸之和减去所有减环公称尺寸之和。在尺寸链中，封闭环的公称尺寸有可能等于零（图 11.6 中孔、轴配合中的间隙 A_0）。

（2）封闭环的极限尺寸

$$A_{0max} = \sum_{i=1}^{m} A_{(+)imax} - \sum_{i=m+1}^{n-1} A_{(-)imin} \tag{11.2}$$

$$A_{0min} = \sum_{i=1}^{m} A_{(+)imin} - \sum_{i=m+1}^{n-1} A_{(-)imax} \tag{11.3}$$

即封闭环的上极限尺寸等于所有增环的上极限尺寸之和减去所有减环的下极限尺寸之

图 11.6　孔、轴配合

和。封闭环的下极限尺寸等于所有增环的下极限尺寸之和减去所有减环的上极限尺寸之和。

（3）封闭环的极限偏差

由公称尺寸、极限尺寸与极限偏差的关系可得

$$ES_0 = \sum_{i=1}^{m} ES_{(+)i} - \sum_{i=m+1}^{n-1} EI_{(-)i} \tag{11.4}$$

$$EI_0 = \sum_{i=1}^{m} EI_{(+)i} - \sum_{i=m+1}^{n-1} ES_{(-)i} \tag{11.5}$$

式中　　ES_0、EI_0——封闭环的上、下偏差；

$ES_{(+)i}$、$EI_{(+)i}$——第 i 个增环的上、下偏差；

$ES_{(-)i}$、$EI_{(-)i}$——第 i 个减环的上、下偏差。

即封闭环的上偏差等于所有增环的上偏差之和减去所有减环的下偏差之和。封闭环的下偏差等于所有增环的下偏差之和减去所有减环的上偏差之和。

（4）封闭环的公差

根据公差与极限偏差的关系，由式（11.4）和式（11.5）可得

$$T_0 = \sum_{i=1}^{n-1} T_{A_i} \tag{11.6}$$

即封闭环公差等于所有组成环公差之和。

式（11.6）也可作为校核公式，以便校核尺寸链计算中是否有误。

由式（11.6）可知，① 封闭环的公差比任何一个组成环的公差都大。因此在零件尺寸链中，应该选择最不重要的尺寸作为封闭环，但在装配尺寸链中，由于封闭环是装配后的技术要求，一般无选择余地。② 为了使封闭环公差小些，或者当封闭环公差一定时，要使组成环的公差大些，就应该使尺寸链的组成环数目尽可能少些，这称为最短尺寸链原则，在设计中应尽量遵守这一原则。

11.2.2　正计算（校核计算）

尺寸链的正计算问题就是已知组成环的公称尺寸和极限偏差，求封闭环的公称尺寸和极限偏差，现举例说明如下。

例 11.3　加工一轴套，如图 11.7(a) 所示。已知加工工序为先车外圆 A_1 为 $\phi 70_{-0.08}^{-0.04}$，然后镗内孔 A_2 为 $\phi 60_{0}^{+0.06}$，并应保证内孔轴线对外圆柱面轴线的同轴度公差 A_3 为 $\phi 0.02$ mm，求该轴套的壁厚。

解　按用极值法进行尺寸链计算的基本步骤解题。

（1）画尺寸链图

由于此例 A_1、A_2 尺寸相对加工基准具有对称性，故应取半值画尺寸链图，同轴度 A_3 可做一个线性尺寸处理。根据同轴度公差带对实际被测轴线的限定情况，可定 A_3 为 0 ± 0.01。

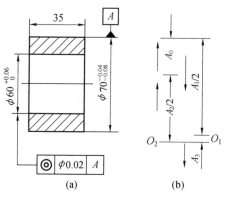

图 11.7　例 11.3 图

以外圆柱面轴线 O_1 为基准,按加工顺序分别画出 $A_1/2$、A_3、$A_2/2$,并用 A_0 把它们连接成封闭回路,如图 11.7(b) 所示。

(2) 确定封闭环

因为壁厚 A_0 为加工后自然形成的尺寸,故为封闭环。

(3) 确定增、减环

画出各环箭头方向,如图 11.7(b) 所示,根据箭头方向判断法可定 $A_1/2$、A_3 为增环,$A_2/2$ 为减环。

因为 A_1 为 $\phi70^{-0.04}_{-0.08}$,则 $A_1/2$ 为 $35^{-0.02}_{-0.04}$;A_2 为 $\phi60^{+0.06}_{0}$,则 $A_2/2$ 为 $30^{+0.03}_{0}$。

(4) 计算壁厚的公称尺寸和上、下偏差

由式(11.1) 得壁厚的公称尺寸为

$$A_0 = \left(\frac{A_1}{2} + A_3\right) - \frac{A_2}{2} = 35 + 0 - 30 = 5 \text{（mm）}$$

由式(11.4) 得壁厚的上偏差为

$$ES_0 = (ES_{A_1/2} + ES_{A_3}) - EI_{A_2/2}$$
$$= [(-0.02) + (+0.01)] - 0 = -0.01 \text{（mm）}$$

由式(11.5) 得壁厚的下偏差为

$$EI_0 = (EI_{A_1/2} + EI_{A_3}) - ES_{A_2/2}$$
$$= [(-0.04) + (-0.01)] - (+0.03) = -0.08 \text{（mm）}$$

(5) 校验计算结果

由以上计算结果可得

$$T_0 = ES_0 - EI_0 = (-0.01) - (-0.08) = 0.07 \text{（mm）}$$

由式(11.6) 得

$$T_0 = T_{A_1/2} + T_{A_3} + T_{A_2/2}$$
$$= (ES_{A_1/2} - EI_{A_1/2}) + (ES_{A_3} - EI_{A_3}) + (ES_{A_2/2} - EI_{A_2/2})$$
$$= [(-0.02) - (-0.04)] + [(+0.01) - (-0.01)] +$$
$$[(+0.03) - 0] = 0.07 \text{（mm）}$$

校核结果说明计算无误,所以壁厚为

$$A_0 = 5^{-0.01}_{-0.08}$$

需指出的是,若同轴度 A_3 做为减环处理,结果仍不变,读者可以画出相应的尺寸链图,并对计算出的结果进行比较。

例 11.4 图 11.8(a) 为滑块与槽形导轨的配合图和零件图。已知导轨与滑块的尺寸 A_1 为 $24^{+0.28}_{0}$,A_2 为 $30^{+0.14}_{0}$,A_3 为 $23^{0}_{-0.28}$,A_4 为 $30^{-0.04}_{-0.08}$,几何公差要求如图所示。试计算当滑块与导轨大端在右侧接触时,滑块与导轨小端右侧和左侧的间隙。

解 (1) 计算滑块与导轨小端右侧间隙

① 画尺寸链图。

画尺寸链图时,可从滑块与导轨大端右侧的接触面画起,由于滑块与导轨都是对称零件,且图中所示导轨小端中心平面相对于大端中心平面的对称度(A_5) 公差为 0.14 mm,滑块小端中心平面相对于大端中心平面的对称度公差为(A_6)0.1 mm,故可分别画出 $A_2/2$、A_5、$A_1/2$ 及 $A_4/2$、A_6、$A_3/2$。根据已知条件和对称度公差带形状,可知 $A_2/2 = 15^{+0.07}_{0}$,$A_5 = 0 \pm 0.07$,$A_1/2 = 12^{+0.14}_{0}$,

$A_4/2 = 15_{-0.04}^{-0.02}$, $A_6 = 0 \pm 0.05$, $A_3/2 = 11.5_{-0.14}^{0}$。最后用 A_0 将以上尺寸连接成封闭回路,如图 11.8(b) 所示。

② 确定封闭环。

因为滑块与导轨小端右侧间隙为最后自然形成的尺寸,故其为封闭环。

③ 确定增环和减环。

画出各环箭头方向,如图 11.8(b) 所示。根据箭头方向,可以确定增、减环。

(a) 导轨与滑块图

(b) 小端右侧间隙的尺寸链图　　　　　(c) 小端左侧间隙的尺寸链图

图 11.8　导轨与滑块

增环有:$A_1/2$, $(A_1/2)_{max} = 12.14$ mm, $(A_1/2)_{min} = 12$ mm;$A_4/2$, $(A_4/2)_{max} = 14.98$ mm, $(A_4/2)_{min} = 14.96$ mm。

减环有:$A_2/2$, $(A_2/2)_{max} = 15.07$ mm, $(A_2/2)_{min} = 15$ mm;A_5, $A_{5max} = 0.07$ mm, $A_{5min} = -0.07$ mm;A_6, $A_{6max} = 0.05$ mm, $A_{6min} = -0.05$ mm;$A_3/2$, $(A_3/2)_{max} = 11.5$ mm, $(A_3/2)_{min} = 11.36$ mm。

④ 计算滑块与导轨小端右侧间隙。

根据式(11.2) 和式(11.3) 可得

$$A_{0max} = [(A_1/2)_{max} + (A_4/2)_{max}] - [(A_2/2)_{min} + A_{5min} + A_{6min} + (A_3/2)_{min}]$$
$$= [12.14 + 14.98] - [15 + (-0.07) + (-0.05) + 11.36] = 0.88 \text{ (mm)}$$
$$A_{0min} = [(A_1/2)_{min} + (A_4/2)_{min}] - [(A_2/2)_{max} + A_{5max} + A_{6max} + (A_3/2)_{max}]$$
$$= (12 + 14.96) - (15.07 + 0.07 + 0.05 + 11.5) = 0.27 \text{ (mm)}$$

⑤ 校验计算结果。

由以上结果可得

$$T_0 = A_{0max} - A_{0min} = 0.88 - 0.27 = 0.61 \text{ (mm)}$$

由式(11.6) 得

$$T_0 = \sum_{i=1}^{6} T_{A_i} = T_{A_1/2} + T_{A_4/2} + T_{A_2/2} + T_{A_5} + T_{A_6} + T_{A_3/2}$$
$$= (ES_{A_1/2} - EI_{A_1/2}) + (ES_{A_4/2} - EI_{A_4/2}) + (ES_{A_2/2} - EI_{A_2/2}) + (ES_{A_5} - EI_{A_5}) +$$
$$(ES_{A_6} - EI_{A_6}) + (ES_{A_3/2} - EI_{A_3/2})$$

$= [(+0.14) - 0] + [(-0.02) - (-0.04)] + [(+0.07) - 0)] + [(+0.07) -$
$(-0.07)] + [(+0.05) - (-0.05)] + [0 - (-0.14)] = 0.61 (mm)$

校核结果说明计算无误,故 $A_0 = 0.27 \sim 0.88$ mm。

根据上述计算得知:滑块与导轨小端右侧间隙为 $+ 0.27 \sim + 0.88$ mm。

(2) 计算滑块与导轨小端左侧间隙

因为与以上分析方法相同,故这里不写分析过程,只写结论。

① 画尺寸链图。

尺寸链图如图 11.8(c) 所示,其中各环尺寸同前。

② 确定封闭环。

据图 11.8(c) 知,滑块与导轨小端左侧间隙为封闭环。

③ 确定增减环。

增环有:$A_2/2, A_1/2$;减环有:$A_5, A_3/2, A_6, A_4/2$。各环的上极限尺寸和下极限尺寸同前。

④ 计算滑块与导轨小端左侧间隙。

$A_{0max} = [(A_2/2)_{max} + (A_1/2)_{max}] - [A_{5min} + (A_3/2)_{min} + A_{6min} + (A_4/2)_{min}]$
$= [15.07 + 12.14] - [(-0.07) + 11.36 + (-0.05) + 14.96] = 1.01 (mm)$
$A_{0min} = [(A_2/2)_{min} + (A_1/2)_{min}] - [A_{5max} + (A_3/2)_{max} + A_{6max} + (A_4/2)_{max}]$
$= [15 + 12] - [0.07 + 11.5 + 0.05 + 14.98] = 0.4 (mm)$

⑤ 校验计算结果。

由于 $T_0 = A_{0max} - A_{0min} = 1.01 - 0.4 = 0.61 (mm)$,与前面(右侧)计算 $T_0 = \sum_{i=1}^{6} T_{A_i} = 0.61$ mm 一致,说明计算无误。故 $A_0 = 0.4 \sim 1.01$ mm。

根据上述计算可得:滑块与导轨小端左侧间隙为 $+ 0.4 \sim + 1.01$ mm。

11.2.3　中间计算(工艺尺寸计算)

尺寸链的中间计算问题可用来确定某一组成环的公称尺寸及极限偏差。

例 11.5　如图 11.7(a) 所示,加工一轴套,已知加工顺序为先车外圆 A_1 为 $\phi 70^{-0.04}_{-0.08}$,然后镗内孔 A_2,并且规定了内孔轴线对外圆轴线的同轴度公差 A_3 为 $\phi 0.02$ mm,为了保证加工后的壁厚为 $5^{-0.01}_{-0.08}$,问所镗内孔的尺寸 A_2 为多少?

解　因为该例题和例 11.3 的零件结构相同,如图 11.7(a) 所示,加工顺序相同,因此尺寸链图、封闭环、增环和减环完全相同,如图 11.7(b) 所示。不同的仅是应用公式欲解的未知数不是封闭环 A_0,而是组成环(减环)A_2,故由式(11.1) 得内孔半径 $A_2/2$ 的公称尺寸。见例 11.3,因为 $A_0 = (\frac{A_1}{2} + A_3) - \frac{A_2}{2}$,则有

$$\frac{A_2}{2} = (\frac{A_1}{2} + A_3) - A_0 = (35 + 0) - 5 = 30 (mm)$$

由式(11.4) 和式(11.5) 得内孔半径的下偏差及上偏差为

$$EI_{A_2/2} = (ES_{A_1/2} + ES_{A_3}) - ES_0$$
$$= [(-0.02) + (+0.01)] - (-0.01) = 0 (mm)$$
$$ES_{A_2/2} = (EI_{A_1/2} + EI_{A_3}) - EI_0$$
$$= [(-0.04) + (-0.01)] - (-0.08) = +0.03 (mm)$$

校验计算结果：

由已知条件可求出

$$T_0 = ES_0 - EI_0 = (-0.01) - (-0.08) = 0.07 \text{ (mm)}$$

由计算结果根据式(11.6)，可求出

$$
\begin{aligned}
T_0 &= T_{A_1/2} + T_{A_3} + T_{A_2/2} \\
&= (ES_{A_1/2} - EI_{A_1/2}) + (ES_{A_3} - EI_{A_3}) + (ES_{A_2/2} - EI_{A_2/2}) \\
&= [(-0.02) - (-0.04)] + [(+0.01) - (-0.01)] + \\
&\quad [(+0.03) - 0] = 0.07 \text{ (mm)}
\end{aligned}
$$

校核结果说明计算无误，所以内孔半径 $A_2/2 = 30^{+0.03}_{0}$，内孔直径 $A_2 = \phi60^{+0.06}_{0}$。

例 11.6　在轴上铣一键槽，如图 11.9(a) 所示。加工顺序为车外圆 A_1 为 $\phi70.5^{0}_{-0.1}$，铣键槽深 A_2，磨外圆 A_3，$\phi70^{0}_{-0.06}$。要求磨完外圆后，保证尺寸 $A_0 = 62^{0}_{-0.3}$，求铣键槽的深度 A_2。

图 11.9　例 11.6 图

解　按用极值法进行尺寸链计算的基本步骤解题。

(1) 画尺寸链图

选外圆柱面轴线 O 为基准，按加工顺序依次画出 $A_1/2$、A_2、$A_3/2$，并用 A_0 把它们连接成封闭回路，如图 11.9(b) 所示。

(2) 确定封闭环

由于磨完外圆后形成的键槽深 A_0 为加工后自然形成的尺寸，故此可确定 A_0 为封闭环。据题意 A_0 为 $62^{0}_{-0.3}$。

(3) 确定增、减环

按箭头方向判断法给各环标以箭头，如图 11.9(b) 所示，可知增环为 $A_3/2$，A_2；减环为 $A_1/2$。

(4) 计算铣键槽的深度 A_2 的公称尺寸和上、下偏差

由式(11.1) 计算 A_2 的公称尺寸：因为 $A_0 = (A_2 + A_3/2) - A_1/2$，则有

$$A_2 = A_0 - A_3/2 + A_1/2 = 62 - 35 + 35.25 = 62.25 \text{ (mm)}$$

由式(11.4) 计算 A_2 的上偏差：因为 $ES_0 = (ES_{A_2} + ES_{A_3/2}) - EI_{A_1/2}$，则有

$$
\begin{aligned}
ES_{A_2} &= ES_0 - ES_{A_3/2} + EI_{A_1/2} \\
&= 0 - 0 + (-0.05) = -0.05 \text{ (mm)}
\end{aligned}
$$

由式(11.5) 计算 A_2 的下偏差：因为 $EI_0 = (EI_{A_2} + EI_{A_3/2}) - ES_{A_1/2}$，则有

$$
\begin{aligned}
EI_{A_2} &= EI_0 - EI_{A_3/2} + ES_{A_1/2} \\
&= (-0.3) - (-0.03) + 0 = -0.27 \text{ (mm)}
\end{aligned}
$$

(5) 校验计算结果

由已知条件可求出

$$T_0 = ES_0 - EI_0 = 0 - (-0.3) = 0.3 \text{ (mm)}$$

由计算结果，根据式(11.6) 可求出

$$T_0 = T_{A_2} + T_{A_{3/2}} + T_{A_{1/2}}$$

$$= (ES_{A_2} - EI_{A_2}) + (ES_{A_{3/2}} - EI_{A_{3/2}}) + (ES_{A_{1/2}} - EI_{A_{1/2}})$$

$$= [(-0.05) - (-0.27)] + [0 - (-0.03)] + [0 - (-0.05)] = 0.3 \text{(mm)}$$

校核结果说明计算无误,所以铣键槽的深度 A_2 为

$$A_2 = 62.25^{-0.05}_{-0.27} = 62.2^{\ 0}_{-0.22}$$

11.2.4　反计算(设计计算)

已知封闭环的公称尺寸和上、下偏差及各组成环的公称尺寸,求各组成环的公差和上、下偏差。计算步骤如下。

1. 确定各组成环的公差

确定各组成环公差的基本方法有以下两种。

(1) 相等公差法

当零件的公称尺寸大小和制造的难易程度相近,以及对装配精度的影响程度综合起来考虑,平均分配公差值比较经济合理时,可采用本方法计算。

设各组成环公差相等,即 $T_1 = T_2 = \cdots = T_{n-1} = T_{av}$

则由式(11.6)得各组成环公差的平均值为

$$T_{av} = \frac{T_0}{n-1} \tag{11.7}$$

(2) 相同等级法

当确认全部组成环采取同一公差等级,各环公差值的大小只取决于其公称尺寸,这样分析计算比较经济合理或更加切合生产实际时,可采用本法计算。

由本书第3章可知,若尺寸不大于500(mm),某一公称尺寸的公差值 T 可按下式计算。

$$T = ai = a(0.45\sqrt[3]{D} + 0.001D)$$

按相同等级原则,各组成环应取同一公差等级系数 a_{av},则式(11.6)可写为

$$T_0 = \sum_{i=1}^{n-1} a_{av} i_i = a_{av} \sum_{i=1}^{n-1} i_i$$

所以

$$a_{av} = \frac{T_0}{\sum\limits_{i=1}^{n-1} i_i} = \frac{T_0}{\sum\limits_{i=1}^{n-1} (0.45\sqrt[3]{D_i} + 0.001D_i)} \tag{11.8}$$

式(11.8)中的 i_i 可查表11.1确定。

根据式(11.8)算得的 a_{av} 值,在表3.1(标准公差的计算公式)中取一个与之接近的公差等级,再由标准公差数值表(表3.2)查得各组成环的公差值。

表 11.1　公称尺寸与公差单位

尺寸分段/mm	1～3	>3 ～6	>6 ～10	>10 ～18	>18 ～30	>30 ～50	>50 ～80	>80 ～120	>120 ～180	>180 ～250	>250 ～315	>315 ～400	>400 ～500
i_i/μm	0.54	0.73	0.90	1.08	1.31	1.56	1.86	2.17	2.52	2.90	3.23	3.54	3.86

　　若上述两种方法均不理想,可在等公差值或相同公差等级的基础上,根据各零件公称尺寸的大小,孔类或轴类零件的不同,毛坯生产工艺及热处理要求的不同,材料差别的影响,加工的难易程度,以及车间的设备状况,将各环公差值加以人为的经验调整,以尽可能切合实际,并使之加工经济。

　　2. 确定各组成环的上、下偏差

　　组成环的上、下偏差按"偏差向体内原则"确定,即当组成环为包容面尺寸时,如图 11.10(a) 的 A_1 和 A_2,则令其下偏差为零(按基本偏差 H 配置);当组成环为被包容面尺寸时,如图 11.10(a) 所示的 A_3、A_4 和 A_5,则令其上偏差为零(按基本偏差 h 配置)。有时,组成环既不是包容面尺寸,又不是被包容面尺寸,如孔距尺寸,此时,取对称的偏差(按基本偏差 JS 配置),就是上偏差为 $+\dfrac{1}{2}T_{A_i}$,下偏差为 $-\dfrac{1}{2}T_{A_i}$。

　　例 11.7　图 11.10(a) 所示为对开齿轮箱的一部分。根据使用要求,间隙 A_0 应在 1 ～ 1.75 mm 范围内。已知各零件的公称尺寸为 $A_1 = 101$ mm,$A_2 = 50$ mm,$A_3 = 5$ mm,$A_5 = 5$ mm,$A_4 = 140$ mm,求各尺寸的极限偏差。

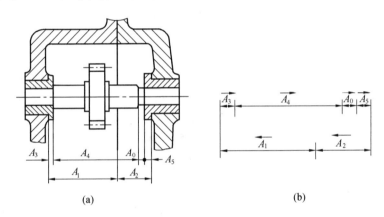

图 11.10　例 11.7 图

　　解　按用极值法进行尺寸链计算的基本步骤解题。

　　(1) 画尺寸链图

　　按图 11.10(a) 中各零件的装配顺序,依次画出 A_2、A_1、A_3、A_4 和 A_5,最后用 A_0 将其连成封闭回路,如图 11.10(b) 所示。

　　(2) 确定封闭环

　　因为图 11.10(a) 间隙 A_0 尺寸为装配后自然形成的尺寸,故 A_0 为封闭环。

　　(3) 确定增环和减环

　　画出各环的箭头方向,如图 11.10(b) 所示,根据箭头方向可断定 A_1 和 A_2 为增环,A_3、A_4 和 A_5 为减环。

　　(4) 确定各环的上、下偏差

　　① 确定"协调环"。

　　选定齿轮轴长度 A_4 为"协调环"。

　　② 计算封闭环的公称尺寸和上、下偏差及公差。

　　由式(11.1) 得

$$A_0 = (A_1 + A_2) - (A_3 + A_4 + A_5)$$
$$= (101 + 50) - (5 + 140 + 5) = 1 \text{（mm）}$$

则有

$$ES_0 = A_{0\max} - A_0 = 1.75 - 1 = +0.75 \text{（mm）}$$
$$EI_0 = A_{0\min} - A_0 = 1 - 1 = 0 \text{（mm）}$$
$$T_0 = A_{0\max} - A_{0\min} = 1.75 - 1 = 0.75 \text{（mm）}$$

③ 确定各组成环公差（用相等公差法计算）。

根据式(11.6)可知

$$T_0 = T_{A_1} + T_{A_2} + T_{A_3} + T_{A_4} + T_{A_5}$$

根据式(11.7)，得各组成环平均公差为

$$T_{av} = \frac{T_0}{n-1} = \frac{0.75}{6-1} = 0.15 \text{（mm）}$$

但对于此部件上各零件尺寸的公差都定为 0.15 mm 是不合理的。由于 A_1、A_2 为箱体内尺寸，不易加工，故将公差放大，按标准（表 3.2）取 $T_{A_1} = 0.35$ mm，$T_{A_2} = 0.25$ mm。尺寸 A_3、A_5 为小尺寸，且易加工，按标准（表 3.2）可将公差减小为 $T_{A_3} = T_{A_5} = 0.048$ mm。

根据式(11.6)可推导出"协调环" A_4 的公差为

$$T_{A_4} = T_0 - T_{A_1} - T_{A_2} - T_{A_3} - T_{A_5} = 0.75 - 0.35 - 0.25 - 0.048 - 0.048 = 0.054 \text{（mm）}$$

④ 确定除"协调环"外所有组成环的上、下偏差，即 A_1、A_2、A_3、A_5 的上、下偏差。

从图 11.10(a)可知 A_1 和 A_2 为包容面尺寸，A_3 和 A_5 被包容面尺寸，按"偏差向体内原则"，故有

$$A_1 = 101^{+0.35}_{0}, A_2 = 50^{+0.25}_{0}, A_3 = A_5 = 5^{0}_{-0.048}$$

⑤ 用极值法和中间计算的方法计算"协调环" A_4 的上、下偏差。

由式(11.4)计算 A_4 的下偏差：因为 $ES_0 = (ES_{A_1} + ES_{A_2}) - (EI_{A_3} + EI_{A_4} + EI_{A_5})$，则有

$$EI_{A_4} = ES_{A_1} + ES_{A_2} - EI_{A_3} - EI_{A_5} - ES_0$$
$$= (+0.35) + (+0.25) - (-0.048) - (-0.048) - (+0.75) = -0.054 \text{（mm）}$$

由式(11.5)计算 A_4 的上偏差：因为 $EI_0 = (EI_{A_1} + EI_{A_2}) - (ES_{A_3} + ES_{A_4} + ES_{A_5})$，则有

$$ES_{A_4} = EI_{A_1} + EI_{A_2} - ES_{A_3} - ES_{A_5} - EI_0$$
$$= 0 + 0 - 0 - 0 - 0 = 0 \text{（mm）}$$

(5) 校验计算结果

由已知条件可求得

$$T_0 = A_{0\max} - A_{0\min} = 1.75 - 1 = 0.75 \text{（mm）}$$

由计算结果，根据式(11.6)可求出

$$T_0 = T_{A_1} + T_{A_2} + T_{A_3} + T_{A_4} + T_{A_5}$$
$$= T_{A_1} + T_{A_2} + T_{A_3} + (ES_{A_4} - EI_{A_4}) + T_{A_5}$$
$$= 0.35 + 0.25 + 0.048 + [0 - (-0.054)] + 0.048 = 0.75 \text{（mm）}$$

校核结果说明计算无误，所以各尺寸为

$$A_1 = 101^{+0.35}_{0}, A_2 = 50^{+0.25}_{0}, A_3 = A_5 = 5^{0}_{-0.048}, A_4 = 140^{0}_{-0.054}$$

需指出的是，其他组成环之一也可选做"协调环"，读者可以试着比较一下。

用相等公差法比较简单,但要求有熟练的经验,否则主观随意性太大。此法多用于环数不多的情况。

下面用相同等级法解例 11.7。

用相同等级法解尺寸链的基本步骤与相等公差法完全相同。这里只介绍用相同等级法计算组成环公差,再确定其上、下偏差的方法。

根据式(11.8)和表 11.1 可求得平均公差等级系数为

$$a_{av} = \frac{T_0}{\sum_{i=1}^{n-1} i_i} = \frac{750}{2.17 + 1.56 + 0.73 + 2.52 + 0.73} \approx 97$$

由表 3.1 确定各组成环(除"协调环"外)的公差为 11 级($a = 100$),查表 3.2 得 $T_{A_1} = 220 \ \mu m$,$T_{A_2} = 160 \ \mu m$,$T_{A_3} = T_{A_5} = 75 \ \mu m$。

"协调环"A_4 的公差为 $T_{A_4} = T_0 - (T_{A_1} + T_{A_2} + T_{A_3} + T_{A_5}) = 750 - (220 + 160 + 75 + 75) = 220 \ (\mu m)$。

同样,按"偏差向体内原则"确定各组成环的极限偏差为

$$A_1 = 101^{+0.22}_{0},A_2 = 50^{+0.16}_{0},A_3 = A_5 = 5^{0}_{-0.075},A_4 = 140^{0}_{-0.22}$$

此法除了个别组成环外,均为标准公差和极限偏差,方便合理。

极值法可以保证完全互换,而且计算简单。但当组成环环数较多时,用这种方法就不合适,因这时各组成环公差将很小,加工很不经济,故极值法一般用于 3 ~ 4 环的尺寸链,或环数虽多但精度要求不高的场合。对精度要求较高,而且环数也较多的尺寸链,采用概率法求解比较合理。

11.3　用概率法计算尺寸链

11.3.1　概率法计算尺寸链的基本步骤和计算公式

概率法(大数互换法)是根据概率论的基本原理对尺寸链进行计算的方法。用概率法进行尺寸链计算和用极值法进行尺寸链计算的基本步骤是相同的,只是使用的有些数学关系式不同。概率法进行尺寸链计算用的数学公式,是在概率论基本原理的基础上推导出来的。由于在加工和装配中各零件的尺寸往往都是分别按对自己的功能需要而确定的,因此可以把形成尺寸链的各组成环视为一系列独立的随机变量。假定各组成环的尺寸都按正态分布,则封闭环也必然按正态分布。

由第 2 章中的误差理论可知,随机误差应按方和根法合成,故式(11.6)将变成

$$T_0 = \sqrt{\sum_{1}^{n-1} T_{A_i}^2} \tag{11.9}$$

即封闭环的公差为各组成环公差平方和的平方根。

又假定各组成环尺寸分布中心都与公差带中心重合,如图 11.11 所示。于是各组成环的公称尺寸及极限偏差(A_i、ES_{A_i}、EI_{A_i})均可改写为 $A_i + \Delta 0_i \pm \dfrac{T_{A_i}}{2}$,封闭环的公称尺寸及极限偏差($A_0$、$ES_0$、$EI_0$)也可改写为 $A_0 + \Delta 0_0 \pm \dfrac{T_0}{2}$。

式(11.1)原表达式为

$$A_0 = \sum_{i=1}^{m} A_{(+)i} - \sum_{i=m+1}^{n-1} A_{(-)i}$$

式(11.1)新表达式为

$$A_0 + \Delta 0_0 = \sum_{i=1}^{m} \left[A_{(+)i} + \Delta 0_{i(+)} \right] - \sum_{i=m+1}^{n-1} \left[A_{(-)i} + \Delta 0_{i(-)} \right]$$

由后式两边分别减去前式两边得

$$\Delta 0_0 = \sum_{i=1}^{m} \Delta 0_{i(+)} - \sum_{i=m+1}^{m} \Delta 0_{i(-)} \qquad (11.10)$$

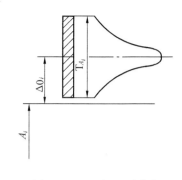

图 11.11   组成环尺寸分布

式中 $\Delta 0_{i(+)}$——尺寸链中第 i 个增环的公差带中心至其公称尺寸的偏差量;

$\Delta 0_{i(-)}$——尺寸链中第 i 个减环的公差带中心至其公称尺寸的偏差量。

有时上述参数的下角标中注有 A_i、$A_i/2$ 等符号,它们表示尺寸链中有关环的上述参数,如 $\Delta 0_{A_1/2}$、$\Delta 0_{A_2}$ 分别为环 $A_1/2$、A_2 的公差带中心至其公称尺寸分布中心的偏差量。

11.3.2   正计算(校核计算)

例 11.8   试用概率法解例 11.3 题。

解   (1)画尺寸链图

(2)确定封闭环

(3)确定增环和减环

以上三步的解法同例 11.3。

(4)计算壁厚 A_0 的公称尺寸及其上、下偏差。

① 将组成环写成对称偏差形式,并确定各组成环的公差带至其公称尺寸的偏差和公差。

增环:因 $A_1/2 = 35_{-0.04}^{-0.02} = 35 + (-0.03) \pm \dfrac{0.02}{2}$,则有

$$\Delta 0_{A_1/2(+)} = \Delta 0_{A_1/2} = -0.03 \text{ mm}$$
$$T_{A_1/2} = 0.02 \text{ mm}$$

因 $A_3 = 0 \pm 0.01 = 0 + 0 \pm \dfrac{0.02}{2}$,则有

$$\Delta 0_{A_3/2(+)} = \Delta 0_{A_3} = 0 \text{ mm}$$
$$T_{A_3} = 0.02 \text{ mm}$$

减环:因 $A_2/2 = 30_{0}^{+0.03} = 30 + (+0.015) \pm \dfrac{0.03}{2}$,则有

$$\Delta 0_{A_2/2(-)} = \Delta 0_{A_2/2} = +0.015 \text{ mm}$$
$$T_{A_2/2} = 0.03 \text{ mm}$$

② 求封闭环的公称尺寸。由式(11.1) 得

$$A_0 = \left(\frac{A_1}{2} + A_3 \right) - \frac{A_2}{2} = 35 + 0 - 30 = 5 \text{ (mm)}$$

③ 求封闭环的公差带中心至其公称尺寸的偏差。

由式(11.10) 得

$\Delta 0_0 = (\Delta 0_{A_1/2} + \Delta 0_{A_3}) - \Delta 0_{A_2/2} = [(-0.03) + 0] - (+0.015) = -0.045$（mm）

④ 求封闭环的公差。由式（11.9）得

$$T_0 = \sqrt{T_{A_1/2}^2 + T_{A_3}^2 + T_{A_2/2}^2} = \sqrt{(0.02)^2 + (0.02)^2 + (0.03)^2} = 0.04$$（mm）

⑤ 将封闭环尺寸整理成用极限偏差表达的形式。

$$A_0 = 5 + (-0.045) \pm \frac{0.04}{2} = 4.955 \pm 0.02 = 5_{-0.065}^{-0.025}$$

（5）校验计算结果

$$T_0 = ES_0 - EI_0 = (-0.025) - (-0.065) = 0.04$$（mm）

由式（11.9）得

$$T_0 = \sqrt{T_{A_1/2}^2 + T_{A_3}^2 + T_{A_2/2}^2}$$

$$= \sqrt{(ES_{A_1/2} - EI_{A_1/2})^2 + (ES_{A_3} - EI_{A_3})^2 + (ES_{A_2/2} - EI_{A_2/2})^2}$$

$$= \sqrt{[(-0.02) - (-0.04)]^2 + [(+0.01) - (-0.01)]^2 + [(+0.03) - 0]^2} = 0.04$$（mm）

校验结果说明计算无误，所以壁厚 A_0 为

$$A_0 = 5_{-0.065}^{-0.025}$$

上面结果与极值法求得的结果 $5_{-0.08}^{-0.01}$ mm（见例 11.3）比较，可以看出，在组成环公差未改变的情况下，应用概率法解尺寸链使封闭环的公差缩小了，即提高了使用性能。

11.3.3　中间计算（工艺尺寸计算）

例 11.9　试用概率法解例 11.6 题。

解　（1）画尺寸链图

（2）确定封闭环

（3）确定增、减环

以上三步的解法同例 11.6。

（4）计算铣键槽的深度 A_2 的公称尺寸和上、下偏差

① 将已知环写成对称偏差形式，并确定各环的公差带中心至其公称尺寸的偏差和公差。

封闭环：因 $A_0 = 62_{-0.3}^{0} = 62 + (-0.15) \pm \frac{0.3}{2}$，则有

$$\Delta 0_0 = -0.15 \text{ mm}, T_0 = 0.3 \text{ mm}$$

增环：因 $A_3/2 = 35.25_{-0.03}^{0} = 35 + (-0.015) \pm \frac{0.03}{2}$，则有

$$\Delta 0_{A_3/2} = -0.015 \text{ mm}, T_{A_3/2} = 0.03 \text{ mm}$$

减环：因 $A_1/2 = 35.25_{-0.05}^{0} = 35.25 + (-0.025) \pm \frac{0.05}{2}$，则有

$$\Delta 0_{A_1/2} = -0.025 \text{ mm}, T_{A_1/2} = 0.05 \text{ mm}$$

② 求 A_2 的公称尺寸。由式（11.1）计算之，因为 $A_0 = (A_3/2 + A_2) - A_1/2$，则有

$$A_2 = A_0 - A_3/2 + A_1/2 = 62 - 35 + 35.25 = 62.25 \text{ mm}$$

③ 求 A_2 的公差带中心至其公称尺寸的偏差。由式（11.10）计算之，因为

$$\Delta 0_0 = (\Delta 0_{A_3/2} + \Delta 0_{A_2}) - \Delta 0_{A_1/2}$$

则有

$$\Delta 0_{A_2} = \Delta 0_0 - \Delta 0_{A_3/2} + \Delta 0_{A_1/2} = (-0.15) - (-0.015) + (-0.025)$$
$$= -0.16 \ (mm)$$

④ 求 A_2 的公差。由式(11.9)计算之,因为 $T_0 = \sqrt{T_{A_3/2}^2 + T_{A_2}^2 + T_{A_1/2}^2}$,则有

$$T_{A_2} = \sqrt{T_0^2 - T_{A_3/2}^2 - T_{A_1/2}^2} = \sqrt{0.3^2 - 0.03^2 - 0.05^2} = 0.294 \ (mm)$$

⑤ 将 A_2 整理成用极限偏差表达的形式。

$$A_2 = 62.25 + (-0.16) \pm \frac{0.294}{2} = 62.09 \pm 0.147 = 62.2_{-0.257}^{+0.037}$$

(5)校验计算结果

由已知条件可得

$$T_0 = ES_0 - EI_0 = 0 - (-0.3) = 0.3 \ (mm)$$

将计算结果代入式(11.9)得

$$T_0 = \sqrt{T_{A_3/2}^2 + T_{A_2}^2 + T_{A_1/2}^2}$$

$$= \sqrt{(ES_{A_3/2} - EI_{A_3/2})^2 + (ES_{A_2} - EI_{A_2})^2 + (ES_{A_1/2} - EI_{A_1/2})^2}$$

$$= \sqrt{[0 - (-0.03)]^2 + [(+0.037) - (-0.257)]^2 + [0 - (-0.05)]^2} = 0.3 \ (mm)$$

校验结果说明计算无误,所以铣键槽的深度为: $62.2_{-0.257}^{+0.037}$ 。

将上面结果与极值法求得的结果 $62.2_{-0.22}^{\ 0}$ (见例11.6)比较,可以看出,在相同条件下,应用概率法进行计算使组成环的公差扩大了,这对于加工比较有利。

11.3.4 反计算(设计计算)

例 11.10 试用概率法解例11.7题。

解 (1)画尺寸链图

(2)确定封闭环

(3)确定增、减环

以上三步的解法同例11.7。

(4)计算各组成环的上、下偏差

① 选定 A_4 为"协调环"。

② 计算封闭环的公称尺寸和上、下偏差及公差。由式(11.1)得

$$A_0 = (A_1 + A_2) - (A_3 + A_4 + A_5)$$
$$= (101 + 50) - (5 + 140 + 5) = 1 \ (mm)$$

则有

$$ES_0 = A_{0max} - A_0 = 1.75 - 1 = +0.75 \ (mm)$$
$$EI_0 = A_{0min} - A_0 = 1 - 1 = 0 \ (mm)$$
$$T_0 = A_{0max} - A_{0min} = 1.75 - 1 = 0.75 \ (mm)$$

③ 确定各组成环公差。设各组成环的公差相等且等于平均公差值 T_{av} ,根据式(11.9)首先算出此时各组成环的平均公差值为

$$T_{av} = \frac{T_0}{\sqrt{n-1}} = \frac{0.75}{\sqrt{6-1}} \approx 0.34 \ (mm)$$

同理,以 T_{av} 为参考,按各组成环加工的难易程度,调整各环公差,并考虑选用标准(表3.2),则有

$$T_{A_1} = 0.54 \text{ mm}, T_{A_2} = 0.39 \text{ mm}, T_{A_3} = T_{A_5} = 0.048 \text{ mm}$$

为了满足式(11.9)的要求,T_{A_4} 应进行计算,即

$$T_{A_4} = \sqrt{T_0^2 - (T_{A1}^2 + T_{A2}^2 + T_{A3}^2 + T_{A5}^2)}$$

$$= \sqrt{0.75^2 - (0.54^2 + 0.39^2 + 0.048^2 + 0.048^2)} \approx 0.34 \text{ (mm)}$$

④ 确定除"协调环"以外所有组成环的上、下偏差。根据"偏差向体内原则"确定上述组成环的偏差

$$A_1 = 101^{+0.54}_{0}, A_2 = 50^{+0.39}_{0}, A_3 = A_5 = 5^{0}_{-0.048}$$

⑤ 将已确定的环写成对称偏差形式,并确定各环的公差带中心至其公称尺寸的偏差。

封闭环:　因 $A_0 = 1^{+0.75}_{0} = 1 + (+0.375) \pm \dfrac{0.75}{2}$,则有

$$\Delta 0_0 = +0.375 \text{ mm}$$

增　环:　因 $A_1 = 101^{+0.54}_{0} = 101 + (+0.27) \pm \dfrac{0.54}{2}$,则有

$$\Delta 0_{A_1} = +0.27 \text{ mm}$$

因　$A_2 = 50^{+0.39}_{0} = 50 + (+0.195) \pm \dfrac{0.39}{2}$,则有

$$\Delta 0_{A_2} = 0.195 \text{ mm}$$

减　环:　因 $A_3 = A_5 = 5^{0}_{-0.048} = 5 + (-0.024) \pm \dfrac{0.048}{2}$,则有

$$\Delta 0_{A_3} = \Delta 0_{A_5} = -0.024 \text{ mm}$$

⑥ 计算"协调环"A_4 的公差带中心至其公称尺寸的偏差。由式(11.10)计算之,因为,$\Delta 0_0 = (\Delta 0_{A_1} + \Delta 0_{A_2}) - (\Delta 0_{A_3} + \Delta 0_{A_4} + \Delta 0_{A_5})$,则有

$$\Delta 0_{A_4} = \Delta 0_{A_1} + \Delta 0_{A_2} - \Delta 0_{A_3} - \Delta 0_{A_5} - \Delta 0_0$$

$$= (+0.27) + (+0.195) - (-0.024) - (-0.024) - (+0.375)$$

$$= +0.138 \text{ (mm)}$$

⑦ 将"协调环"A_4 整理成用极限偏差表达的形式。

$$A_4 = 140 + (+0.138) \pm \dfrac{0.34}{2}$$

$$= 140.138 \pm 0.17 = 140^{+0.308}_{-0.032} = 140.308^{0}_{-0.34}$$

(5) 校验计算结果

由已知条件可得

$$T_0 = A_{0max} - A_{0min} = 1.75 - 1 = 0.75 \text{ (mm)}$$

由确定的结果,根据式(11.9)得

$$T_0 = \sqrt{T_{A_1}^2 + T_{A_2}^2 + T_{A_3}^2 + T_{A_4}^2 + T_{A_5}^2}$$

$$= \sqrt{(ES_{A_1} - EI_{A_1})^2 + (ES_{A_2} - EI_{A_2})^2 + (ES_{A_3} - EI_{A_3})^2 + (ES_{A_4} - EI_{A_4})^2 + (ES_{A_5} - EI_{A_5})^2}$$

$$= \sqrt{[(+0.54) - 0]^2 + [(+0.39) - 0]^2 + [0 - (-0.048)]^2 + [0 - (-0.34)]^2 + [0 - (-0.048)]^2}$$

$$= 0.75 \text{ (mm)}$$

校验结果说明计算无误,所以各组成环尺寸为

$$A_1 = 101^{+0.54}_{0}, A_2 = 50^{+0.39}_{0}, A_3 = A_5 = 5^{0}_{-0.048}$$

$$A_4 = 140.308^{0}_{-0.34} = 140.31^{0}_{-0.34}$$

利用极值法与概率法计算出的结果比较,见表 11.2。

表 11.2   极值法与概率法计算结果比较

各零件公差		T_{A_1}	T_{A_2}	T_{A_3}	T_{A_4}	T_{A_5}	T_0
极值法	相等公差法	0.35	0.25	0.048	0.054	0.048	0.75
	相同等级法	0.22	0.16	0.075	0.22	0.075	0.75
概率法		0.54	0.39	0.048	0.34	0.048	0.75

很显然,在满足同一封闭环公差要求的情况下,用概率法比用极值法放大了各组成环的公差,从而使加工成本降低。

习 题 十 一

一、思考题

1. 何谓尺寸链?它有什么特点?

2. 尺寸链是由哪些环组成的?它们之间的关系如何?

3. 尺寸链在产品设计(装配图)中和在零件设计(零件图)中如何应用?怎样确定其封闭环,是否未知公差的都是封闭环?

4. 能不能说,在尺寸链中只有一个未知尺寸时,该尺寸一定是封闭环?

5. 正计算、反计算和中间计算的特点和应用场合是什么?

6. 反计算中各组成环公差是否能任意给定?为什么?

7. 解尺寸链的基本方法有几种?极值法和概率法解尺寸链的根本区别是什么?

8. 常用尺寸链有几种?画尺寸链图应注意哪些问题?

二、作业题

1. 某套筒零件的尺寸标注如图 11.12 所示,试计算其壁厚尺寸。已知加工顺序为:先车外圆至 $\phi 30^{0}_{-0.04}$,其次钻内孔至 $\phi 20^{+0.06}_{0}$,内孔轴线对外圆柱面轴线的同轴度公差为 $\phi 0.02$ mm。

2. 当要求图 11.12 所示的零件外圆柱面上镀铬时,问镀层厚度应控制在什么范围内才能保证镀后的壁厚为 5 ± 0.05。

3. 有一孔、轴配合,装配前轴和孔均需镀铬,铬层厚度均为 (10 ± 2) μm,镀铬后应满足 $\phi 30H7/f6$ 的配合。问轴和孔在镀前的尺寸应是多少?

4. 某厂加工一批曲轴、连杆及轴承衬套等零件,如图 11.13 所示。经调试运转,发现有的曲轴肩与轴承衬套端面有划伤现象。按设计要求 $A_0 = 0.1 \sim 0.2$ mm,而 $A_1 = 150^{+0.018}_{0}$,$A_2 = A_3 = 75^{-0.02}_{-0.08}$,试验算图样给定零件尺寸的极限偏差是否合理?

图 11.12　作业题 1 图

图 11.13　作业题 4 图

5. 在图 11.14 所示的齿轮箱中,已知 $A_1 = 300$ mm,$A_2 = A_6 = 52$ mm,$A_3 = 90$ mm,$A_4 = 20$ mm,$A_5 = 86$ mm。要求间隙 A_0 的变动范围为 1.0 ~ 1.4 mm,试选择一合适的方法计算各组成环的公差和极限偏差。

6. 图 11.15 所示为一轴套,其加工顺序是:

① 镗孔至 $A_1 = \phi 40^{+0.1}_{0}$;②插键槽 A_2;③精镗孔 $A_3 = \phi 40.6^{+0.06}_{0}$;④要求达到 $A_4 = 44^{+0.3}_{0}$。求插键槽尺寸 $A_2 = ?$

图 11.14　作业题 5 图

图 11.15　作业题 6 图

第 *12* 章

典型的机械零件的精度设计

机械产品的精度和使用性能在很大程度上取决于机械零件的精度及零件之间结合的正确性。机械零件的精度是零件的主要质量指标之一,因此,零件精度设计在机械设计中占有很重要的地位。现以一级圆柱齿轮减速器为例,阐述机械零件精度设计的具体过程和方法,以便为后续课程的课程设计和机械类专业的毕业设计打下一定的基础。

机械零件精度设计的内容包括合理确定零件要素的尺寸精度、几何精度和表面粗糙度轮廓参数值以及装配图中零件相互结合表面间的配合代号的选择与标注。

12.1 典型零件的精度设计

减速器是机械传动系统中常用的减速装置,所以就以这个常用装置为例,来具体说明机械零件的精度设计问题。图 12.1 所示为一级斜齿圆柱齿轮减速器,该减速器主要由齿轮轴、从动齿轮、输出轴、箱体、轴承盖和滚动轴承等零部件组成。由机械传动系统总体布置可知,齿轮轴输入端轴头上装有 V 形带的带轮,输出轴的输出端轴头上装有开式齿轮传动的主动齿轮。该减速器的主要技术参数见表 12.1。

表 12.1　减速器技术参数

输入功率/kW	输入转速/$(r \cdot min^{-1})$	传动比 i	齿　轮　参　数					
			主动齿轮齿数 z_1	从动齿轮齿数 z_2	法向模数 m_n	α_n	螺旋角 β	变位系数 x
4.0	1450	3.95	20	79	3	20°	8°6′34″	0

机械零件精度设计是根据零件在设备中的作用和使用要求,合理确定零件几何要素的尺寸精度、几何精度及表面粗糙度轮廓参数允许值。减速器中的典型零件主要有齿轮类零件、轴类零件和箱体类零件。现讨论这些典型零件的精度设计问题。

12.1.1 齿轮的精度设计

现以图 12.1 减速器中的从动齿轮(大齿轮)为例来说明齿轮的精度设计。

齿轮的齿宽 $b = 60$ mm,齿轮基准孔的公称尺寸为 $d = \phi58$ mm,滚动轴承孔的跨距 $L = 100$ mm,齿轮为钢制,箱体材料为铸铁。

齿轮类零件精度设计内容包括:根据齿轮的使用要求和工作条件合理确定齿轮的精度等级,轮齿部分和齿轮坯(简称齿坯)的尺寸偏差、几何公差和表面粗糙度的允许值。

图 12.1　减速器

1. 确定齿轮的精度等级

齿轮精度等级的确定一般采用类比法。首先从表 10.4 中可知一般减速器的齿轮精度为 6～9 级。进一步可计算其圆周线速度,然后根据齿轮圆周线速度确定其平稳性精度等级。

齿轮圆周速度计算过程为:

从动轮转速

$$n_2 = n_1/i = 1450/3.95 = 367 \ (\text{r/min})$$

从动轮分度圆直径为

$$d_2 = m_n z_2/\cos \beta = 3 \times 79/\cos 8°6'34'' = 3 \times 79/0.99 = 239.394$$

则

$$v = \frac{\pi d_2 n_2}{60 \times 1\,000} = \frac{\pi \times 239.394 \times 367}{60 \times 1\,000} = 4.6 \ (\text{m/s})$$

由表 10.5 可确定减速器从动齿轮平稳性精度为 8 级,考虑减速器齿轮的运动准确性精度要求不高和载荷分布均匀性精度一般不低于平稳性精度,因此确定该齿轮传递运动准确性、传动平稳性和载荷分布均匀性的精度等级分别选 8 级、8 级和 7 级。

2. 确定齿轮必检偏差项目及其允许值

因该齿轮为一般减速器的齿轮,则传递运动准确性、传动平稳性和载荷分布均性精度的必检参数分别为齿距累积总偏差 ΔF_p、单个齿距偏差 Δf_{pt} 与齿廓总偏差 ΔF_α 和螺旋线总偏差 ΔF_β 的允许值,本齿轮为普通齿轮,不需要规定 k 个齿距累积偏差 ΔF_{pk} 允许值。由表 10.1 查得 $F_p = 0.07$、$f_{pt} = \pm 0.018$、$F_\alpha = 0.025$,由表 10.2 查得 $F_\beta = 0.021$。

3. 确定齿轮的最小法向侧隙和齿厚上、下偏差

（1）最小法向侧隙 j_{bnmin} 的确定

先计算出齿轮中心距 a

$$a = \frac{m_n(z_1 + z_2)}{2\cos\beta} = \frac{3 \times (20 + 79)}{2 \times \cos 8°6'34''} = 150 \text{（mm）}$$

参考表10.6，$a = 150$ mm 介于 100 mm 与 200 mm 之间，因此用插值法（或按式（10.2）计算）得 $j_{bnmin} = 0.155$ mm。

（2）齿厚上、下偏差的计算

首先计算补偿齿轮和齿轮箱体的制造、安装误差所引起法向侧隙减小量 J_{bn}，按式（10.4），由表10.1、表10.2查得 $f_{pt_1} = 17$ μm，$f_{pt_2} = 18$ μm。$F_\beta = 21$ μm 和 $L = 100$ mm，$b = 60$ mm 得

$$J_{bn} = \sqrt{0.88(f_{pt_1}^2 + f_{pt_2}^2) + \left[2 + 0.34(L/b)^2\right]F_\beta^2}$$

$$= \sqrt{0.88(17^2 + 18^2) + \left[2 + 0.34(100/60)^2\right] \times 21^2} = 42.9 \text{（μm）}$$

然后按式（10.5），由表10.8查得 $f_a = 31.5$ μm，则齿厚上偏差为：

$$E_{sns} = -\left(\frac{j_{bnmin} + J_{bn}}{2\cos\alpha_n} + f_a\tan\alpha_n\right) = -\left(\frac{0.155 + 0.0429}{2\cos 20°} + 0.0315 \times \tan 20°\right)$$

$$= -0.1167 \text{（mm）}$$

按式（10.7），由表10.1查得 $F_r = 0.056$，由表10.7查表 $b_r = 1.26$ mm，IT9 $= 1.26 \times 0.115 = 0.145$ mm，因此齿厚公差为

$$T_{sn} = \sqrt{b_r^2 + F_r^2} \cdot 2\tan 20° = \sqrt{0.145^2 + 0.056^2} \cdot 2\tan 20° = 0.113 \text{（mm）}$$

最后可得齿厚下偏差为

$$E_{sni} = E_{sns} - T_{sn} = -0.1167 - 0.113 = -0.2297 \text{（mm）}$$

（3）公法线长度及其上、下偏差的计算

通常对于中等模数的齿轮，测量公法线长度比较方便，且测量精度较高，故用公法线长度偏差来代替齿厚偏差。

首先计算公称公法线长度，非变位斜齿轮公法线长度 W_k 的计算根据式（10.15）为

$$W_k = m_n\cos\alpha_n\left[\pi(k - 0.5) + z'\text{inv }\alpha_n\right]$$

端面分度圆压力角 α_t 为

$$\tan\alpha_t = \frac{\tan\alpha_n}{\cos\beta} = \frac{\tan 20°}{\cos 8°6'34''} = 0.36765$$

由此求得

$$\alpha_t = 20°11'10''$$

根据式（10.17）计算引用齿数

$$z' = z\frac{\text{inv }\alpha_t}{\text{inv }\alpha_n} = 79 \times \frac{\text{inv }20°11'10''}{\text{inv }20°} = 79 \times \frac{0.015\,339}{0.014\,904} = 81.31$$

根据式（10.16）计算卡量齿数

$$k = \frac{z'}{9} + 0.5 = \frac{81.31}{9} + 0.5 = 9.53(k \text{ 取 } 10)$$

则

$$W_k = 3 \times \cos 20°[\pi(10 - 0.5) + 81.31 \times 0.014\,904] = 87.551 \text{（mm）}$$

然后按式（10.8）、式（10.9）和 $F_r = 0.056$ 可得公法线长度上、下偏差为

$$E_{bns} = E_{sns}\cos \alpha_n - 0.72F_r\sin \alpha_n = -0.116\,7\cos 20° - 0.72 \times 0.056\sin 20° = -0.123 \text{（mm）}$$
$$E_{bni} = E_{sni}\cos \alpha_n + 0.72F_r\sin 20° = -0.229\,7\cos 20° + 0.72 \times 0.056\sin 20° = -0.202 \text{（mm）}$$

按计算结果，在图样上标注为

$$W_k = 87.551_{-0.202}^{-0.123}$$

4. 确定齿坯公差

（1）基准孔的尺寸公差和几何公差

由表 10.10 得基准孔 $\phi58$ 的公差为 IT7，并采用包容要求，即 $\phi58H7 ⓔ = \phi58_0^{+0.03} ⓔ$。

按表 10.10 中计算式，计算值中较小者为基准孔的圆柱度公差：$0.04(L/b)F_\beta = 0.04(100/60) \times 0.021 = 0.001\,4$ mm 和 $0.1F_p = 0.1 \times 0.07 = 0.007$ mm，为便于加工，取 $t_{/\!\!/} = 0.003$ mm。

（2）齿顶圆的尺寸公差和几何公差

齿顶圆直径为 $d_a = d + 2 \times h_a = \phi239.394 + 2 \times 3 = \phi245.39$ mm。由表 10.10 得齿顶圆的尺寸公差为 IT8，即 $\phi245.39h8 = \phi245.39_{-0.072}^{0}$。

齿顶圆的圆柱度公差值 $t_{/\!\!/} = 0.003$（同基准孔）。

按表 10.10 得齿顶圆对基准孔轴线的径向圆跳动公差 $t_r = 0.3F_p = 0.3 \times 0.07 = 0.021$ mm。

如果齿顶圆不作基准时，其尺寸公差带为 h11，图样上不必给出几何公差。

（3）基准端面的圆跳动公差

基准端面直径取 $\phi228$（小于齿根圆直径 4 ~ 5 mm）。按表 10.10 得基准端面对基准孔轴线的轴向圆跳动公差 $t_i = 0.2(D_d/b) \times F_\beta = 0.2(228/60) \times 0.021 = 0.016 \text{（mm）}$。

5. 确定齿轮副精度

（1）齿轮副中心距极限偏差

由表 10.8 查得 $f_a = \pm0.031\,5$ mm，则在图样上标注为：$a = 150 \pm0.031\,5$ mm。

（2）轴线平行度偏差的最大推荐值

轴线平面上和垂直平面上的轴线平行度偏差的最大推荐值分别按式（10.10）和式（10.11）确定：

$$f_{\Sigma\delta} = (L/b)F_\beta = (100/60) \times 0.021 = 0.035 \text{（mm）}$$
$$f_{\Sigma\beta} = 0.5(L/b)F_\beta = 0.018 \text{ mm}$$

6. 确定内孔键槽尺寸及其极限偏差

齿轮内孔与轴结合采用普通平键联结。根据齿轮孔直径 $D = \phi58$ mm 和采用正常联结，查表 8.1 得键槽宽度的公差带为 16 JS9（$\pm0.021\,5$）；轮毂槽深 $t_2 = 4.3$ mm，$D + t_2 = 62.3$ mm，其上、下偏差分别为 $+0.20$ mm 和 0。键槽配合表面的中心平面对基准孔轴线对称度公差取 8 级，由表 4.17 查得对称度公差值为 0.02 mm。

7. 确定齿轮各部分的表面粗糙度轮廓幅度参数值

由表 10.11，按 7 级精度查得齿轮齿面的表面粗糙度 Ra 的上限值为 1.25 μm。由表 10.12 查得基准孔表面粗糙度 Ra 上限值为 1.25 ~ 2.5 μm，取 2 μm；基准端面和顶圆表面粗糙度 Ra 上限值为 2.5 ~ 5 μm，取 3.2 μm。键槽配合表面 Ra 的上限值取 3.2 μm，非配

合表面 Ra 的上限值取 6.3 μm,齿轮其余表面 Ra 的上限值取 12.5 μm。

8. 确定齿轮上未注尺寸及几何公差等级

齿轮上未注尺寸公差按 GB/T 1804—2000 给出,这里取中等级 m;未注几何公差按 GB/T 1184—1996 给出,这里取 K 级。

9. 画出齿轮零件图并将上述技术要求标注在图上(图 12.2)

模 数	m_n	3
齿 数	z	79
压力角	α_n	20
螺旋角	β	8°6′34″
变位系数	x	0
精度	$8(F_P, f_{pt}, F_\alpha)\ 7(F_\beta)$ GB/T 10095.1	
齿距累积总偏差允许值 F_P	0.07	
单个齿距偏差允许值 $\pm f_{pt}$	± 0.018	
齿廓总偏差允许值 F_α	0.025	
螺旋线总偏差允许值 F_β	0.021	
公法线长度公称值 与上、下偏差($k=10$)	$W_k=87.551_{-0.202}^{-0.123}$	

技术要求

1. 未注圆角 $R2$;未注倒角 $C2$;
2. 未注尺寸公差按 GB/T 1804—m;
3. 未注几何公差按 GB/T1184—K。

齿轮	材料	45
	比例	
制图		圆柱齿轮减速器
审核		

图 12.2 齿轮零件图

12.1.2 轴的精度设计

轴类零件的精度设计应根据与轴相配合零件(如滚动轴承、齿轮等)对轴的精度要求,合理确定轴的各部位的尺寸精度、几何精度和表面粗糙度参数值。轴的直径的极限偏差应根据轴上零件与轴相应部位的配合性质来确定,与轴承内圈配合的轴颈应规定圆柱度公差,同时两轴颈还应规定同轴度公差(或径向圆跳动公差),有轴向定位要求的轴肩应规定轴向圆跳动公差等。现以图 12.1 减速器中输出轴为例来说明。

1. 确定尺寸精度

参看图 12.1 所示一级斜齿圆柱齿轮减速器其输出轴上的两个 $\phi55$ mm 轴颈分别与两个规格相同的滚动轴承的内圈配合,$\phi58$ mm 的轴与齿轮基准孔配合,$\phi45$ mm 轴头与减速器外开式齿轮传动的主动齿轮(图中未画出)基准孔相配合,$\phi65$ mm 轴肩的两端面分别为齿轮和滚动轴承内圈的轴向定位基准面。

考虑到该轴的转速不高,承受的载荷不大,但轴上有轴向力,故轴上的一对滚动轴承均采用普通级 30211($d \times D \times B = 55$ mm × 100 mm × 21 mm)圆锥滚子轴承,其额定动载荷 C_r 为 86 500 N。根据减速器的技术特性参数进行齿轮的受力分析,求出轴承所受的径向力和轴向力,计算出两个滚动轴承的当量动载荷 P_r 分别为 1 804 N 和 1 320 N。它们与额定动载荷 86 500 N 的 P_r/C_r 的比值均小于 0.06,根据表 6.2 可知,滚动轴承承受的是轻载荷。

轴承工作时承受定向载荷的作用,内圈与轴颈一起转动,外圈与箱体固定不旋转,因此,轴承内圈承受旋转载荷,根据表 6.3 确定两个轴颈的公差带代号皆为 $\phi55k6$。

与齿轮基准孔相配合的轴径 $\phi58$ mm 的公差带代号,应根据齿轮基准孔的公差等级和配合要求来确定,由 12.1.1 节可知,齿轮基准孔的公差带代号为 $\phi58H7$,轴比孔高一级,应取 IT6,按表 3.10 中基本偏差应用实例推荐,并考虑到输出轴上齿轮传递的扭矩较大,应采用过盈配合,轴径的尺寸公差带确定为 $\phi58r6$。 齿轮与轴的配合代号为 $\phi58H7/r6$。(但由于 r 的过盈量不大,为了保证可靠连接,齿轮孔与轴还需采用平键联结)该过盈配合还能保证齿轮基准孔与轴的同轴度精度,从而保证大齿轮 8 级精度要求。在轴端 $\phi45$ mm 处与开式齿轮配合,一般开式齿轮传动齿轮的精度等级为 9 级,由表 10.10 知,齿轮基准孔的等级为 IT8,轴比孔高一级,应取 IT7。 $\phi45$ mm 轴与开式齿轮配合亦采用基孔制,则齿轮基准孔的公差带代号为 $\phi45H8$,考虑该齿轮在轴头上装拆方便,轴的尺寸公差带确定为 $\phi45n7$,则它们的配合代号确定为 $\phi45H8/n7$。

$\phi55k6$、$\phi58r6$ 和 $\phi45n7$ 的极限偏差可从表 3.2 和表 3.5 查出。

$\phi58r6$ 和 $\phi45n7$ 两个轴径与轴上零件的固定采用普通平键,选正常联结。分别按轴径尺寸 $\phi58$mm 和 $\phi45$mm,由表 8.1 可以确定键槽宽度分别为 b = 16 mm 和 b = 14 mm,键槽宽度公差带分别为 16N9($_{-0.043}^{0}$) 和 14N9($_{-0.043}^{0}$),键槽深度尺寸和极限偏差分别为 52$_{-0.2}^{0}$ 和 39.5$_{-0.2}^{0}$。

2. 确定几何精度

为了保证选定的配合性质,对两处 $\phi55k6$、$\phi58r6$ 和 $\phi45n7$ 都采用包容要求。对于与滚动轴承配合的轴颈形状精度要求较高,所以规定圆柱度公差。按普通级滚动轴承的要求,查表 6.5 选取轴颈的圆柱度公差值为 0.005 mm。此外,$\phi65$ mm 轴肩两端面用于齿轮和轴承内圈的轴向定位,应规定轴向圆跳动公差,从表 6.5 查得公差值为 0.015 mm。

为了保证输出轴的使用要求,两个轴径 $\phi55$、$\phi58$ 和 $\phi45$ 的轴线应分别与安装基准即两个轴径($\phi55$)的公共轴线同轴。因此,根据齿轮的运动准确性精度为 8 级,按表 10.10 确定两个轴径对它们的公共基准轴线 A—B 的径向圆跳动公差值为 $t_r = 0.3F_p = 0.3 \times 0.07 = 0.021$,$\phi58$ mm 轴和 $\phi45$ mm 轴对公共基准轴线 A—B 的径向圆跳动公差值按类比法分别为 0.022 mm 和 0.017 mm。

$\phi58r6$ 和 $\phi45n7$ 两个轴径的键槽分别相对于这两个轴的轴线对称度公差值,查表 4.17 按 8 级确定为 0.02 mm。

3. 确定表面粗糙度轮廓幅度参数值

按表 6.6 选取两个 $\phi55k6$ 轴径表面粗糙度参数 Ra 的上限值为 0.8 μm,轴承定位轴肩端面的 Ra 的上限值为 6.3 μm。参考表 5.7 选取 $\phi45n7$ 和 $\phi58r6$ 两轴径表面粗糙度参数 Ra 的上限值都为 0.8 μm。定位端面 Ra 的上限值分别为 3.2 μm 和 1.6 μm。

$\phi52$ mm 轴段的表面与密封件接触,此轴径表面粗糙度参数 Ra 的上限值一般取为 3.2 μm 即可。

键槽配合表面的表面粗糙度参数 Ra 的上限值可取为 1.6 ～ 3.2 μm,本例取为 3.2 μm;非配合表面 Ra 的上限值取为 6.3 μm。

输出轴其他表面粗糙度参数 Ra 的上限值取为 12.5 μm。

4. 确定未注尺寸公差等级与未注几何公差等级

输出轴上未注尺寸公差及几何公差分别按 GB/T 1804 – m 和 GB/T 1184 – K 给出,并在零件图"技术要求"中加以说明。

5. 画出轴的零件图并将上述技术要求标注在图上(图 12.3)

图 12.3   图 12.3   输出轴零件图

12.1.3   箱体的精度设计

箱体主要起支撑作用,为了保证传动件的工作性能,箱体应具有一定要求的强度和支承刚度,还应具有规定的尺寸精度和几何精度。特别是箱体上安装输出轴和齿轮轴的轴承孔,应根据齿轮传动的精度要求,规定它们的中心距允许偏差,它们轴线间的平行度偏差,轴承孔尺寸精度主要根据滚动轴承外圈与箱体轴承孔的配合性质确定。为了防止轴承外圈安装在轴承孔中产生过大的变形,还应对它们分别规定圆柱度公差。为了保证箱盖和箱座上的通孔能够与螺栓顺利安装,以及轴承端盖与箱体用螺钉顺利连接,箱体上这些通孔和螺纹孔也应分别规定位置度公差。为了保证箱盖与箱座连接的紧密性,应规定它们的结合面的平面度公差。为了保证轴承端盖在箱体轴承孔中的位置正确,应规定箱

体上轴承孔端面对轴承孔轴线的垂直度公差。箱体精度设计还包括确定螺纹公差和箱体
各部位的表面粗糙度轮廓参数值。现以图 12.1 减速器中下箱体为例说明箱体精度的设
计。

1. 确定尺寸精度

(1) 轴承孔的公差带

由图 12.1 可知,箱体四个轴承孔分别与滚动轴承外圈配合,前者的公差带主要根据
轴承精度、载荷大小和运转状态来确定。该减速器中输出轴上的两个普通级轴承
30211($d \times D \times B = 55 \times 100 \times 23$) 工作时承受定向载荷的作用,外圈固定,不旋转,因此,
该外圈承受定向载荷的作用。由上述输出轴精度设计可知,输出轴上两圆锥滚子轴承的
载荷状态属于轻载荷。同理,可分析确定齿轮轴上两个普通级 30208($d \times D \times B = 40 \times$
80×18) 的圆锥滚子轴承的载荷状态也属于轻载荷状态,同时,考虑减速器箱体为剖分
式,根据表 6.4 确定箱体上分别支承齿轮轴和输出轴的轴承孔的公差带代号为
$\phi 80H7(^{+0.030}_{0})$ 和 $\phi 100H7(^{+0.035}_{0})$。

(2) 中心距允许偏差

根据齿轮副的中心距 150 mm 和减速器中齿轮的精度等级按 7 ~ 8 级,查表 10.8,该中心距
的允许偏差 $\pm f_a = 31.5$ μm,而箱体齿轮孔轴线的中心距允许偏差 f_a' 一般取为(0.7 ~ 0.8)f_a,
本例取 $\pm f_a' = \pm 0.8 f_a = \pm 25$ μm。

(3) 螺纹公差

箱体轴承孔端面上安装轴承端盖螺钉的 M8 螺孔和箱座右侧安装油塞的 M16 × 1.5
螺孔精度要求不高,按表 9.6 选取它们的精度等级为中等级,采用优先选用的螺纹公差带
6H,它们的螺纹代号分别为 M8 - 6H 和 M16 × 1.5 - 6H(6H 可省略标注)。安装油标的
M12 螺孔的精度要求较低,选用粗糙级,由表 9.6,选用公差带 7H,螺纹代号为 M12 - 7H。

2. 确定几何精度

为了保证齿轮传动载荷分布的均匀性,应规定箱体两对轴承孔的轴线的平行度公
差。由 12.1.1 节齿轮的精度设计,已求得轴线平面内的平行度偏差推荐最大值 $f_{\Sigma\delta}$ 和垂
直平面上的平行度偏差推荐最大值 $f_{\Sigma\beta}$ 分别为 $f_{\Sigma\delta} = 0.035$ mm,$f_{\Sigma\beta} = 0.018$ mm。实际箱体
轴线平行度偏差,一般取 $f'_{\Sigma\delta} = f_{\Sigma\delta} = 0.035$ mm,$f'_{\Sigma\beta} = f_{\Sigma\beta} = 0.018$ mm。为了保证支承轴
承孔与轴承外圈的配合性质,箱体上支承同一根轴的两个轴承孔分别采用包容要求和控
制它们的同轴度误差。因此,一对轴承孔可采用最大实体要求的零几何公差形式给出同
轴度公差。此外,对该轴承孔应进一步规定圆柱度公差。查表 6.5 确定 $\phi 80H7$ 和 $\phi 100H7$
轴承孔的圆柱度公差分别为 0.008 mm 和 0.01 mm。

减速器的箱盖和箱座用螺栓联结成一体。对箱体结合面上的螺栓孔(通孔)应规定
位置度公差,公差值为螺栓大径与通孔之间最小间隙数值。所使用的螺栓为 M12,通孔的
直径为 $\phi 13H12$,故取箱盖和箱座的位置度公差值见式(4.37),分别为 $\phi 1$ mm,并采用最
大实体要求。

为了保证轴承端盖在箱体轴承孔中的正确位置,根据经验规定轴承孔端面对轴承孔
轴线的垂直度公差取 8 级,两对轴承端盖端面尺寸为 $\phi 105$ mm 和 $\phi 140$ mm,其公差值由表
4.16 查得为 0.08 mm。为了保证箱盖与箱座结合面的紧密性,这两个结合面要求平整。
因此,应对这两个结合表面分别规定平面度公差也是 8 级。查表 4.14 得平面度公差值为
0.06 mm。

为了能够用 6 个螺钉分别顺利穿过均布在轴承端盖上的 6 个通孔,将它紧固在箱体上,对箱体轴承孔端面上的螺纹孔应规定位置度公差。位置度公差值为轴承端盖通孔与螺钉之间最小间隙数值的一半,见式(4.38)。所使用的螺钉为 M8,通孔直径为 $\phi9H12$。取位置度公差值为 $t = (9 - 8)/2 = \phi0.5$ mm,该位置度公差以轴承孔端面为第一基准,以轴承孔轴线为第二基准,并采用最大实体要求。

3. 确定表面粗糙度轮廓幅度参数值

按表 6.6 选取 $\phi80H7$ 和 $\phi100H7$ 轴承孔的表面粗糙度轮廓参数 Ra 的上限值皆为 1.6 μm。轴承孔端面的表面粗糙度轮廓参数 Ra 的上限值皆为 3.2 μm。

根据经验,箱盖和箱座结合面的表面粗糙度轮廓参数 Ra 的上限值取为 6.3 μm,箱座底平面的表面粗糙度轮廓参数 Ra 的上限值取为 12.5 μm。其余表面粗糙度轮廓参数 Ra 的上限值为 50 μm。

4. 确定未注公差

箱体未注尺寸公差及未注几何公差分别按 GB/T 1804 – c 和 GB/T 1184 – L 给出,并在零件图"技术要求"中加以说明。

本例箱体的箱座零件图如图 12.4 所示,箱盖零件图上公差的标注与箱座类似。

12.1.4 轴承端盖的精度设计

轴承端盖用于轴承外圈的轴向定位。它与轴承孔的配合要求为装配方便且不产生较大的偏心。因此,该配合宜采用间隙配合。由于轴承孔的公差带已经按轴承要求确定(H7),故应以轴承孔公差带为基准来选择轴承端盖圆柱面的公差带,由表 12.2 可知,轴承端盖圆柱面的基本偏差代号为 f;另外考虑加工成本,轴承端盖圆柱面的标准公差等级应比轴承孔低 2 级为 9 级。因此可以确定两对轴承孔处的轴承端盖圆柱面的公差带分别为 $\phi80f9$ 和 $\phi100f9$。

表 12.2　轴承端盖圆柱面、定位套筒孔的基本偏差

轴承孔的基本 偏差代号	轴承端盖圆柱面的 基本偏差代号	轴颈的基本 偏差代号	套筒孔的 基本偏差代号
H	f	h	F
J	e	j	E
K、M、N	d	k、m、n	D

对轴承端盖上的 6 个通孔应规定位置度公差,所使用的螺钉为 M8,通孔直径为 $\phi9$,由式(4.38)得位置度公差值为

$$t = 0.5X_{\min} = 0.5 \times (9 - 8) = 0.5 \text{（mm）}$$

并采用最大实体要求。

箱体与轴承端盖配合处($\phi100$ 或 $\phi80$)、箱体与轴承端盖接触面(基准面 A)的表面粗糙度参数值,应用类比法确定 $\phi100f9$ 圆柱面的表面粗糙度 Ra 的上限值为 3.2 μm,基准面 A 的表面粗糙度 Ra 的上限值为 3.2 μm。

轴承端盖未注的尺寸公差及几何公差分别按 GB/T 1804 – v 和 GB/T 1184 – L 给出,并在零件图"技术要求"中加以说明,其余表面粗糙度 Ra 上限值不大于 12.5 μm。

轴承端盖零件图如图 12.5 所示。

图 12.4　箱体零件图

图 12.5　轴承端盖零件图

12.2　装配图上标注的尺寸和配合代号

装配图用来表达减速器中各零部件的结构及相互关系,它也是指导装配、验收和检修工作的技术文件。因此,装配图上应标注以下四方面的尺寸:① 外形尺寸,即减速器的总长、总宽和总高;② 特性尺寸,如传动件的中心距及其极限偏差;③ 安装尺寸,即减速器的中心高,轴的外伸端配合部位的长度和直径,箱体上地脚螺栓孔的直径和位置尺寸等;④ 有配合性质要求的尺寸,包括在装配图中零部件相互结合处的尺寸和配合代号,一般孔、轴配合代号,花键配合代号和螺纹副代号等。下面着重就减速器重要结合面的配合尺寸、特性尺寸和安装尺寸加以说明。

12.2.1　减速器中重要结合面的配合尺寸

1. 圆锥滚子轴承与轴颈、箱体轴承孔的配合

对滚动轴承内圈、外圈分别与轴颈、轴承孔相配合的尺寸只标注轴颈和轴承孔尺寸的公差带代号。输出轴上的轴颈 $\phi55$、$\phi45$ 的公差带代号分别为 $\phi55k6$、$\phi45n7$。箱体轴承孔的公差带代号分别为 $\phi80H7$ 和 $\phi100H7$。

2. 轴承端盖与箱体轴承孔的配合尺寸

由箱体和轴承端盖精度设计结果可知四处轴承孔与轴承端盖圆柱面的配合代号分别为 $\phi80H7/f9$ 和 $\phi100H7/f9$。

3. 套筒孔与轴径的配合尺寸

套筒用于从动齿轮与轴承内圈的轴向定位。套筒孔与轴径的配合要求与轴承端盖圆柱面与箱体轴承孔的配合要求类似,是间隙配合。由轴颈基本偏差确定套筒孔的基本偏差,见表12.2。套筒孔的标准公差等级比轴颈低 2～3 级。本例中轴颈的基本偏差代号为 k,故套筒孔与轴颈的配合代号确定为 $\phi55D9/k6$。

4. 从动齿轮基准孔与输出轴轴径的配合

根据齿轮和输出轴精度设计的结果,基准孔公差带代号为 $\phi58H7$,轴公差带代号为 $\phi58r6$,故齿轮与轴配合的配合代号为 $\phi58H7/r6$。

12.2.2　特性尺寸

减速器的特性尺寸主要是指传动件的中心距及其极限偏差。如前所述,该减速中斜齿轮传动中心距为150 mm,中心极限偏差值为 $\pm0.031\ 5$ mm。在装配图中标注中心距及其极限偏差为 $150\ \pm0.031\ 5$ mm。

12.2.3　安装尺寸

安装尺寸表明减速器在机械系统中与其他零部件装配相关的尺寸。安装尺寸包括减速器的中心高,箱体上地脚螺栓孔的直径和位置尺寸,减速器输入轴、输出轴端部轴颈的公差带代号和长度等。

习　题　十　二

一、思考题

1. 机械零件的精度设计包括哪些内容?
2. 在减速器装配图上要标注哪些尺寸和配合代号?
3. 对减速器中的传动轴各轴径应标注哪些尺寸精度和几何精度?
4. 对减速器的箱体应标注哪些尺寸精度和几何精度?

二、作业题

1. 图12.6所示为车床溜板箱手动机构的结构简图。转动手轮3,轴4在套筒5的孔中转动,

通过键带动轴 4 左端的小齿轮转动。
该小齿轮带动大齿轮 1 转动,再通过
键带动轴 7 在两个支承套筒 2 和 6 的
孔中转动和轴 7 左端的齿轮转动。这
齿轮与床身上的齿条(未画出)啮合,
使溜板箱沿导轨作纵向移动。各配合
面 的 公 称 尺 寸 为: ① $\phi40$ mm;
② $\phi28$ mm;③ $\phi28$ mm;④ $\phi46$ mm;
⑤ $\phi32$ mm;⑥ $\phi32$ mm;⑦ $\phi18$ mm。
试选择这些孔、轴配合的基准制、标准
公差等级和配合种类。

图 12.6　车床溜板箱手动机构简图

1—大齿轮;2—轴7右套筒;3—手轮;4—轴;5—轴4套筒;6—轴7左套筒;7—轴

　　2. 图 12.7 所示为减速器的齿轮
轴(输入轴)设计图。减速器主要技术特性如表12.1。试确定齿轮轴上的齿轮偏差项目
和齿坯偏差项目及它们的允许值,该轴上其他要素的尺寸及其极限偏差、几何公差和表面
粗糙度轮廓幅度参数值。并将上述技术要求标注在齿轮轴零件图 12.7 上。

图 12.7　减速器齿轮轴设计图

主要参考文献

［1］中华人民共和国国家质量监督检验检疫总局,中国国家标准化管理委员会.标准化工作指南 第1部分:标准化和相关活动的通用术语:GB/T 20000.1—2014［S］.北京:中国标准出版社,2014.

［2］中华人民共和国国家质量监督检验检疫总局,中国国家标准化管理委员会.优先数和优先数系:GB/T 321—2005［S］.北京:中国标准出版社,2005.

［3］国家市场监督管理总局,国家标准化管理委员会.产品几何技术规范(GPS) 线性尺寸公差ISO代号体系 第1部分:公差、偏差和配合的基础:GB/T 1800.1—2020［S］.北京:中国标准出版社,2020.

［4］国家市场监督管理总局,国家标准化管理委员会.产品几何技术规范(GPS) 线性尺寸公差ISO代号体系 第2部分:标准公差带代号和孔、轴的极限偏差表:GB/T1800.2—2020［S］.北京:中国标准出版社,2020.

［5］中华人民共和国国家质量监督检验检疫总局,中国国家标准化管理委员会.产品几何技术规范(GPS) 极限与配合 公差带和配合的选择:GB/T 1801—2009［S］.北京:中国标准出版社,2009.

［6］国家质量技术监督局.一般公差 未注公差的线性和角度尺寸的公差:GB/T 1804—2000［S］.北京:中国标准出版社,2000.

［7］中华人民共和国国家质量监督检验检疫总局.GB/T 18780.1—2002.产品几何技术规范(GPS) 几何要素 第1部分:基本术语和定义:GB/T 18780.1—2002［S］.北京:中国标准出版社,2003.

［8］国家质量技术监督局,中国国家标准化管理委员会.产品几何技术规范(GPS) 几何公差 形状、方向、位置和跳动公差标注:GB/T 1182—2018［S］.北京:中国标准出版社,2018.

［9］国家质量技术监督局.形状和位置公差 未注公差值:GB/T 1184—1996［S］.北京:中国标准出版社,1997.

［10］国家市场监督管理总局,国家标准化管理委员会.产品几何技术规范(GPS) 基础概念、原则和规则:GB/T 4249—2018［S］.北京:中国标准出版社,2018.

［11］国家市场监督管理总局,国家标准化管理委员会.产品几何技术规范(GPS) 几何公差 最大实体要求(MMR)、最小实体要求(LMR)和可逆要求(RPR):GB/T 16671—2018［S］.北京:中国标准出版社,2018.

［12］国家市场监督管理总局,国家标准化管理委员会.产品几何技术规范(GPS) 几何公差 轮廓度公差标注:GB/T 17852—2018［S］.北京:中国标准出版社,2018.

［13］.中华人民共和国国家质量监督检验检疫总局,中国国家标准化管理委员会.产品几何量技术规范(GPS) 几何公差 检测与验证:GB/T 1958—2017［S］.北京:中国标准出版社,2017.

［14］中华人民共和国国家质量监督检验检疫总局,中国国家标准化管理委员会.产品几何技术规范(GPS) 表面结构 轮廓法 术语、定义及表面结构参数:GB/T3505—2009［S］.北京:中国标准出版社,2009.

［15］中华人民共和国国家质量监督检验检疫总局,中国国家标准化管理委员会.产品几何技术规范(GPS) 技术产品文件中表面结构的表示法:GB/T 131—2006［S］.北京:中国标准出版社,2007.

［16］中华人民共和国国家质量监督检验检疫总局,中国国家标准化管理委员会.产品几何技术规范(GPS) 表面结构 轮廓法 表面粗糙度参数及其数值:GB/T 1031—2009［S］.北京:中国标准出版社,2009.

［17］中华人民共和国国家质量监督检验检疫总局,中国国家标准化管理委员会.产品几何技术规范(GPS) 光滑工件尺寸的检验:GB/T 3177—2009［S］.北京:中国标准出版社,2009.

[18] 中华人民共和国国家质量监督检验检疫总局,中国国家标准化管理委员会.光滑极限量规　技术条件:GB/T 1957—2006[S].北京:中国标准出版社,2006.

[19] 国家质量技术监督局.功能量规:GB/T 8069—1998[S].北京:中国标准出版社,1998.

[20] 中华人民共和国国家质量监督检验检疫总局.几何量技术规范(GPS)　长度标准　量块:GB/T 6093—2001[S].北京:中国标准出版社,2001.

[21] 国家质量监督检验检疫总局.量块检定规程:JJG 146—2011[S].北京:中国标准出版社,2012.

[22] 中华人民共和国国家质量监督检验检疫总局,中国国家标准化管理委员会.滚动轴承　配合:GB/T 275—2015[S].北京:中国标准出版社,2015.

[23] 中华人民共和国国家质量监督检验检疫总局,中国国家标准化管理委员会.滚动轴承　向心轴承　产品几何技术规范(GPS)和公差值:GB/T 307.1—2017[S].北京:中国标准出版社,2017.

[24] 中华人民共和国国家质量监督检验检疫总局,中国国家标准化管理委员会.滚动轴承　通用技术规则:GB/T 307.3—2017[S].北京:中国标准出版社,2017.

[25] 中华人民共和国国家质量监督检验检疫总局.滚动轴承　公差　定义:GB/T 4199—2003[S].北京:中国标准出版社,2004.

[26] 中华人民共和国国家质量监督检验检疫总局.产品几何量技术规范(GPS)　圆锥的锥度与锥角系:GB/T 157—2001[S].北京:中国标准出版社,2002.

[27] 中华人民共和国国家质量监督检验检疫总局,中国国家标准化管理委员会.产品几何量技术规范(GPS)　圆锥公差:GB/T 11334—2005[S].北京:中国标准出版社,2005.

[28] 中华人民共和国国家质量监督检验检疫总局,中国国家标准化管理委员会.产品几何量技术规范(GPS)　圆锥配合:GB/T 12360—2005[S].北京:中国标准出版社,2005.

[29] 国家技术监督局.技术制图　圆锥的尺寸和公差注法:GB/T 15754—1995[S].北京:中国标准出版社,1996.

[30] 中华人民共和国国家质量监督检验检疫总局.平键　键槽的剖面尺寸:GB/T 1095—2003[S].北京:中国标准出版社,2003.

[31] 中华人民共和国国家质量监督检验检疫总局.普通型　平键:GB/T 1096—2003[S].北京:中国标准出版社,2003.

[32] 中华人民共和国国家质量监督检验检疫总局.矩形花键　尺寸、公差和检验:GB/T 1144—2001[S].北京:中国标准出版社,2002.

[33] 中华人民共和国国家质量监督检验检疫总局,中国国家标准化管理委员会.螺纹　术语:GB/T 14791—2013[S].北京:中国标准出版社,2013.

[34] 中华人民共和国国家质量监督检验检疫总局.普通螺纹　基本牙型:GB/T 192—2003[S].北京:中国标准出版社,2003.

[35] 中华人民共和国国家质量监督检验检疫总局.普通螺纹　直径与螺距系列:GB/T 193—2003[S].北京:中国标准出版社,2004.

[36] 中华人民共和国国家质量监督检验检疫总局.普通螺纹　基本尺寸:GB/T 196—2003[S].北京:中国标准出版社,2004.

[37] 中华人民共和国国家质量监督检验检疫总局,中国国家标准化管理委员会.普通螺纹　公差:GB/T 197—2018[S].北京:中国标准出版社,2018.

[38] 中华人民共和国国家质量监督检验检疫总局,中国国家标准化管理委员会.圆柱齿轮　精度制　第1部分　轮齿同侧齿面偏差的定义和允许值:GB/T 10095.1—2008[S].北京:中国标准出版社,2008.

[39] 中华人民共和国国家质量监督检验检疫总局,中国国家标准化管理委员会.圆柱齿轮　精度制　第2部分　径向综合偏差与径向跳动的定义和允许值:GB/T 10095.2—2008[S].北京:中国标准出版社,2008.

［40］中华人民共和国国家质量监督检验检疫总局.圆柱齿轮　检验实施规范　第1部分　轮齿同侧齿面的检验:GB/Z 18620.1—2008［S］.北京:中国标准出版社,2008.

［41］中华人民共和国国家质量监督检验检疫总局.圆柱齿轮　检验实施规范　第2部分　径向综合偏差、径向跳动、齿厚和侧隙的检验:GB/Z 18620.2—2008［S］.北京:中国标准出版社,2008.

［42］中华人民共和国国家质量监督检验检疫总局.圆柱齿轮　检验实施规范　第3部分　齿轮坯、轴中心距和轴线平行度的检验:GB/Z 18620.3—2008［S］.北京:中国标准出版社,2008.

［43］中华人民共和国国家质量监督检验检疫总局.圆柱齿轮　检验实施规范　第4部分　表面结构和轮齿接触斑点的检验:GB/Z 18620.4—2008［S］.北京:中国标准出版社,2008.

［44］中华人民共和国国家质量监督检验检疫总局,中国国家标准化管理委员会.尺寸链　计算方法:GB/T 5847—2004［S］.北京:中国标准出版社,2005.

［45］甘永立.几何量公差与检测［M］.上海:上海科学技术出版社,2013.

［46］陈晓华.机械精度设计与检测［M］.北京:中国质检出版社,中国标准出版社,2015.

［47］廖念钊.互换性与测量技术基础［M］.北京:中国质检出版社,中国标准出版社,2013.

［48］赵熙萍,周海.机械精度设计与检测基础实验指导书与课程大作业［M］.哈尔滨:哈尔滨工业大学出版社,2011.